输变电设备基于特征要素的靶向管控技术研究与应用

刘静萍　魏　杰　蔡晓斌　姜虹云　于　虹　著

哈爾濱工業大學出版社

内 容 简 介

本书针对云南电网公司输变电设备数量增长过快、人员结构性缺员和设备装备水平相对较低而造成的设备缺乏有效管控技术的问题，开展了输变电设备特征要素靶向管控技术研究。通过借鉴和融合国内外先进的有形资产设备管理技术和理念，实现云南电网公司输变电设备资产综合效益稳步提高：在保障设备可靠性和提高供电质量的同时，尽可能地提高资产的投入产出比，降低运行和维修成本，提高资金使用效率，使企业在资产管理上实现绩效、风险和成本的最优。

本书可作为电力设备管理和电力生产专业技术人员及研究生的参考用书。

图书在版编目（CIP）数据

输变电设备基于特征要素的靶向管控技术研究与应用/刘静萍等著. — 哈尔滨：哈尔滨工业大学出版社，2020.12

ISBN 978-7-5603-9278-3

Ⅰ. ①输… Ⅱ. ①刘… Ⅲ. ①输电-电气设备-设备管理 ②变电所-电气设备-设备管理 Ⅳ. ①TM72 ②TM63

中国版本图书馆 CIP 数据核字（2020）第 269422 号

策划编辑　王桂芝
责任编辑　刘　威　惠　晗
出版发行　哈尔滨工业大学出版社
社　　址　哈尔滨市南岗区复华四道街 10 号　邮编 150006
传　　真　0451-86414749
网　　址　http://hitpress.hit.edu.cn
印　　刷　哈尔滨市道外区铭忆印刷厂
开　　本　720 mm×1 000 mm　1/16　印张 17.5　字数 300 千字
版　　次　2020 年 12 月第 1 版　2020 年 12 月第 1 次印刷
书　　号　ISBN 978-7-5603-9278-3
定　　价　78.00 元

编 审 委 员 会

前　　言

从世界范围来看，随着电力市场化改革不断深化，电力企业的业务收入逐年下降，资本性投资不足，面对快速增长的电力需求，电力企业都在充分挖掘现有设备潜力，延长设备服役期限。因此，资产管理已经成为国际上许多先进电力公司经营管理内容的核心。其中，固定资产是企业生产经营效益产生的源泉，是企业赖以持续经营和维持再生产的物质基础，对其管理的好坏直接影响着企业是否能健康运营和发展，所以对固定资产的管理是企业管理中的一项极其重要的内容，是保证企业正常运作的必要条件。电力行业属于国家公共事业和基础服务性行业，关系着国计民生，肩负着社会责任和政治责任。在供电企业的固定资产中，电网资产承担着电能的传输、分配以及电网的安全稳定运行任务，而输变电设备资产又是这些实物资产的重要组成部分，占比大、数量多、分布范围广。在整个电力系统投资中，输变电设备资产投资占相当大的比重，这些设备的稳定和连续运转是电力企业效益最主要的来源，同时企业效益又与这些设备的成本控制紧密挂钩。并且随着工、农业和国防现代化的飞速发展以及人们物质文化水平的提高，社会对电能的供给需求日益增长，电网建设的资产规模也将越来越庞大。

近年来，为了满足社会巨大的电力需求，各地供电企业不断加大对电网建设项目的投资。比如，在“十二五”期间，南方电网公司计划完成固定资产投资超 5 000 亿元，其中电网建设投资达 3 500 亿元，到“十二五”末期全面建成了一个安全可靠的现代化大电网，为社会提供持续稳定、绿色环保的电力能源。然而，目前的供电企业面临许多新的挑战，原先由国家垄断经营的电力行业正逐步向放宽管制、自由竞争的电力市场机制转变。在这样的大背景下，对于供电企业而言，最关键也是最迫切需要解决的问题是如何在保障设备可靠性和提高供电质量的同时，尽可能地提高资产的投入产出比，降低运行和维修成本，提高资金使用效率，使得企业在资产管理上实现绩效、风险和成本的最优。

本书针对云南电网公司输变电设备数量增长过快、人员结构性缺员和设备装备水平相对较低而造成的设备缺乏有效管控技术的问题，开展了输变电设备特征要素靶向管控技术研究。通过借鉴和融合国内外先进的有形资产设备管理技术和理念，实现云南电网公司输变电设备资产综合效益稳步提高。

由于作者水平有限，书中疏漏与不足在所难免，敬请读者批评指正。

作　者

2020 年 11 月

目　录

第1章　设备管控技术概况

1.1　输变电设备特征要素靶向管控技术背景

过去的电网资产管理方式以最低采购费用为优先原则，过多依靠历史经验进行决策，太过于关注一次性投资支出，而对日后的运行维修与退役处置成本等考虑不足，没有从“全生命”和“全系统”的角度考虑问题。过往发展的实践证明，这种管理方式最终会造成资产综合效能偏低。

随着制造工艺和信息化技术的不断发展，现代电力设备的构成更加复杂，功能日益强大并且逐渐朝着自动化、系统化、技术密集化的方向发展。先进的设备不仅需要先进的维修保养技术，更需要先进的管理手段和管理模式。这种管理已经不仅仅局限于设备的保养维修，而是上升为资产的管理，其核心内容是全生命周期的管理，包括了全生命周期成本的计算分析和综合效益最优的管理策略的制订与实施。其中，对输变电设备资产全生命周期管理的研究符合供电企业可持续发展方向的要求，其带来的管理方式的变革理念必将有效降低设备资产整体运行成本，不断提升输变电设备资产的管理水平，为社会经济发展提供更加可靠、优质的电力资源，为供电企业创造更大的社会和经济效益。

同时，随着特高压交、直流电网的不断建设完善，我国电网的输变电技术装备水平已在世界范围内达到领先水平，建成世界一流电网指日可待。在这种情况下，更加需要尽快提升输变电资产管理水平，因此，培养与先进硬件设施相匹配的软实力，就成为了实现这一目标的前提与保证。

作为关系到国计民生的资产密集型公共企业，未来的供电企业资产管理发展方向需要考虑绩效、成本和风险管控的综合效益最优，以资产全生命周期管理为中心，重视资产的投资回报，强调企业的价值创造能力。同时，要考虑到供电企业资产投资大、运行周期长、覆盖范围广，而电网项目规划、设计、建设、运行直至退役各环节又是紧密联系的。因此，开展输变电设备特征要素靶向管控技术研究及应用，可以有效地解决传统管理模式中电网资产管理的各个阶段被人为割裂的问题，在保证电网安全可靠运行的前提下，还可以延长设备使用寿命、不断提高设备的健康水平、降低设备的故障概率和残值率，实现设备综合效益最优，体现了安全、效益和效能的最佳平衡。

1.2 国内外研究现状

设备管理体系一直以来都是国内学术界研究的热点课题之一。随着国际设备管理体系进入第四个发展阶段，即综合管理阶段，如何建立一套符合企业自身管理提升需要和技术理念发展趋势，同时满足行业、政府对企业监管要求的资产管理标准，已成为摆在现代化企业面前的一个重要课题。

设备资产管理是一个整体概念，需要把一个组织（企业）的不同部分整合在一起，以追求共同的战略目标。在构建设备资产管控体系时必须遵循如下原则：

（1）整体性原则。整体性原则即全面考虑不同设备资产类型的组合及其功能的相互依赖和所起的作用，设备资产的各个生命周期阶段和各个阶段相应的活动。

（2）体系性原则。提升决策与行动的一致性、可重复性和可审计性。

（3）系统性原则。应在资产体系环节中考量资产，优化资产体系价值，包括可持续使用的性能、成本和风险，而不只是优化孤立的单个设备资产。

（4）风险性原则。关注设备资产的来源和费用，根据所识别的风险和相关成本/收益，确定使用的优先顺序。

（5）最佳性原则。在竞争性因素，如在性能、成本和风险之间，建立最佳价值折中点，这些竞争性因素与贯穿整个生命周期的资产相关。

（6）可持续性原则。考虑短期行为所造成的长期后果，应确保充足的储备，来满足未来的需要和义务（如经济和环境的可持续性、系统性能、社会责任及其他长期目标）。

（7）综合性原则。设备资产管理成功的关键是相互依赖和共同作用，这要求整合设备资产共同作用、相互协调配合达成最优。

1.2.1　设备管控技术的发展情况及国内外现状

1. 设备管控技术的发展情况

国际设备管理体系的发展经历了事后维修、预防维修、生产维修及设备综合管理四个发展阶段，设备管理体系对比见表 1.1。

表 1.1　设备管理体系对比

设备管理体系	优点	缺点
事后维修	成本低	故障/失效无法预测，设备故障停运会造成损失；需要大量的备件，如果要求设备故障后不能影响系统运行，需要冗余设计
预防维修	定时维修，有效减少设备非计划故障停运	定时维修/检查，工作量大，导致成本较高，容易导致过维修或欠维修
生产维修	综合灵活地运用各种维修体系	没有考虑设备的综合效益
设备综合管理	采用以资产全生命周期成本为核心的综合工程管理模式。它通过工程技术、管理技术和成本分析等手段，以资产全生命周期成本最优为核心，实现资产的全生命周期管理	企业自上而下，在管理理念、管理体制及管理手段等方面全方位、多角度改变

由表 1.1 可以看出：对于第四代设备综合管理模式，现代化设备资产密集型企业主要采用的是以资产全生命周期成本为核心的综合工程管理模式，目前欧美国家主要采用此种模式。它通过工程技术、管理技术和成本分析等手段，以资产全生命周期成本最优为核心，实现资产的全生命周期管理。此外，日本在美国生产维修的基础上，吸收欧美国家综合工程学的理念，提出了以追求设备的综合效率极限为目标，包含各种维修体系在内的、全员参与的设备管理。我国在 20 世纪 80 年代，在苏联的计划预修体制的基础上，吸收欧美和日本等国的先进管理理念，提出了对设备进行综合管理的思想，并颁布了《设备管理条例》。但是由于缺乏详细的、可操作的规范，并且不同企业对设备综合管理的理解不同，难以满足企业现代化设备管理的需求。

2. 设备管理的国内外发展现状

对于西方发达国家而言，电力企业维修面临的主要问题是在设备逐步进入老化期的情况下，如何保持电网运行的高可靠性、降低设备维修费用及提高企业的竞争力。为此，这些企业在维修方式上引入了状态维修（Condition Based Maintenance，CBM），而在整体维修策略上，则大多转向以可靠性为中心的维修（Reliability Centered Maintenance，RCM）。例如：法国电力公司（EDF）在定时和状态维修的基础上，采用 RCM 的检修策略，根据变电站的重要性、环境、设备特性和电能质量的要求等，对间隔进行分类，不同的间隔采用不同的维修计划，实现“逐间隔有区别的维修”；美国电科院（EPRI）在推进 RCM 在美国电力企业中的应用方面进行了大量的工作，先后在核电厂和常规电厂的设备维修中引入了 RCM，同时，根据取得的经验，以 RCM 为核心，结合设备诊断和管理技术，提出了变电设备优化维修策略和一体化的解决方案，逐步推进 RCM 策略在变电领域的应用；日本、德国、荷兰、西班牙、挪威、英国和波兰等国的电力企业也在探索 RCM 在企业维修中的应用。

艾默生等国际石化大企业及中国石油天然气集团有限公司的设备管理体系将可靠性和风险管理融为一体对设备进行管理，该体系始终围绕策略—执行—评估（Strategy-Execution-Evaluation，SEE）进行循环，基于 SEE 的资产管理体系如图 1.1 所示。

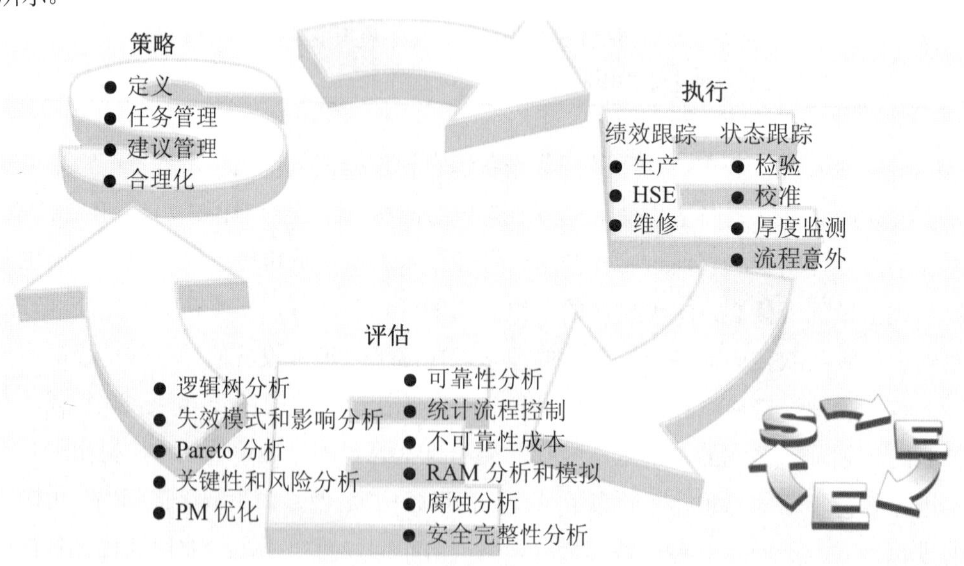

图 1.1　基于 SEE 的资产管理体系

波音公司及国内的航空总局等航空企业采用 MSG-3 体系，计划全系统的维修任务（维修工作和维修间隔）并进行全系统、全生命的优化，最终以最高的利用率和最低的维修成本保持飞机投入运行时的安全性和可靠性。

自 2002 年开始，国家电网有限责任公司以“全系统、全过程、全费用”为原则，逐步探索设备全生命周期管理。

云南电网公司输变电设备检修维护执行的以预防性试验规程为基础的计划检修制度，基本上处在第二个设备管理体系阶段，国外先进供电企业和国外技术资产密集性同质企业（石化、航空业）已进入设备综合管理的第四阶段，并取得了巨大的经济和社会效益。

1.2.2　PAS 55 标准的发展及应用情况

设备资产管理是一个整体概念，需要把一个组织（企业）的不同部分整合在一起，以追求共同的战略目标。在此背景下，2004 年，英国资产管理协会、英国标准委员会以及在资产管理领域颇有建树的先进企业共同编制而成 PAS 55 标准，PAS 即 Publicly Available Specification，55 是资产管理标准（ISO 55000）的缩写。PAS 55 更强调及时性和实用性，目前是国际上普遍接受的固定资产管理通用标准，也是国际上唯一公认的资产管理标准。PAS 55 在设备资产管理策略、目标、计划、实施、能力、绩效和风险方面给出了 28 条具体要求，资产密集型企业可以根据这些具体的要求，结合现状，识别差距，分析原因，提出解决方案并持续改进。国内外公认，在实施了 PAS 55 以后，企业已经建立了资产全生命周期管理系统，并达到国际先进水平，具有改善绩效和提高竞争优势的能力，建立了完整的资产管理治理机制，降低了资产管理风险。

PAS 55 自 2004 年提出以来历经 2004 和 2008 两个版本：2004 版本初步制定了针对资产密集型行业的资产管理标准，资产在实现商业目标上发挥了重要作用；2008 版本修改了 2004 版本的一些专业术语，如删除了“基础设施”“资产管理目的和资产管理目标合并成资产管理目标”，同时也调整扩充了一些章节，如“资产管理计划章节的内容扩充到计划优化和生命周期管理部分”“对应急预案的有关要求扩展到含持续规划在内的部分”。为了更好地阐述其基本要求、结构、权威性和责任，PAS 55 2008 版本新增加了“资产管理要件和控制”章节。

PAS 55 是介于国家标准与行业标准之间的一种建立在 LCAM 基础上不断完善的标准体系。由于目前还没有正式规范的资产管理领域国际标准，PAS 55 因此成为当前国际上资产密集型企业资产管理通用的一套标准体系。为评估资产管理的成熟度，PAS 55 资产管理认证评价模型提供了 121 个考察点，分别对应 28 个要素，PAS 55 要素及考察点分布见表 1.2。

表 1.2　PAS 55 要素及考察点分布

PAS 55 标准要求大类	28 个要素名称	考察点分布/个
资产管理总要求	1. 总要求	2
资产管理政策	2. 资产管理方针	6
资产管理策略、目标和计划	3. 资产管理策略	10
	4. 资产管理目标	7
	5. 资产管理计划	7
	6. 应急策划	3
资产管理保障和管控	7. 组织架构、权限和职责	9
	8. 资产管理外包	3
	9. 培训、意识和能力	5
	10. 沟通、参与和协商	6
	11. 风险管理流程	3
	12. 风险管理方法论	7
	13. 风险识别和评价	2
	14. 资产风险信息使用与维护	4
	15. 法律法规和其他要求	3
	16. 变更管理	4
	17. 信息管理	3
	18. 资产管理体系文档	3
资产管理计划实施	19. 全生命周期活动	6
	20. 工具、设施和装备	1
绩效评价与改进	21. 绩效和状态监测	4
	22. 资产失效、事件与不符合项的调查	4
	23. 合规性评价	1
	24. 审核	5
	25. 纠正和预防措施	4
	26. 持续改进	3
	27. 记录	1
管理评审	28. 管理评审	5
考察点总计		121

PAS 55 将做什么、为什么做、何时做以及资产管理战略与组织整体目标和计划进行有机融合。PAS 55 认为，由于资产类型、状态、性能以及其在业务中重要性存在差异，因此将什么值得做转变成做什么和何时做是一件复杂的、动态的、不确定的并包括多输入、多约束和多目标的事件，利用医学术语解释就是“通过靶向技术实现对要做的事情进行时间、空间的准确定位并解决问题”，这也是完成 PAS 55 本地化、企业化、行业化改造实施的技术难点。

1.2.3　PAS 55 标准实施面临的问题

PAS 55 标准仅是给出了设备管控的指导性原则，但是对于设备管控中的做什么和何时做，这一件复杂的、动态的、不确定的并包括多输入、多约束和多目标的事件留给了具体的执行者，主要体现在以下几点：

（1）PAS 55 是在众多活跃在资产管理领域的资深组织和个人的指导咨询下开发出来的，自 BSI 正式发表时就指出：为了保证其作为国际先进管理理念的航标，PAS 55 需要每两年修订一次，以便不断自我完善，但目前 PAS 55 在具体执行过程中对于设备管控中的做什么和何时做，缺乏先进指导思想理念，因此，当下阶段提出或融合其他行业的先进指导思想解决 PAS 55 在具体执行过程所遇到的困难，已成为目前国内外学术界所面临的重要课题之一。

（2）PAS 55 在电力行业执行中设备的状态与风险评估方法研究不足，如基于电网状态评估的风险防范管理体系（Condition Based Rick Management，CBRM）在国外多用于线路评价，而在国内仅用于输变电设备状态评估；而故障模式及影响分析（Failure Modes and Effects Analysis，FMEA）在国内外的应用中，对每种故障模式的影响后果都没有得到合理评估。

（3）PAS 55 在电力行业执行中设备可靠度评估研究不足，如没有实现从基础数据、运行数据及故障缺陷数据等到设备可靠度的合理量化，且不能实现精确到设备可维护部件的设备可靠度量化评估。

（4）PAS 55 在电力行业执行中设备绩效评估技术研究不足，国内外输变电设备 KPI 指标为常见的可靠性指标，缺少过程类和反映设备健康及风险变化的 KPI 指标。

此外，目前国际第四阶段设备管理体系的核心思想是以“资产全生命周期成本”为核心的综合工程管理模式，这些思想体现在设备重要度和健康度上，但国内外学者基于设备重要度和健康度的设备多维度分析方法的研究较少，相关文献鲜有报道，且国内外设备管控多考虑设备本身的状态。

1.2.4 靶向技术的发展情况

靶向技术最早用在医学上，在医学上有时也称为“靶向治疗”，是在细胞分子水平上，针对已经明确的致癌位点（该位点可以是肿瘤细胞内部的一个蛋白分子，也可以是一个基因片段）来设计相应的治疗药物，药物进入体内会特异地选择致癌位点来相结合发生作用，使肿瘤细胞特异性死亡，而不会波及肿瘤周围的正常组织细胞，所以分子靶向治疗又被称为“生物导弹”。

通过以上描述可以看出“靶向技术”对问题处理的主要核心思想体现在“精准性”和“可靠性”，由于该思想对问题处理方式的先进性，该技术近几年逐渐被推广到其他行业，如靶向营销技术。类似地，通过前面论述可以发现，PAS 55 在一个企业或行业实施推广的核心技术就是对设备资产精准的靶向管控，如面对电网企业海量的不同属性、不同类型、不同运行环境、不同工况的设备，所发生的不同问题，如何实现 PAS 55 在设备资产管理策略、目标、计划、实施、能力、绩效和风险方面给出的 28 条具体要求，可以通过靶向技术的核心思想，精确命中，即以“靶向技术”为载体，进行 PAS 55 的实施应用，即在 PAS 55 中针对“做什么和何时做”这一部分中融合“靶向技术”的先进思想，这也是 PAS 55 应用实施过程中需要解决的重点问题。

1.3 技术难点

根据我国电网的输变电设备情况和国内外现状分析可得出输变电设备特征要素靶向管控技术难点如下：

（1）在设备规模急剧扩大、人员相对不足、设备装备水平相对较低、安全监管压力不断增加的环境下，如何构建一套有效、可行的符合 PAS 55 和安风体系理念要求的输变电设备管控体系。

（2）针对海量的不同属性、不同类型、不同运行环境、不同工况的设备，如何明确在设备管理中，重点关注哪些设备、哪些问题，确定设备管控的关键目标，将有限的资源投入到最需要的地方，切实保障电网设备的安全稳定运行。

（3）针对输变电设备现状，中、长期不同层级的管控需求，瞄准电网的重点管控目标，如何改变目前相对粗放的定性管理模式，实现对其进行精细化量化管控，以确保设备可控、在控，保证设备维护措施、规划、投资决策有据可依，科学决策。

（4）为保障输变电设备运维策略、管控措施、更新计划和检修计划的落地，如何制定和管控关键性能指标，以规范化运维策略、管控措施、更新计划和检修计划的实施过程，并对其效果进行有效评估，持续提升设备的综合效益，实现设备管控的总体目标。

（5）针对公司设备运行寿命相对较低、报废残值率偏高的情况，如何实现设备科学合理的退役、报废和再利用。

1.4　技术路线及主要研究内容

输变电设备特征要素靶向管控技术，即在充分消化吸收 PAS 55 和安风体系核心思想的基础上，研究提出了输变电设备的靶向递进技术，采用靶向递进辨识特征要素的技术方法，通过靶向递进四步骤，实现设备资产综合效益最优。输变电设备基于特征要素的靶向管控体系如图 1.2 所示。

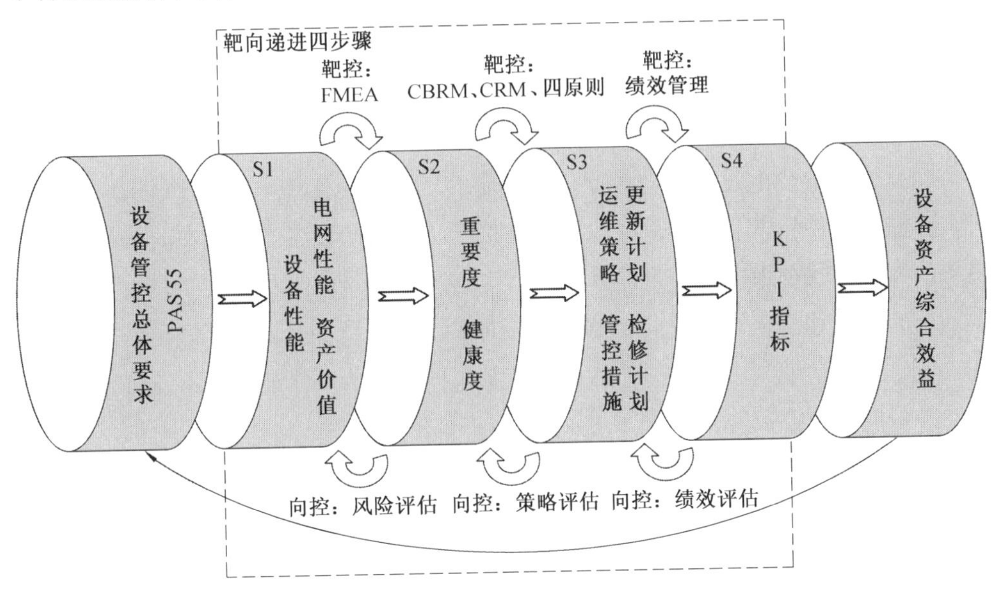

图 1.2　输变电设备基于特征要素的靶向管控体系

首先，明确设备电网性能、资产价值和设备性能是设备管控要求的特征要素（S1），通过一种输变电设备特征要素靶向量化评估技术明确重要度和健康度等特征要素（S2）对于不同设备、不同部件及不同运维阶段对资产综合效益最优的贡献率；其次，以 S2 为基础，抽取影响设备经济、安全运行的核心因子，对设备进行扫描，按照设备管理四原则，提出重点关注设备及其维护措施，制订运维策略、管控措施、更新计划和检修计划（S3）；最后，提出输变电设备资产绩效管理 KPI 指标，通过指标评估与分析，开展输变电设备绩效评估、策略评估和风险评估持续优化闭环管控，实现设备资产综合效益最优的总目标。通过本技术在云南电网多年连续应用，验证了靶向管控技术的可行性、有效性和普适性，并在云南电网公司形成了输变电设备特征要素靶向管控技术闭环应用体系。

输变电设备特征要素靶向管控技术的主要研究内容如下：

（1）通过研究和应用靶向递进方法，构建一套可行、有效的设备管控体系，并采用靶向管控技术实现各个环节之间的闭环管控，实现输变电设备管控的总体要求和目标。

（2）通过标准要素法分析，提出一种确定输变电设备管控各个环节特征要素的方法，明确设备管控的关键节点。

（3）根据输变电设备靶向管控技术的需求，通过输变电设备故障模式及影响分析，建立一套有效的设备隐患排查机制，以明确设备管理的关注点，即重点关注设备范围及问题。

（4）根据输变电设备靶向管控技术的需求，通过设备基于状态评估的风险防范研究，提出一种科学量化的设备风险评估技术，以明确设备当前存在的风险及发展趋势，为设备的规划投资决策提供支持。

（5）根据输变电设备靶向管控技术的需求，通过设备可靠度评估研究，提出一种输变电设备精细到可维护部件的可靠度量化评估方法，以掌握设备当前的健康水平，并明确问题设备关键部件。

（6）根据输变电设备靶向管控技术的需求，通过设备管控四原则，建立一套符合公司管理规范、合理的设备运维机制，实现在设备规模急剧扩大和运维人员相对稳定的环境下，对设备的科学、有效运维。

（7）根据输变电设备靶向管控技术的需求，提出一种有效的 KPI 指标和设备绩效管控技术，保障运维措施的落地，并对运维策略的实施效果进行合理的评价，以持续提升设备的综合效益。

（8）根据输变电设备靶向管控技术的需求，提出一种设备剩余寿命及净现值综合评估技术，以支撑设备进行科学合理的退役、报废和再利用。

1.5　本章小结

本章通过对输变电设备特征要素靶向管控技术的背景进行分析，得出现代供电企业需要考虑绩效、成本和风险管控的综合效益最优的资产管理方法。以云南电网为例，本章针对云南电网公司输变电设备数量增长过快、人员结构性缺员和设备装备水平相对较低而造成的设备缺乏有效管控技术的现状，分析了开展输变电设备特征要素靶向管控技术研究的必要性。

通过借鉴和融合国内外先进的有形资产设备管理技术和理念提出的输变电设备特征要素靶向管控技术，可以实现对输变电设备的有效管控，是对现有输变电设备管控方法的革新，在电网设备分级分层管理中具有广阔的推广应用前景，引领输变电设备靶向管控技术在电网中的发展，为云南电网公司乃至南方电网公司设备资产全生命周期管理体系奠定了基础。

输变电设备管控的总体要求是采用递进法和标准要素分析法确定各个环节及其特征要素，要实现各个环节特征要素的靶向管控和反馈，需要对各个特征要素进行定量管理。根据设备管理的当前，中、长期量化管理的需求，提出了输变电设备约定层级的故障模式及影响分析技术、基于状态评估的风险防范技术和基于模糊层次分析和模糊概率理论的可靠度评估技术三项靶向控制技术，基于上述三项靶向控制技术及辅助决策，形成设备当前，中、长期的维护策略，并基于四原则实施设备的管控。在输变电设备运维策略实施过程中，构建了靶控技术-资产绩效管理方法，实现输变电设备的递进管控和效果评估，实现设备的闭环管理。

第 2 章　输变电设备故障诊断的优化方法

输变电设备资产投资在整个电力系统投资中占相当大的比重，其中，变压器是输变电设备最重要的设备之一，其运行状态对电网安全、稳定、可靠运行起着至关重要的作用，一旦发生故障往往会危及整个电网的安全并带来巨大经济损失。因此，对变压器运行状态进行及时、准确的评估具有十分重要的意义。尽早发现变压器的潜在故障可以减少由临时停止运行所带来的损失，并且提高运行和维护的水平。

在变压器诊断领域，油中溶解气体分析（Dissolved Gas Anlysis，DGA）已被广泛用于故障类型和剩余使用寿命（End of Life，EOL）评估。一般情况下，收集和分析的气体包括氢气（H_2）、甲烷（CH_4）、乙烷（C_2H_6）、乙烯（C_2H_4）、乙炔（C_2H_2）、一氧化碳（CO）和二氧化碳（CO_2）。如今，有许多变压器故障诊断的准则是由分析 DGA 的浓度确定的，如利用 IEC 三比值、关键气体、Rogers 比值、Doernenburg、Duval 三角形和其他各种标准等。由于 IEC 三比值模型有效而方便，在以上这些 DGA 的方法中是最常被利用的。但这种方法仅仅是实证经验的概括，并不能提供所有故障综合而准确的诊断结果。由于边界太过绝对，容易导致误判，IEC 方法诊断并不理想。

现今，已有多种故障诊断的方法，如神经网络、人工智能、Petri 网络、突变理论、粗糙集和支持向量机（Support Vector Machine，SVM）等。通过整合这些人工智能方法，本文研究出以下 6 种创新的变压器故障诊断方法。

2.1　基于粗糙集和支持向量机理论的变压器故障诊断方法

粗糙集理论（Rough Set Theory，RST）只需利用数据本身的信息，通过知识约简，剔除冗余信息，得到问题的决策或分类规则，从而能解决模糊或不确定性数据的分析和处理。支持向量机基于统计学习理论的结构风险最小化原理解决了小样本、非线性等问题，提高其泛化能力，从而能很好地处理电力设备故障诊断所面临样本不足的缺陷。但 SVM 方法中某些参数选择对其分类的准确率影响很大，因此，对 SVM 参数的合理选择能获得较好的分类效果。

到目前为止，对 SVM 的最佳参数的选择仍没有一个很好的手段，现有方法在计算耗时和效果方面都不是很理想。因此，为了提高 SVM 算法的准确性并避免上述缺陷，本节利用粒子群优化（Particle Swarm Optimization，PSO）算法对 SVM 的参数进行优化与选择。由于电力设备的故障原因和故障征兆总是存在着模糊性、随机性和不确定性，本节提出利用 RST 对变压器原始数据进行约简，并利用粒子群优化算法确定 SVM 的参数，用约简后的样本数据训练 SVM，从而进行变压器的故障诊断，即故障分类，这样可以降低盲目选择 SVM 参数对分类结果的影响并提高故障诊断的准确性，从而为变压器设备状态评价提供一种辅助手段。

2.1.1　粗糙集理论及其知识的约简

1. 粗糙集理论

20 世纪 80 年代初，粗糙集理论被提出用于在不完备和不精确信息数据的情况下进行数据的分析、知识约简而获得知识的最小表达。RST 对属性集和对象集组成的知识表达系统 $S=\langle U, A, V, f\rangle$ 进行研究，其中 U 为非空对象的有限集合，即论域 $A=C\cup D$，$C\cap D=\varnothing$是属性集合，C 和 D 分别为条件和决策属性集，$V=\bigcup_{q\in A} V_q$ 为属性 A 值域的集合，f：$U\times\rightarrow V_q$，$f(x, q)\in V_q$，$q\in A$ 指定 U 中每一个元素的属性值，从而构成了由属性-值关系的二维决策表。属性和属性值对 RST 知识进行描述，并利用其知识去掉冗余条件，在保证具有化简前功能的前提下，使决策表的条件最小化。

2. 知识约简

保留重要、核心的信息并保证诊断结果的最小条件属性集称为约简，多个约简可能同时存在于决策表中并且所有约简的交集称为核。基于协调性属性对决策表求解最小规则的 RST 约简步骤如图 2.1 所示。

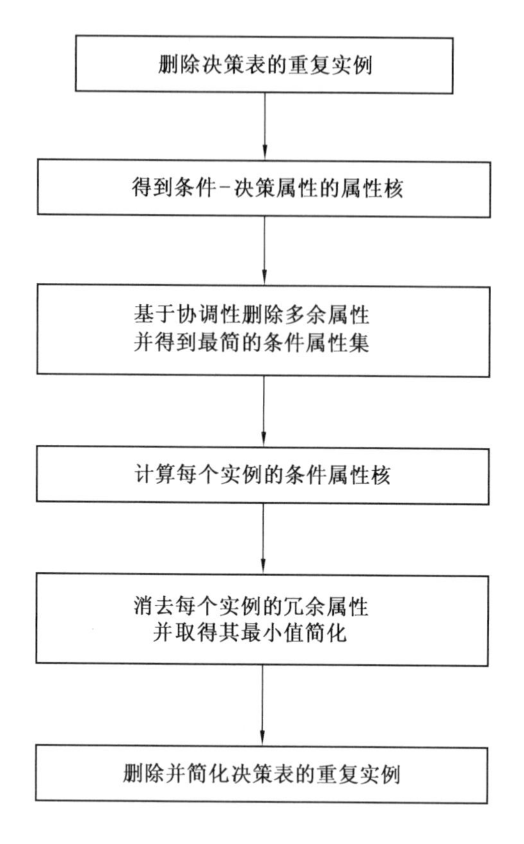

图 2.1　基于协调性属性对决策表求解最小规则的 RST 约简步骤

3. 支持向量机

支持向量机（SVM）是一种研究有限样本情况下基于统计学习理论的 VC 维理论和结构风险最小化原则基础上的新机器学习方法，这种方法利用核函数将样本映射到高维特征空间并在此空间构造最优线性分类超平面，以获得最大的推广能力。

假定$(\boldsymbol{x}_i, y_i)$ $(i=1, 2, \cdots, n)$，$\boldsymbol{x}_i \in R^d, y_i \in \{-1, +1\}$为$\boldsymbol{\omega}$样本训练集，其中 $\boldsymbol{x}_i \in R^d$ 表示 d 维的特征向量，$y_i \in \{-1, +1\}$表示特征向量 $\boldsymbol{x}_i$ 归属的类别，n 为样本数。在非线性情况下，利用非线性变换 $\varphi(\,)$ 将样本集原空间进行转换，样本空间两分类问题表示为

$$y_i(\boldsymbol{\omega} \cdot \varphi(x_i) + \boldsymbol{b}) - 1 \geqslant 0 \qquad (i = 1, 2, \cdots, n) \tag{2.1}$$

式中，$\boldsymbol{\omega}$ 为权值向量；b 为偏差。

另外，考虑到某些样本不能被上式的分类超平面正确划分，因此，引入非负松弛因子 ε_i 来规定最大分类间隔和最小错误划分样本，规则化常数 C'' 决定对错分样本的惩罚程度，求解最优分类超平面的问题被转变为

$$\min_{\omega,b}\frac{1}{2}\|\boldsymbol{\omega}\|^2+C''\left(\sum_{i=1}^{n}\varepsilon_i\right)$$

$$\text{s.t. } y_i(\boldsymbol{\omega}\cdot\varphi(\boldsymbol{x}_i)+b)-1+\varepsilon_i\geqslant 0\qquad (i=1,2,\cdots,n)\tag{2.2}$$

利用拉格朗日函数，式（2.2）转变为对偶问题进行求解

$$\max_{\alpha}\sum_{i=1}^{n}\boldsymbol{\alpha}_i-\frac{1}{2}\sum_{i,j=1}^{n}\boldsymbol{\alpha}_i\boldsymbol{\alpha}_j y_i y_j(\varphi(\boldsymbol{x}_i)\cdot\varphi(\boldsymbol{x}_j))$$

$$\text{s.t. }\sum_{i=1}^{n}\boldsymbol{\alpha}_i y_i=0,\quad 0\leqslant\boldsymbol{\alpha}_i\leqslant C''\quad (i=1,2,\cdots,n)\tag{2.3}$$

式（2.3）中，$\boldsymbol{\alpha}_i$ 只有一小部分不为 0，其对应的训练样本是支持向量，则最优决策函数为

$$f(x)=\operatorname{sgn}\left(\sum_{i=1}^{n}\boldsymbol{\alpha}_i y_i K(\boldsymbol{x}\cdot\boldsymbol{x}_i)+b\right)\tag{2.4}$$

式中，$K(\boldsymbol{x}\cdot\boldsymbol{x}_i)=\varphi^{\mathrm{T}}(\boldsymbol{x})\varphi(\boldsymbol{x}_i)$ 为核函数；sgn 为符号函数，结果为+1 或−1；n 是支持向量的数目。本节选取径向基核函数。规则化参数 C'' 和核函数参数 σ 大小的选择直接影响到 SVM 的分类准确性，因此合理地选取参数对 SVM 理论很重要。但 SVM 参数选取的现有方法都比较烦琐、费时且效果不好。因此，本节提出利用粒子群优化（PSO）算法获得 SVM 参数。

4. 粒子群优化算法

粒子群优化算法是一种有效的全局寻优算法，它通过模拟群聚生物的行为而得到群聚智能算法。该算法中每个个体都有一定的感知能力，能够感知到自己周围的

局部最好位置的个体和整个群体的全局最好位置的个体的存在，并根据自我过去经验与群体行为进行搜寻策略调整，从而使整个群体表现出一定的智能性。

PSO 算法的主要优势体现在：粒子的收敛性强，算法易于实现；不需要目标函数的梯度信息等，并且没有许多参数需要调整。在每一代中，粒子将跟踪两个极值，一个为粒子本身迄今找到的最优位置——个体极值，代表粒子自身的认知水平；另一个为全种群迄今找到的最优位置，代表社会认知水平。

在 PSO 算法中，由 N 个粒子组成的粒子群在一个 d 维空间中搜索。第 i 个粒子的位置、飞翔速度和适应度分别表示为 $X_i=\{X_{i1},X_{i2},\cdots,X_{id}\}$，$V_i=\{V_{i1},V_{i2},\cdots,V_{id}\}$ 和 $f_i\,(i=1, 2,\cdots, N)$。第 i 个粒子迄今为止搜索到的最优位置，即个体极值为

$$P_{i\text{best}}=\{P_{i\text{best}1},P_{i\text{best}2},\cdots,P_{i\text{best}d}\}\qquad (i=1,2,\cdots,N)$$

在整个粒子群中，迄今为止所有 X_i 所记录的最优位置 $P_{i\text{best}}=\{P_{i\text{best}1},P_{i\text{best}2},\cdots,P_{i\text{best}d}\}$，其相应适应度表示为 $f_{ip\text{best}}$，$f_{ig\text{best}}$。粒子群中的每个粒子通过动态跟踪这两个极值来更新其速度与位置，每一个粒子的速度和位置采用下列公式进行更新：

$$V_{id}^{t+1}=w\times V_{id}^{t}+c_1\times r_1\times(P_{i\text{best}d}-X_{id}^{t})+c_2\times r_2\times(P_{g\text{best}d}-X_{id}^{t})\tag{2.5}$$

$$X_{id}^{t+1}=X_{id}^{t}+V_{id}^{t}\tag{2.6}$$

式中，c_1 和 c_2 为加速常数；r_1 和 r_2 为介于[0，1]之间的随机数；w 为惯性权重，控制着前一速度对当前速度的影响。较大惯性权重值有利于进行大范围的全局搜索，跳出局部极小点，而较小的惯性权重 w 有利于进行局部搜索使算法收敛。w 若能随着算法迭代的进行而线性减小，将能显著改善算法的收敛性。惯性权重 w 由下式来确定：

$$w=w_{\max}-I\times\frac{(w_{\max}-w_{\min})}{I_{\max}}\tag{2.7}$$

式中，$w_{\max}$ 和 $w_{\min}$ 分别为最大和最小惯性权重；I 为算法当前迭代次数。在 d 维空间，粒子每一维的位置和速度分别限定在范围[$X_{\min}$，$X_{\max}$]和[$-V_{\min}$，$V_{\max}$]中。在 PSO 算法迭代过程中，不仅粒子的位置和速度发生改变，同时，个体极值和最优位置也不断更新，在算法结束时输出的最优位置 $P_{g\text{best}}$ 就是 PSO 算法寻找到的最优解。

2.1.2　基于粗糙集和支持向量机理论的故障诊断模型

本节提出的故障诊断模型利用粗糙集理论对变压器故障相关知识进行约简，从而获得其最小诊断规则以作为 SVM 模型的输入，同时采用 PSO 算法较快、较准确地获得支持向量机的参数来实现对变压器准确、高效的故障诊断。

1. 变压器 RST 的实现

利用油中溶解气体分析（DGA）变压器故障的手段有很多种，IEC 三比值法是其中常用的方法。通常通过判断变压器油中 H_2、CH_4、C_2H_6、C_2H_4 和 C_2H_2 的三比值来判断其故障类型，IEC 三比值法的编码规则见表 2.1。

表 2.1　IEC 三比值法的编码规则

特征气体比值	$\frac{C_2H_2}{C_2H_4}$ （C_1）	$\frac{CH_4}{H_2}$ （C_2）	$\frac{C_2H_4}{C_2H_6}$ （C_3）
<0.1	0	0	0
0.1～1.0	1	1	0
1.0～3.0	1	2	1
>3.0	2	2	2

表 2.2 是变压器的故障征兆集与故障集。

表 2.2　变压器的故障征兆集与故障集

序号	条件属性	决策属性
1	C_1	D_1：正常
2	C_2	D_2：低于 150 ℃
3	C_3	D_3：150～300 ℃的低温过热
4		D_4：300～700 ℃的中温过热
5		D_5：高于 700 ℃的高温过热
6		D_6：低能量密度的局部放电
7		D_7：高能量密度的局部放电
8		D_8：低能放电
9		D_9：高能放电

故障征兆集即条件属性集 $C=\{C_1, C_2, C_3\}$，由 IEC 三比值编码来表达，故障集即决策属性集 $D=\{D_1,\cdots,D_9\}$，由 IEC 的实际故障类型来表达，根据 RST 建立的变压器故障类型决策表见表 2.3。

表 2.3　变压器故障类型决策表

序号	D_1	D_2	D_3	D_4	D_5	D_6	D_7	D_8		D_9
C_1	0	0	0	0	0	0	1	1 或 2	2	1
C_2	0	0	2	2	2	1	1	0	0	0
C_3	0	1	0	1	2	0	0	1	2	2

根据图 2.1 所示的 RST 流程简化决策图，得到变压器的最小决策表（表 2.4）。

表 2.4　变压器的最小决策表

序号	D_1	D_2	D_3	D_4	D_5		D_6	D_7		D_8		D_9
C_4	—	0	—	—	—	0	0	1	1	1	2	1
C_5	0	0	2	2	2	—	1	1	—	—	—	—
C_6	0	1	0	1	2	2	—	—	0	1	—	2

从表 2.4 中可以看出，得到简化的 IEC 三比值变压器故障诊断的决策表不仅能保留故障类型的关键气体的比值，并且可以忽略一些非关键气体的比值，从而拓展其诊断范围，这样可以增强在信息较少情况下对故障诊断的判断。

2. 粒子群优化算法确定 SVM 参数

本节利用粒子群优化算法确定 SVM 参数 C''和σ来提高支持向量机分类的准确性，具体优化与确定参数的过程如下：

（1）初始化种群。假定 $C''=32$、$\sigma^2=0.5$、$\varepsilon=0.032$ 分别作为粒子群初始大小、初始个体极值和初始最优位置的收敛值。

（2）计算每个粒子的适应度。适应度是衡量粒子优劣的标志，其作用类似于度量自然界中生物适应环境的能力。本节中所采用的适应度评价函数为

$$f(X_i)=\frac{1}{N}\left(\sum_{i=1}^{N}X_i^2-N\bar{X}^2\right) \tag{2.8}$$

式中，X_i、$\bar{X}$ 分别为粒子群中的粒子和所有粒子的均值。

（3）对第 j 个参数所对应的每个粒子，比较其适应度值和它所经历过的最好位置 P_{ipbest} 的适应值，若 $f_i<f_{ipbest}$，则 $f_{ipbest}=f_i$，$P_{ipbest}=X_i$；否则 f_{ipbest} 和 P_{ipbest} 保持不变。

（4）对第 j 个参数所对应的每个粒子，比较其适应度值和群体所经历过的最好位置 P_{igbest} 的适应值，若 $f_i<f_{igbest}$，则 $f_{igbest}=f_i$；否则 f_{igbest} 和 P_{igbest} 保持不变。

（5）根据式（2.5）和式（2.6）更新粒子的速度和位置。

在更新过程中，考虑每一维粒子的速度：

若 $V_{id}^{i+1}>V_{\max}$，则 $V_{id}^{i+1}=V_{\max}$；若 $V_{id}^{i+1}<-V_{\max}$，则 $V_{id}^{i+1}=-V_{\max}$；否则 V_{id}^{i+1} 保持不变。

考虑每一维粒子的位置：

若 $X_{id}^{i+1}>X_{\max}$，则 $X_{id}^{i+1}=X_{\max}$；若 $X_{id}^{i+1}<X_{\min}$，则 $X_{id}^{i+1}=X_{\min}$；否则 X_{id}^{i+1} 保持不变。

（6）如果连续五次种群最优位置没有更新，或者达到最大迭代次数 $I_{\max}$，则停止迭代计算；否则转到步骤（2）继续算法的迭代运算。

3. SVM 训练样本验证及变压器诊断结果比较

IEC 三比值法变压器故障类型共有 9 类，需设计 9×（9−1）=72 个分类器。本节利用 100 组数据对 SVM 模型进行训练，然后用 10 组数据对已训练好的 SVM 进行验证，并与 IEC 三比值方法的实际故障诊断结果进行比较，不同方法的诊断结果比较见表 2.5。

表 2.5　不同方法的诊断结果比较

特征气体体积分数三比值			实际故障	故障诊断结果		
$\frac{C_2H_2}{C_2H_4}$	$\frac{CH_4}{H_2}$	$\frac{C_2H_4}{C_2H_6}$		IEC	未采用 PSO 算法的本节算法	本节提出的算法
7.1/93	30/36	93/10	5	1	5	5
0/600	97/42	600/157	5	5	5	5
142/215	581/155	215/293	8.5	1	8.5	8.5
170/143	67/335	143/18	8	8	8	8
3.2/3.6	5.7/7.5	3.6/3.4	2	1	2	2
0/96	120/160	96/33	3	4	3	3
2/721	305/143	721/78	5	5	4	5
7/3.4	8.9/94	3.4/2	7	1	7	7
95/360	490/300	360/180	4	4	4	4
12.7/10	10.4/59	10/4	6	6	6	6

由表 2.5 可知，IEC 三比值的故障诊断率在三种故障诊断方法中是最低的，而本节提出的基于粗糙集和支持向量机理论的变压器故障诊断方法能获得三者之间最好的故障诊断结果，而未采用 PSO 算法确定 SVM 参数的故障诊断方法的结果介于 IEC 三比值与本节提出的模型之间，这充分体现了本节提出的算法在样本较少情况下对变压器进行故障诊断的能力。

2.2 基于量子遗传改进支持向量机理论的变压器故障诊断方法

SVM 方法中某些参数的选择对其分类的准确率影响很大。目前为止，对其最佳参数的选择仍没有一个很好的手段，现有方法在计算耗时和效果方面都不是很理想。为了提高 SVM 算法的准确性并避免陷入死循环，本节运用量子遗传算法（Quantum Genetic Algorithm，QGA）对 SVM 的参数进行优化与选择，利用 RST 对变压器原始数据进行约简，并用约简后的样本数据训练 SVM，从而进行变压器的故障诊断。

2.2.1 量子遗传算法

量子遗传算法是一种有效的全局寻优算法，是一种基于量子计算概念、理论的进化算法，它采用量子编码表征染色体，能够表示出解的线性叠加态，获得更好的种群多样性、更快的收敛速度和全局寻优的能力。传统遗传算法采用选择、交叉和变异进行进化操作，而量子遗传算法采用将量子门分别作用于各叠加态的方式。本节中的量子遗传算法的量子门主要采用量子旋转门 $U(T)$，其调整操作如下：

$$\begin{bmatrix} \alpha_i' \\ \beta_i' \end{bmatrix} = \begin{bmatrix} \cos\theta_i & -\sin\theta_i \\ \sin\theta_i & \cos\theta_i \end{bmatrix} \begin{bmatrix} \alpha_i \\ \beta_i \end{bmatrix} \tag{2.9}$$

式中，(α_i, β_i)为第 i 个量子比特；θ_i 为旋转角，其大小和方向本节根据通用的、与问题无关的调整策略确定。

量子遗传算法的种群由量子染色体所构成。对于包含 N 个个体，量子染色体长度为 m 的种群表示为 $Q(T)=\{\boldsymbol{q}_1^T, \boldsymbol{q}_2^T, \cdots, \boldsymbol{q}_N^T\}$，其中 $\boldsymbol{q}_k^T(k=1,\cdots,N)$ 为种群第 T 代的一个个体，且有

$$\boldsymbol{q}_k^T = \begin{bmatrix} \alpha_1^T & \alpha_2^T & \cdots & \alpha_m^T \\ \beta_1^T & \beta_2^T & \cdots & \beta_m^T \end{bmatrix} \tag{2.10}$$

式中，所有的 α_i^T 和 $\beta_i^T(i=1,\cdots,m)$ 都要满足归一化条件，即对同一下标 i，两参数 α_i^T 和 β_i^T 满足条件

$$(\alpha_i^T)^2 + (\beta_i^T)^2 = 1 \tag{2.11}$$

式中，T 为量子遗传算法优化的进化代数。当 T=0 时，它们都被设定为 $1/\sqrt{2}$，表示在初始搜索时，所有状态以等概率进行线性叠加。量子个体染色体的编码采用量子比特来实现。量子比特与经典比特不同之处在于它不仅可以处于状态 0 或 1 上，还可以表示这两者的任一叠加态。对于相同的优化问题，量子遗传算法不但可比传统的遗传算法具有更多的多样性，而且能搜索到比传统遗传算法更为广阔的空间。量子遗传算法结束时，输出的最优解 P_{gbest} 就是 SVM 最佳参数的设置。

2.2.2　量子遗传算法确定 SVM 参数

本节利用量子遗传算法确定 SVM 参数 C''和σ 来提高支持向量机的分类准确性，具体优化与确定参数过程如下：

（1）初始化种群 Q（T）。对每个需优化的 SVM 参数进行长度为 m 的量子编码来表征染色体以构成初始种群，假定 C''=32、σ^2=16、ε=0.032 分别作为粒子群的初始大小、初始个体极值和初始最优位置的收敛值。

（2）根据 Q（T）中各个体的 $|\alpha_i^T|^2$ 或 $|\beta_i^T|^2$（i=1, …, m）的概率幅生成二进制染色体种群 P（T）$=\{b_1^T, b_2^T, \cdots, b_N^T\}$，其中 b_k^T（k=1, …, N）是长度为 m 的二进制串，具体实现方法为：随机产生[0，1]间的一个数θ，若 $\theta > |\alpha_i^T|^2$，则 b_k^T 中相应的位取值为 1，否则取值为 0。

（3）适应度是衡量个体优劣的标志，其作用类似于度量自然界中生物适应环境的能力。本节中所采用的适应度评价函数为

$$f(X_i) = \frac{1}{N}\left(\sum_{i=1}^{N} X_i^2 - N\bar{X}^2\right)$$

（4）如算法满足最大进化代数 T，算法停止；否则，用式（2.9）的量子旋转门 U（T）更新 Q（T），返回步骤（2）继续优化样本集。

2.2.3 SVM 训练样本验证及变压器诊断结果比较

IEC 三比值法变压器故障类型共有 9 类，需设计 9×（9–1）=72 个分类器。本节利用 100 组数据对 SVM 模型进行训练，然后用 10 组数据对已训练好的 SVM 进行验证，并与 IEC 三比值方法的实际故障诊断结果进行比较，不同方法的诊断结果比较见表 2.6。

表 2.6　不同方法的诊断结果比较

特征气体体积分数三比值			实际故障	故障诊断结果		
$\frac{C_2H_2}{C_2H_4}$	$\frac{CH_4}{H_2}$	$\frac{C_2H_4}{C_2H_6}$		IEC	未采用 QGA 的本节方法	本节提出的算法
7.1/93	30/36	93/10	5	1	5	5
0/600	97/42	600/157	5	5	5	5
142/215	581/155	215/293	8.5	1	8.5	8.5
170/143	67/335	143/18	8	8	7	8
3.2/3.6	5.7/7.5	3.6/3.4	2	1	2	2
0/96	120/160	96/33	3	4	3	3
2/721	305/143	721/78	5	5	4	5
7/3.4	8.9/94	3.4/2	7	1	7	7
95/360	490/300	360/180	4	4	4	4
12.7/10	10.4/59	10/4	6	6	6	6

由表 2.6 可知，IEC 三比值的故障诊断率在三种故障诊断方法中是最低，而本节提出的基于量子遗传改进支持向量机理论的变压器故障诊断方法能获得三者之间最好的故障诊断结果，而未采用 QGA 确定 SVM 参数的故障诊断方法的结果介于 IEC 三比值与本节提出的模型之间，这充分体现了本节提出算法在样本较少的情况下对变压器进行故障诊断的能力。

2.3　基于模拟退火和支持向量机理论的变压器故障诊断方法

为了提高 SVM 算法的准确性并解决 IEC 三比值法边界过于绝对的问题，本节采用模糊理论将 IEC 三比值的边界进行模糊化，并利用模拟退火算法对 SVM 的参数进行优化与选择，用模糊化的样本训练 SVM，从而进行变压器的故障诊断。

2.3.1　模拟退火算法

模拟退火（Simulated Annealing，SA）算法的思想是由 Metropolis 等提出的，Kirkpatrick 等于 1983 年将其用于组合优化。SA 算法是基于 Monte Carlo 迭代求解策略的一种随机寻优算法，其出发点是物理中固体物质的退火过程与一般组合优化问题之间的相似性。模拟退火算法在某一初温下，伴随温度参数的不断下降，结合概率突跳特性在解空间中随机寻找目标函数的全局最优解，即在局部最优解能概率性地跳出并最终趋于全局最优。模拟退火算法应用的一般形式是：从选定的初始状态开始，在借助于控制参数 T 递减时产生的一系列马尔可夫链中，利用产生的一个新状态和接受准则，重复进行包括“产生新状态—计算目标的代价函数值—判断是否接受新状态—接受（或舍弃）新状态”这四个步骤的过程，不断地对当前状态进行迭代，从而得到目标最优解。

在热力学平衡中，系统状态的概率分布服从所谓的玻尔兹曼分布，即 Proch(E)～exp($-\Delta E/KT$)，其中 E 为表示目标能量的代价函数，T 为温度，K 为玻尔兹曼常数。这表明温度为 T 的热平衡系统已在所有不同的状态 E 中将系统的能量做了概率分布，即使在低温状态下，也有机会使系统处于高能量状态。因此，有一个相应的机会使系统脱离局部能量极小，以便找到一个更好的、更具整体性的能量极小。

总体来说，模拟退火算法中包含了两个循环：一个内循环和一个外循环。内循环就是在同一温度下多次扰动产生不同状态，并按照 Metropolis 概率接受准则接收新状态，因此内循环是以状态扰动次数加以控制的；外循环包括温度下降的模拟退火（用退火率 r 加以控制）、算法迭代次数 I 的递增和算法停止的条件，因此外循环基本是由迭代次数控制的。

判断新状态是否被接受的一个最常用的接受准则是 Metropolis 准则，即

$$P=\begin{cases}1 & (\Delta E<0)\\ \exp\left(\dfrac{-\Delta E}{KT}\right) & (\Delta E\geqslant 0)\end{cases} \tag{2.12}$$

式中，ΔE 为当前状态和新状态的代价函数值差；T 为温度。

模拟退火算法的流程如图 2.2 所示。

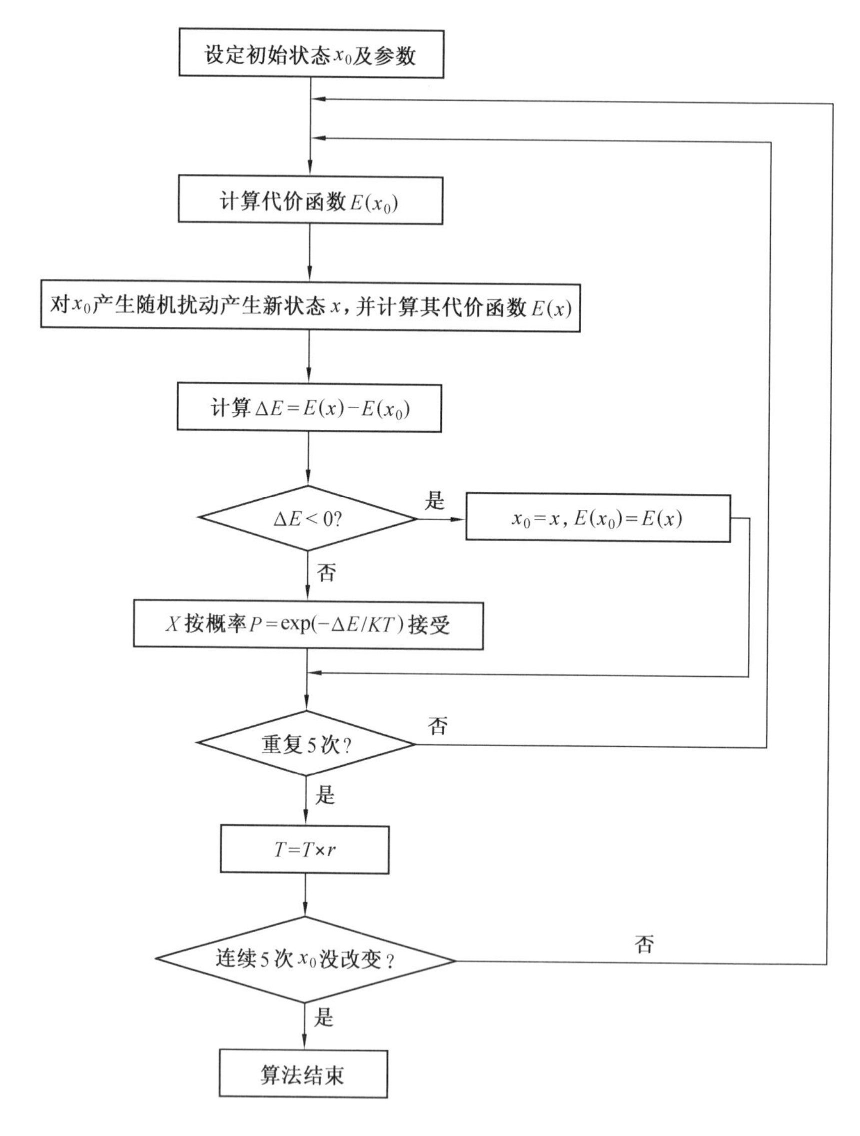

图 2.2　模拟退火算法的流程图

2.3.2　故障诊断模型

本节提出的故障诊断模型采用模糊理论对传统 IEC 三比值法进行模糊化以避免其边界过于绝对的缺陷，同时利用模拟退火算法较快、较准确地获得支持向量机的参数来实现对变压器准确、可靠、快速的故障诊断。

1. 输入量及模糊化

IEC 三比值法是常用且广泛使用的 DGA 方法。通常通过判断变压器油中 H_2、CH_4、C_2H_6、C_2H_4 和 C_2H_2 的三比值来判断其故障类型，IEC 三比值法的编码规则见表 2.7。

表 2.7　IEC 三比值法的编码规则

特征气体比值	$\frac{C_2H_2}{C_2H_4}$ (x_1)	$\frac{CH_4}{H_2}$ (x_2)	$\frac{C_2H_4}{C_2H_6}$ (x_3)
<0.1	0	0	0
0.1～1.0	1	1	0
1.0～3.0	1	2	1
>3.0	2	2	2

变压器的故障集见表 2.8。

表 2.8　变压器的故障集

序号	变量表示	故障类型
1		无法判断
2	x_1	D_1：正常
3	x_2	D_2：低于 300 ℃低温过热
4	x_3	D_3：300～700 ℃的中温过热
5		D_4：高于 700 ℃的高温过热
6		D_5：局部放电
7		D_6：低能放电
8		D_7：高能放电

IEC 三比值法的边界过于绝对，容易造成诊断的误判断，根据表 2.7 IEC 三比值法的编码规则及其变量的连续变化性，本节利用模糊理论中的隶属函数对其进行预处理，IEC 三比值法的变量 x_1、x_2 和 x_3 分别在边界 0、1 和 2 的隶属函数如下。

$$\begin{cases} u_0(x_1)=\begin{cases} 1 & (x_1 \leqslant 0.08) \\ \mathrm{e}^{-50(x_1-0.08)} & (x_1 > 0.08) \end{cases} \\ u_1(x_1)=\begin{cases} 0 & (x_1 \leqslant 0.08 \text{ 或 } x_1 > 3.1) \\ 0.5+0.5\sin(25\pi(x_1-0.1)) & (x_1 \in (0.08, 0.12]) \\ 1 & (x_1 \in (0.12, 2.9]) \\ 0.5-0.5\sin(5\pi(x_1-3)) & (x_1 \in (2.9, 3.1]) \end{cases} \\ u_2(x_1)=\begin{cases} 0 & (x_1 \leqslant 2.85) \\ 1-\mathrm{e}^{-12(x_1-2.85)} & (x_1 > 2.85) \end{cases} \end{cases} \tag{2.13}$$

$$\begin{cases} u_0(x_2)=\begin{cases} 0 & (x_2 \leqslant 0.06 \text{ 或 } x_2 > 1.1) \\ 0.5+0.5\sin(25\pi(x_2-0.1)) & (x_2 \in (0.06, 0.14]) \\ 1 & (x_2 \in (0.14, 0.9]) \\ 0.5-0.5\sin(5\pi(x_2-1.0)) & (x_2 \in (0.9, 1.1]) \end{cases} \\ u_1(x_2)=\begin{cases} 0 & (x_2 \leqslant 0.06) \\ \mathrm{e}^{-50(x_2-0.06)} & (x_2 > 0.06) \end{cases} \\ u_2(x_2)=\begin{cases} 0 & (x_2 \leqslant 0.65) \\ 1-\mathrm{e}^{-12(x_2-0.65)} & (x_2 > 0.65) \end{cases} \end{cases} \tag{2.14}$$

$$\begin{cases} u_0(x_3)=\begin{cases} 1 & (x_3 \leqslant 0.8) \\ \mathrm{e}^{-50(x_3-0.8)} & (x_3>0.8) \end{cases} \\ u_1(x_3)=\begin{cases} 0 & (x_3 \leqslant 0.9 \text{ 或 } x_3>3.1) \\ 0.5+0.5\sin(5\pi(x_3-1)) & (x_3 \in (0.9,1.1]) \\ 1 & (x_3 \in (1.1,2.9]) \\ 0.5-0.5\sin(5\pi(x_3-3)) & (x_3 \in (2.9,3.1]) \end{cases} \\ u_2(x_3)=\begin{cases} 0 & (x_3 \leqslant 2.85) \\ 1-\mathrm{e}^{-12(x_3-2.85)} & (x_3>2.85) \end{cases} \end{cases} \tag{2.15}$$

将经过模糊预处理的 IEC 三比值变量 x_1、x_2 和 x_3 作为支持向量机方法的输入量。

2.3.3　模拟退火算法确定 SVM 参数

本节利用模拟退火算法确定 SVM 参数 C''和σ来提高支持向量机分类准确性，具体优化与确定参数过程如下：

（1）给定初温 T=3，退火率 r=0.95，迭代次数 I=5，随机产生初始状态 x_0，并计算相应代价函数值 $E(x_0)$。

（2）对当前状态 x_0 进行随机扰动产生一个新状态 x，并计算相应的代价函数 $E(x)$，从而得到$\Delta E=E(x)-E(x_0)$。

（3）若$\Delta E<0$，则新状态 x 被接受；否则，新状态 x 按概率 $P=\exp\left(-\dfrac{\Delta E}{KT}\right)$进行接受。当状态 x 被接受时，$x_0=x$，$E(x_0)=E(x)$。

（4）在温度 T 下，重复一定次数（马尔可夫链长度）的随机扰动和接受过程，即重复步骤（2）与（3），本节为重复 5 次。

（5）缓慢地降低温度 $T=T\times r$。

（6）重复步骤（2）～（5）直到连续 5 次 x_0 没有改变为止。

2.3.4　SVM 训练样本并获得变压器诊断结果

IEC 三比值法变压器故障类型共有 8 类，需设计 8×（8−1）=56 个分类器。本节利用 200 组数据对 SVM 模型进行训练，然后用 10 组数据对已训练好的 SVM 进行验证，并与 IEC 三比值方法的实际故障诊断结果进行比较，不同方法的诊断结果比较见表 2.9。

表 2.9　不同方法的诊断结果比较

特征气体体积分数三比值			实际故障	故障诊断结果		
$\frac{C_2H_2}{C_2H_4}$	$\frac{CH_4}{H_2}$	$\frac{C_2H_4}{C_2H_6}$		IEC	未采用 SA 算法的本节方法	本节提出的算法
0/96	135/180	96/33	3	4	3	3
172.4/145	70/350	145/18.26	7	7	7	7
8.6/4.2	8.9/94	4.2/2.47	7	1	7	7
142/215	581/155	215/293	8.5	1	8.5	8.5
34/42	41/279	42/9.7	8	8	8	8
100.3/380	653.3/400	380/190	4	4	4	4
2.1/82	320/150	82/758	5	5	4	5
19.1/15	10.4/59	15/6	6	6	6	6
8.3/497	267.8/180	497/103	5	5	5	5
0/278	322.3/19.7	278/572.2	5	4	5	5

2.4　基于改进的人工鱼群优化算法和支持向量机的变压器故障诊断方法

针对SVM和IEC三比值的不足，本节提出了利用改进的人工鱼群优化（Improved Artificial Fish Swarm Optimization，IAFSO）算法来优化 SVM 参数以降低参数选择的盲目性。模糊方法用于解决 DGA 编码太绝对这一缺陷。考虑到精确性，本节提出了针对变压器诊断的 SVM 基于 IEC 三比值、模糊方法和 IAFSO（IAFSO-IECSVM）的算法，算法创新之处主要在于利用了 IEC 三比值、模糊方法和 IAFSO 在 SVM 算法中的融合。利用 IAFSO 方法可以自动确定 SVM 的参数，同时克服传统三比值方法边界剧烈变化的缺点。

2.4.1　AFSO 算法和 IAFSO 算法

1. AFSO 算法

人工鱼群优化（Artificial Fish Swarm Optimization，AFSO）算法是一种基于模拟鱼群行为的全局优化算法。首先，AFSO 算法构建鱼群的行为，然后通过鱼群各个体的局部优化行为，使得全局优化在群体中凸显出来。Visual 是人工鱼的感知范围；AF_{Step} 是人工鱼的移动步数；δ 是拥挤程度因子。以下描述的是鱼群的代表性行为。

（1）食物浓度。

食物浓度描述了目前人工鱼 SVM 参数 C''和σ的好坏，类似于粒子群优化算法的适应性。根据参数 C''和 σ 作为人工鱼的个体模型，本节采用如下食物浓度评价函数：

$$Y = f(X_i) = \frac{\sum_{i=1}^{N} X_i^2 - N\bar{X}^2}{N} \tag{2.16}$$

式中，$\bar{X}$ 和 X_i 分别为 C''和σ当前值的均值以及在鱼群中第 i 条人工鱼的 C''和σ；N 为鱼群中鱼的数量。

（2）捕食行为。

C''和σ分别以食物浓度为目标，就像鱼向食物多的方向游走。当前人工鱼状态为 X_i，然后随机在 X_i 的感知范围 Visual 中选一个状态 X_j。如果食物浓度 Y_j 大于 Y_i，根据 $X_{i\text{next}} = X_i + \text{Rand}(\ )\cdot \text{AF}_{\text{Step}} \cdot \dfrac{X_j - X_i}{d_{i,j}} (Y_i < Y_j,\ \ d_{i,j} = \| X_i - X_j \| < \text{Visual})$ 制定指向状态 X_j 的一步，否则随机在状态 X_i 的感知区域 $d_{i,j}$ 选择状态 X_j，并判断是否满足向前条件。如果多次重复测试 Trynumber 后仍然不满足条件，随机移动一步 $X_{i\text{next}} = X_i + \text{Rand}(\ )\cdot \text{AF}_{\text{Step}} (Y_i \geqslant Y_j)$。

（3）聚集行为。

人工鱼个体分别由 C''和σ组成。为了避免过度拥挤，这些个体尽可能地向邻近伙伴移动。人工鱼为了满足当前条件 X_i，将在感知区域 $d_{i,j}$ 搜索伙伴数量 n_{f}。如果 $\dfrac{n_{\text{f}}}{N} < \delta$，将有更多的食物，也不是很拥挤，伙伴中心位置 $X_{\text{C}''}$由 $X_{\text{C}''} = \dfrac{\sum_{j=1}^{n_{\text{f}}} X_j}{n_{\text{f}}}$ 计算得到。计算中心位置的食物浓度 $Y_{\text{C}''}$，如果 $Y_i < Y_{\text{C}''}$，这表示伙伴的中心位置有更高的安全程度并且不拥挤，这些个体将向伙伴中心位置移动一步 $X_{i\text{next}} = X_i + \text{Rand}(\ )\cdot \text{AF}_{\text{Step}} \cdot \dfrac{X_{\text{C}} - X_i}{d_{i,\text{C}}}$；否则，会演变成为捕食行为。

（4）追迹行为。

人工鱼个体分别由 C''和σ组成。当有一条鱼发现这个地区有丰富的食物，其他鱼会迅速跟进这个地区。在感知范围内探索人工鱼的现状 X_i，可发现其最优邻居 $X_{\max}$。如果 $Y_i < Y_{\max}$ 且 $X_{\max}$ 邻域的伙伴数 n_{f}满足 $\dfrac{n_{\text{f}}}{N} < \delta$，这表明在 $X_{\max}$ 处有更多的食物而且不太拥挤，因此向 $X_{\max}$ 位置移动一步 $X_{i\text{next}} = X_i + \text{Rand}(\ )\cdot \text{AF}_{\text{Step}} \cdot \dfrac{X_{\max} - X_i}{d_{i,\max}}$；否则，

会演变成为捕食行为。

（5）通告板记录。

人工鱼的个体优化是由通告板记录的。在搜索优化过程中，每一条人工鱼都需要在每次活动后用通告板检查自己的情况。如果自身条件优于通告板的条件，则需要根据自身条件更新通告板。因此，通告板记录了优化状态的历史，即当前位置 C'' 和 σ 的优化。

2. IAFSO 算法

当部分人工鱼在漫无目的地移动或鱼群逼近非全局极值点时，AFSO 的收敛速度大大降低，搜索精度也下降了。为了克服 AFSO 的缺陷，引入变异算子，同时改正校正因子 Trynumber。如果通告板中的人工鱼在连续多次迭代循环中优化状态不变或只有微小变化，则采用变异操作。部分人工鱼的历史优化状态被保留下来，而其他的人工鱼以一个明确的概率突变了一小部分。因此，不仅最大的中间个体被保留下来，还可以放大搜索区域，即增加了多样性，并确保搜索精度。采用变异操作的同时，测试因子 Trynumber 的参数被限制，测试次数也增加了。

改进的人工鱼群优化算法（IAFSO）的具体过程如下，流程图如图 2.3 所示。

（1）初始化鱼群。设置 IAFSO 算法的参数 N=20，变异和初始测试因子 Trynumber 分别为 0.4 和 5。AF_{step}=1，Visual=8，δ=0.5，Bestnum 和 Num 都为 0，Maxbest=5，Maxnumber=8。

（2）使用式（2.16）计算当前条件下人工鱼的食物浓度。

（3）分别计算鱼群中每条人工鱼捕食行为、聚集行为和追迹行为的个体极值，然后比较每条人工鱼三种行为的极值，强化优化极值的相应作用。

（4）每条人工鱼的食物浓度都需要与通告板上的食物浓度相核查，如果超过通告板，则通告板使用人工鱼自身食物浓度，并设置 Bestnum 为 0。

（5）判断 Bestnum 是否达到连续不变的预设极值 Maxbest。如果 Bestnum 达到 Maxbest，则除了通告板上的优化个体，其余所有人工鱼都要进行变异，Trynumber 增加至 8。分别为新鱼群中的每条人工鱼产生随机数 $r\in(0, 1)$，然后计算食物浓度值 Y，与通告板上的优化值进行比较。如果比通告板上的高，则通告板采用自身人工鱼食物浓度，并设置 Bestnum 为 0。如果没有达到，判断 Num 是否到达最大迭代次数 Maxnumber，如果达到了变异结束条件，则获得优化方法，算法结束。否则，回到步骤（3）。本节用 IAFSO 算法确定了 C'' 和 σ，然后用于 SVM。

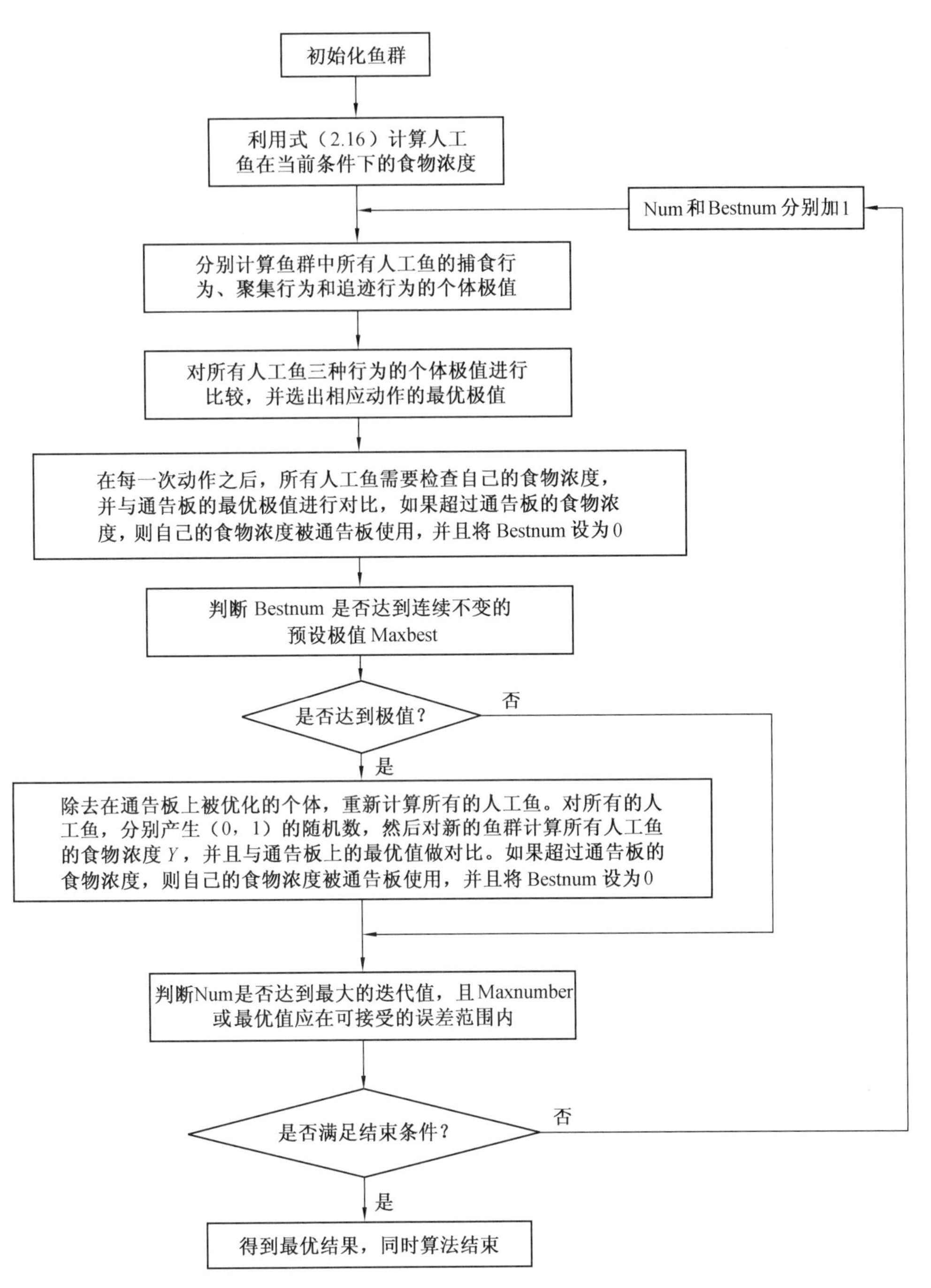

图 2.3　改进的人工鱼群优化算法的流程图

2.4.2 变压器故障诊断的试验结果和结论

1. 预处理并模糊化

H_2、CH_4、C_2H_6、C_2H_4、C_2H_2、CO 和 CO_2 是 DGA 中变压器故障诊断的主要特征量。IEC 三比值法被广泛用于变压器故障诊断，这是因为其有效性和方便性。IEC 三比值法的编码定义见表 2.7。然而，这种方法不能对所有故障提供综合而精确的诊断结果，因为 IEC 结果在某些情况中缺乏定义而不能匹配。同时，当气体比例定义在 0、1、2 边界处时，编码会造成变异而带来误判。因此，这些边界必须由函数 $u_i(x_j)$ $(i=0,1,2;\ j=1,2,3)$ 来模糊化。函数 $u_i(x_j)$ $(i=0,1,2;\ j=1,2,3)$ 在式（2.13）～（2.15）和图 2.4～2.6 中显示。IEC 三比值法的故障类型分为：正常（A_1）、低温<300 ℃的过热故障（A_2）、中温度 300～700 ℃的过热故障（A_3）、高温>700 ℃的过热故障（A_4）、局部放电（A_5）、低能放电故障（A_6）以及高能放电故障（A_7）。

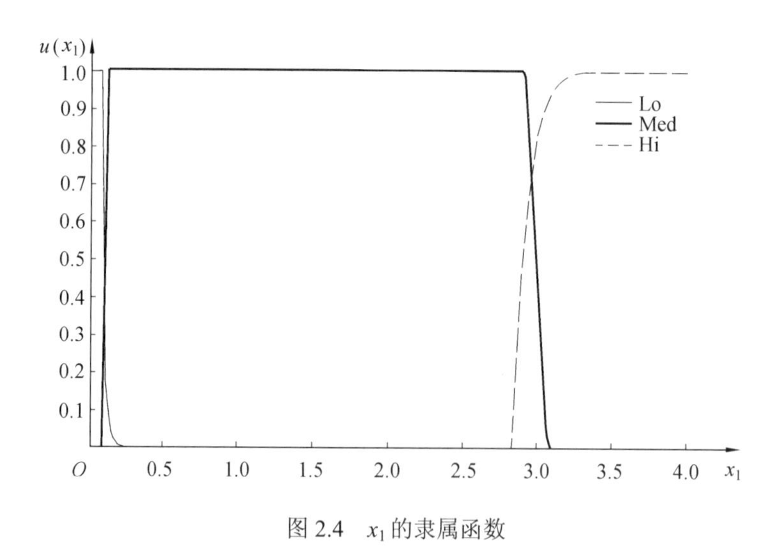

图 2.4　x_1 的隶属函数

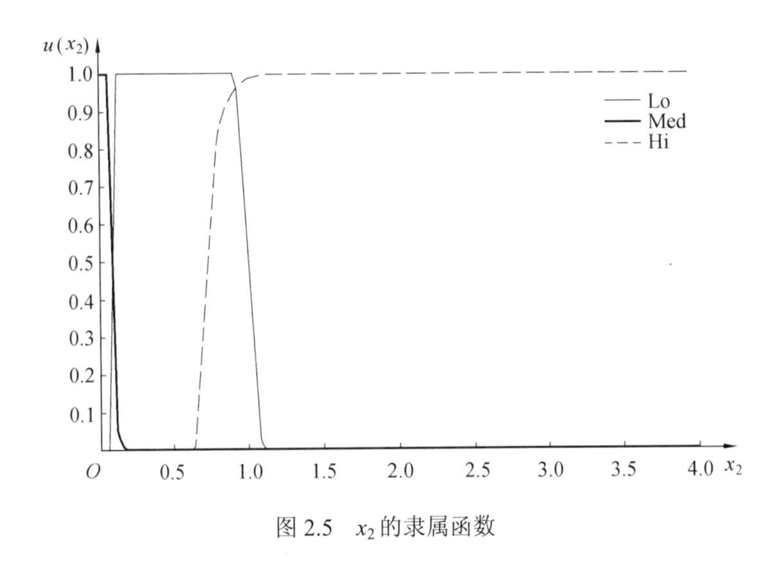

图 2.5　x_2 的隶属函数

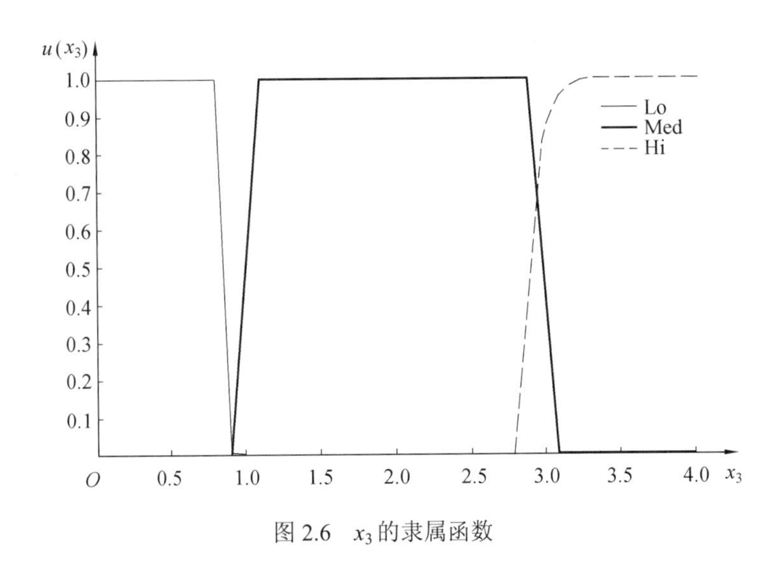

图 2.6　x_3 的隶属函数

2. IAFSO 算法

IAFSO 算法有较快的收敛速度和较高的搜索精度。考虑到影响 SVM 的选择参数，在本节中，SVM 的参数 C''和σ由 IAFSO 算法确定。人工鱼群的规模 N=20，变异和初始测试因子 Trynumber 分别为 0.4 和 5。AF_{step}=1，Visual=8，δ=0.5，Bestnum 和 Num 都为 0，Maxbest=5，Maxnumber=8。

3. SVM 的训练和变压器故障诊断

$x_i(i=1,2,3)$由SVM的输入向量确定，SVM的参数分别是$C''=32$、$\sigma^2=4$和$\varepsilon=0.016$。IEC三比值法的变压器故障类型如下所示，$A_i(j)$ ($i=1,\cdots,7$; $j=2,\cdots,8$)，并且不用判断（1）。因此，需要设计8×（8−1）=56个分类器。300个样本数据用来分别训练IECSVM、AFSO-IECSVM和IAFSO-IECSVM算法，这些算法训练好之后用来判断230个变压故障的测试样本，诊断结果的比较见表2.10。

表 2.10　诊断结果的比较

故障类型	案例序号	精度		
		IECSVM	AFSO-IECSVM	IAFSO-IECSVM
A_1	32	76.3	83.1	96.7
A_2	25	72.6	86.7	93.2
A_3	30	80.9	89.2	90.3
A_4	25	76.9	88.4	94.1
A_5	56	79.4	83.5	95.4
A_6	38	82.1	89.1	98.6
A_7	24	75.2	87.8	94.8
总体/均值	230	77.6	86.8	94.7

对比表2.10，本节所提出的IAFSO-IECSVM算法相比其他算法有更高的收敛性。IEC的故障诊断能力最差是由于其绝对的编码范围，然而本节所提出的IAFSO-IECSVM利用IAFSO来模糊IEC三比值的编码范围并确定SVM的参数，可以获得更好的故障诊断结果。IAFSO-IECSVM算法可以增加SVM的优先度，在更少的样本中得到更好的诊断结果，因此改善了变压器故障诊断的收敛性和可靠性，该方法具有鲁棒性和实际应用价值。

2.5　基于改进的人工鱼群优化算法和 BP 网络的变压器故障诊断方法

反向传播（Back Propagation，BP）神经网络适合潜在故障诊断，但收敛速度慢并且容易陷入局部极值，本节通过使用一种改进的人工鱼群优化（IAFSO）算法的目标寻求机制来解决这些困难。IAFSO 算法是一种改进的人工鱼群优化（AFSO）算法。人工鱼群优化算法曾应用于鲁棒 PID 控制器的参数优化，并且得到了满意的结果。它是一种通过模拟鱼群行为随机搜索的优化算法，通过在鱼群中局部寻找个体优化获得全局优化值。尽管 AFSO 算法可以把控搜索方向并且避免陷入局部极值，但当部分人工鱼随机处于漫无目的的状态，或人工鱼群聚集在非全局极值点时，其收敛速度非常慢而且搜索精度也大大下降。为了克服这个缺点，本节改进了 AFSO 算法，并提出了改进的人工鱼群优化算法。由于 DGA 的特点是编码太过绝对，因此模糊模型可用于解决这个问题。

考虑到精确度，本节提出基于 IEC 三比值、模糊模型和 IAFSO 算法的 BP 网络进行变压器诊断。算法的创新点主要在于最初的结合 IEC 三比值、模糊模型和 IAFSO 的 BP 算法，可以大大减少 BP 的学习次数。利用 IAFSO 算法获得 BP 权值和阈值，可以避免陷入局部极值，同时还可以克服利用传统三比值法造成边界急剧变化的缺点。试验结果表明，该算法是一种具有有效的鲁棒性的变压器诊断方法。

2.5.1　BP 模型

在许多人工神经网络（Artificial Neutral Nerwork，ANN）模型中，经常使用到的是 BP 网络，BP 网络有着模式归类的优越能力。是一种可用且得心应手的学习算法。通常，BP 网络是由输入层、隐藏层和输出层构成的。本节中，只考虑这三层的前向网络。

假定输入层的输入向量是 $X=\{\boldsymbol{x}_1,\boldsymbol{x}_2,\cdots,\boldsymbol{x}_m\}$，输入层的输出向量等于输入向量。隐藏层的输入为

$$\mathbf{Net}_j=\sum_{i=1}^{m}w_{ij}\boldsymbol{x}_i-\theta_j \qquad (j=1,2,\cdots,k) \tag{2.17}$$

式中，w_{ij}为从输入层向量$\boldsymbol{x}_i$到隐藏层向量$\boldsymbol{o}_j$，$O=\{\boldsymbol{o}_1, \boldsymbol{o}_2,\cdots, \boldsymbol{o}_j\}$的连接权值；$\mathbf{Net}_j$为隐藏层第$j$个神经元的输入向量；$\theta_j$为隐藏层第$j$个神经元的阈值。隐藏层的输出为

$$\boldsymbol{o}_j = f(\mathbf{Net}_j) = f\left(\sum_{i=1}^{m} w_{ij}\boldsymbol{x}_i - \theta_j\right) \qquad (j=1,2,\cdots,k) \tag{2.18}$$

式中，$f(\ )$为激活函数。本节选择 Sigmoid 函数作为激活函数，具体表述为

$$f(x)=\frac{1}{1+\mathrm{e}^{-x}} \tag{2.19}$$

输出层的输入为

$$\mathbf{Net}_i = \sum_{j=1}^{k} w_{ji}\boldsymbol{o}_j - \theta_i \qquad (i=1,2,\cdots,n) \tag{2.20}$$

输出层的输出为

$$\boldsymbol{y}_l = f(\mathbf{Net}_l) = f\left(\sum_{j=1}^{k} w_{ji}\boldsymbol{o}_j - \theta_l\right) \qquad (l=1,2,\cdots,n) \tag{2.21}$$

式中，w_{ji}为隐藏层向量$\boldsymbol{o}_j$到输出层向量$\boldsymbol{y}_l$，$Y=\{\boldsymbol{y}_1, \boldsymbol{y}_2,\cdots, \boldsymbol{y}_l\}$的连接权值；$\mathbf{Net}_l$为输出层第$l$个神经元的输入向量；$\theta_l$是输出层第$l$个神经元的阈值；$f()$为激活函数，本节由 Sigmoid 函数计算得到。

训练样本是$A=\{(X_t, T_t)|\ t=1, 2,\cdots, p\}$，$X_t=\{x_{t1}, x_{t2},\cdots, x_{tn}\}$是第$t$个输入集的训练数据；$T_t=\{t_{t1}, t_{t2},\cdots, t_{tn}\}$是输入训练数据的期望输出。第$p$个样本输入网络之后由式（2.18）和式（2.21）计算，实际的网络输出是$Y_p=\{y_{p1}, y_{p2},\cdots, y_{pn}\}$。基于训练样本的误差函数为

$$E=\frac{\sum_{l=1}^{n}(t_{tl}-y_{pl})^2}{n} \tag{2.22}$$

式（2.22）是关于每层权值w_{ij}、w_{il}和阈值θ_j、θ_l的非线性函数，具有许多极小值点。通过调整权值和阈值可以获得误差函数E的最小值。

BP 算法是一种梯度下降和局部搜索的方法，具有计算简单的特点，但是收敛速度慢，同时容易陷入局部最小值。为了摆脱局部最小值，本节引进了人工鱼群优化算法。同时，由于收敛速度慢和 AFSO 算法搜索精度不高，引入了 IAFSO 算法来优化 BP 神经网络的权值和阈值。

2.5.2　变压器故障诊断的试验结果

1. 模糊化输入向量

在油色谱分析领域，H_2、CH_4、C_2H_6、C_2H_4、C_2H_2、CO 和 CO_2 是变压器内部故障的特征气体。考虑到 CO 和 CO_2 体积分数的分散性，而且得到的数据经常被删除，因此，在本节中选择 H_2、CH_4、C_2H_6、C_2H_4 和 C_2H_2 用来作为特征气体来诊断变压器故障。DGA 分析以上气体是一种有价值的而且可靠的潜在故障情况检测诊断方法，并作为变压器持久度的主要诊断工具被广泛应用于行业中。IEC 三比值方法在变压器故障诊断中被广泛使用，是由于其有效性与方便性，但是这种方法不能对所有故障进行客观、精确的诊断。在某些情况下，IEC 结果会因为缺少编码而不能被匹配。并且这些编码会产生突变，当气体比值在定义边界时会引起误判。IEC 三比值编码定义见表 2.1。函数 $u_i(x_j)\ (i=0,1,2;\ j=1,2,3)$ 在式（2.13）～（2.15）和图 2.4～2.6 中显示。IEC 三比值的故障类型分为：正常（A_1）、低温<300 ℃过热故障（A_2）、中温 300～700 ℃的过热故障（A_3）、高温>700 ℃的过热故障（A_4）、局部放电（A_5）、低能放电故障（A_6）以及高能放电故障（A_7）。本节中，$\boldsymbol{x}_1$、$\boldsymbol{x}_2$ 和 $\boldsymbol{x}_3$ 作为 BP 神经网络的输入向量。

2. IAFSO 算法

BP 网络的收敛速度慢，同时容易陷入局部最小值，而 IAFSO 具有更快的收敛速度和更高的搜索精度并到达全局优化。因此，在本节中，BP 网络的权值和阈值首先由 IAFSO 算法确定。人工鱼群的规模 N=15，突变和初始测试因子 Trynumber 分别为 0.4 和 5。

3. 训练 BP 神经网络

本节用 $\boldsymbol{x}_1$、$\boldsymbol{x}_2$ 和 $\boldsymbol{x}_3$ 作为 BP 神经网络的输入向量。无法判断（1）并且 IEC 三比值使用 A_1（2）、A_2（3）、A_3（4）、A_4（5）、A_5（6）、A_6（7）和 A_7（8）作为 BP 的输出。因此，输入层、隐藏层和输出层节点的个数分别是 3、12 和 8。以下是 IAFSO-IECBP 算法的流程：

（1）设置变异因数，测试因数，人工鱼群的大小 N，输入层、隐藏层和输出层的节点数。

（2）用 IAFSO 算法来确定 BP 神经网络的权重和阈值。

（3）模糊化输入向量 $\boldsymbol{x}_1$、$\boldsymbol{x}_2$ 和 $\boldsymbol{x}_3$。

（4）用样本来训练 BP 神经网络。

（5）输入样本并得到诊断结果。

4. BP 神经网络样本训练

本节用 300 个样本数据来分别训练 IEC-BP、AFSO-IECBP 和 IAFSO-IECBP 算法的神经网络，训练结果见表 2.11。

表 2.11　不同算法的测试结果比较

算法	训练时间/s	迭代次数	误差
IEC-BP	236.43	871	9.3×10^{-3}
AFSO-IECBP	100.38	218	1.1×10^{-4}
IAFSO-IECBP	176.27	143	6.3×10^{-5}

从表 2.11 中可以看出，IAFSO-IECBP 算法的收敛速度和误差都优于 IEC-BP 和 AFSO-IECBP 算法。本节所提出的 IAFSO-IECBP 算法具有更好的收敛性，这样可以更易获得全局优化。

5. 故障诊断实例分析

为了进行变压器故障诊断，运用 200 组测试样本来训练 IEC-BP、AFSO-IECBP 和 IAFSO-IECBP 神经网络，诊断结果的比较见表 2.12。表 2.13 为变压器故障诊断的典型实例。

表 2.12　诊断结果的比较

故障类型	样本数量	精度		
		IEC-BP	AFSO-IECBP	IAFSO-IECBP
A_1	20	79.1	86.2	92.1
A_2	25	77.9	88.5	91.6
A_3	39	80.1	87.4	90.3
A_4	16	78.2	89.1	93.2
A_5	19	76.4	80.3	89.6
A_6	43	79.6	87.2	91.8
A_7	38	78.9	85.9	91.8
总计/平均	200	78.6	86.4	91.5

表 2.13　变压器故障诊断的典型实例

特征气体体积分数三比值			实际故障	诊断结果		
$\frac{C_2H_2}{C_2H_4}$	$\frac{CH_4}{H_2}$	$\frac{C_2H_4}{C_2H_6}$		IEC	IEC-BP	IAFSO-IECBP
7.1/93	30/36	93/10	5	1	5	5
0/600	97/42	600/157	5	5	5	5
142/215	581/155	215/293	8.5	1	8.5	8.5
170/143	67/335	143/18	8	8	8	8
3.2/3.6	5.7/7.5	3.6/3.4	2	1	2	2
0/96	120/160	96/33	3	4	3	3
2/721	305/143	721/78	5	5	4	5
7/3.4	8.9/94	3.4/2	7	1	7	7
95/360	490/300	360/180	4	4	4	4
12.7/10	10.4/59	10/4	6	6	6	6

从表 2.12 中可知，IAFSO-IECBP 算法相比于 IEC-BP 和 AFSO-IECBP 算法有最高的故障诊断精度。同时，表 2.13 用 10 组变压器故障的典型实例来比较 IEC 三比值、IEC-BP 和 IAFSO-IECBP 算法的诊断结果，可知 IAFSO-IECBP 优于 IEC-BP 算法。IEC 三比值方法有时则会分类错误并且对某些诊断结果没有编码，IAFSO- IECBP 算法的诊断结果基本与实际故障相符合。用 IAFSO 来训练神经网络，可以改善收敛速度和收敛效果。IAFSO-IECBP 在诊断变压器故障实例时可以提高收敛性和可靠性，因此，IAFSO-IECBP 是有效而有实际价值的故障诊断方法。

2.6 基于改进的量子遗传算法和 BP 网络的变压器故障诊断方法

本节通过改进的量子遗传算法（Improved Quantum Genetic Algorithm，IQGA）得到的局部目标寻找机制来解决 BP 收敛速度和精度缺陷的问题。IQGA 兼具量子遗传算法（QGA）的全局性视角、模拟退火（SA）算法的局部搜索能力与混沌理论（Chaos Theory）的初始遍历分布等优点，也被称为 QGASAC 算法。

2.6.1 模糊化输入向量

本节处理输入向量的方法与 2.5.2 节相同，不再赘述。同样地，本节用 $\boldsymbol{x}_1$、$\boldsymbol{x}_2$ 和 $\boldsymbol{x}_3$ 作为 BP 神经网络的输入向量。

2.6.2 QGASAC 算法

BP 网络的收敛速度较慢，同时比较容易进入局部极小值而无法得到全局优化。而 QGASAC 有更快的收敛速度和更高的搜索精度，可以得到全局优化并避免了局部解决方法。因此，在本节中，BP 网络的权重和阈值首先由 QGASAC 方法确定。QGASAC 的 N 和 T 分别为 15 和 8。

2.6.3 训练 BP 神经网络

本节用 $\boldsymbol{x}_1$、$\boldsymbol{x}_2$ 和 $\boldsymbol{x}_3$ 作为 BP 神经网络的输入向量。不用判断（1），且 IEC 三比值中的 A_1（2）、A_2（3）、A_3（4）、A_4（5）、A_5（6）、A_6（7）和 A_7（8）作为 BP 的输出。因此，输入层、隐藏层和输出层节点的个数分别为 3、12 和 8。QGASAC-IECBP 算法流程如下：

（1）设置当前温度 T_1，比例 r，迭代次数 I，最大进化等级 T，个体数量 N，输入层、隐藏层和输出层的节点个数。

（2）利用 QGASAC 算法来确定 BP 神经网络的权重和阈值。

（3）将输入向量 $\boldsymbol{x}_1$、$\boldsymbol{x}_2$ 和 $\boldsymbol{x}_3$ 模糊化。

（4）利用样本训练 BP 神经网络。

（5）输入样本并得到诊断结果。

2.6.4　故障诊断实例的分析

用 250 组变压器故障的测试样本来训练 IEC-BP、QGA-IECBP 和 QGASAC-IECBP 神经网络。诊断结果的比较见表 2.14。表 2.15 为变压器故障诊断的典型实例。

表 2.14　诊断结果的比较

故障类型	样本数量	精度		
		IEC-BP	QGA-IECBP	QGASAC-IECBP
A_1	36	77.2	82.6	91.3
A_2	35	75.3	85.3	90.2
A_3	39	81.1	88.1	92.6
A_4	20	79.7	89.6	92.7
A_5	26	78.2	82.7	90.8
A_6	43	80.1	88.9	92.1
A_7	51	77.3	84.2	93.5
总计/平均	250	78.4	85.9	91.9

表 2.15 变压器故障诊断的典型实例

特征气体体积分数三比值			实际故障	诊断结果		
$\frac{C_2H_2}{C_2H_4}$	$\frac{CH_4}{H_2}$	$\frac{C_2H_4}{C_2H_6}$		IEC	IEC-BP	QGASAC-IECBP
0/279.2	320.7/19.6	279.2/574.7	8	4	5	5
8.3/497	244/164	497/103	8	5	5	5
142/215	581/155	215/293	8.5	1	8.5	8.5
170/143	67/335	143/18	8	8	8	8
3.2/3.6	5.7/7.5	3.6/3.4	2	1	2	2
0/96	120/160	96/33	3	4	3	3
2/78	305/143	78/721	5	5	4	5
7/3.4	8.9/94	3.4/2	7	1	7	7
95/360	490/300	360/180	4	4	4	4
34/42	41/279	42/9.7	8	8	8	8

从表 2.14 中可看出，本节提出的 QGASAC-IECBP 算法与 IEC-BP 和 QGA-IECBP 相比有最高的故障诊断精度。同时，表 2.15 列举了 10 组变压器故障的典型实例来比较 IEC 三比值、IEC-BP 和 QGASAC-IECBP 算法的诊断结果。从表 2.15 中可以看出 QGASAC-IECBP 比 IEC-BP 算法更优越。IEC 三比值方法有时会错误分类并且对某些诊断结果没有编码，QGASAC-IECBP 算法的诊断结果与实际故障相符合。将 QGASAC 用于训练神经网络，可以使得收敛速度和效果得到改善。QGASAC-IECBP 在诊断变压器故障实例时可以提高收敛性和可靠性，因此，QGASAC-IECBP 是有效而有实际价值的故障诊断方法。

2.7 本章小结

本章结合多种人工智能技术对变压器故障进行诊断，提出了 6 种创新算法，为输变电设备评价提供了有效的辅助方法。

在变压器故障诊断方法中，支持向量机基于统计学习理论的结构风险最小化原理解决了小样本、非线性等问题，提高其泛化能力，能很好地处理电力设备故障诊断所面临样本不足的问题。

2.1～2.4 节用粗糙集和 SVM 建立故障诊断模型，分别用粒子群算法、量子遗传算法、模拟退火算法、改进的人工鱼群算法来确定 SVM 参数，这些方法都改善了 SVM 收敛的速度和精度，获得了更好的诊断结果。

利用 BP 神经网络建立变压器故障诊断模型，由于 BP 算法收敛速度慢，同时容易陷入局部最小值。2.5 节和 2.6 节分别用改进的人工鱼群优化算法和改进的量子遗传算法训练 BP 神经网络，从而提高了诊断模型的收敛性和可靠性。

第3章　输变电设备可靠性分析方法及应用

大型电力变压器是电网中最重要的设备，其安全运行是保障电力系统可靠运行的条件之一，也是保证电能可靠输送的决定性因素之一。由于不同变压器在性能、技术水平和制造工艺上存在巨大差异，一旦出现电力变压器故障，不仅对变压器的输变电能力有影响，甚至会造成城市和工厂大面积停电，对电力系统和国民经济都有极大影响。以往对变压器的定期检修策略会造成设备过修或失修等问题，而状态检修可以做到当修必修，节约了大量的人力、物力和财力，提高了设备的可用性，使设备可靠性、经济性达到最佳状态。而状态检修最终依据是状态评估，对变压器进行状态检修的前提是必须对变压器状态有着准确的评估。因此，变压器状态评估是实现状态检修的基础。目前，国内外对输变电设备进行状态评估的方法主要分为三类：第一类是基于故障树的状态评估，类似于专家诊断系统（状态评价）；第二类是可靠度评估；第三类是风险评估。

随着重大设备的可靠性日益受到人们的重视，设备可靠性分析方法随之出现，国内外通用的可靠性分析方法主要包括故障模式及影响分析法、失效严重度分析法和故障树分析法三种。故障模式及影响分析法分析过程简单明了，失效严重度分析法根据故障概率数据计算致命度，但两者仅能针对单一故障模式进行分析，不能有效反映多故障模式情况下的系统可靠性。故障树分析法常用于分析复杂系统的多重故障，应用效果良好，但对于变压器，故障树分析法未考虑变压器某些部件的频发性故障及家族性缺陷对其可靠性的影响，因而对变压器的可靠性评估不够全面。另外，目前对输变电设备进行可靠性评估，主要是依据设备的运行统计数据进行相关可靠性指标的分析，其评估结果不能准确反映某台变压器的可靠性水平。而针对单台变压器，通过对设备自身的结构、功能以及故障模式和影响分析并进行可靠性评估的研究还处于起步阶段。

对此，本章对变压器可靠度分析方法进行了研究。本书收集了大量变压器的基础数据和试验数据，首先，通过基于故障树分析的方法（Fault Tree Analysis，FTA）计算出变压器的可靠度；其次，改进了 FTA，采用遗传算法（Genetic Algorithm，GA）优化的 BP 神经网络预测模型加快计算变压器的可靠性值；最后，基于可靠性分析结果，采用模糊层次分析法分析电力变压器的实际老化情况与寿命，为变压器的状态检修提供一定的依据。

3.1　变压器可靠性评估特征量分析

变压器可靠度计算需要对变压器的基础数据和试验数据进行充分的收集统计，然而在实际评估过程中，各个供电局提供的变压器数据相对不够充分。本节通过收集云南电网公司一共 52 台变压器的基础数据和试验数据，分析可靠度计算原理，计算不同特征参量对变压器可靠度的影响，得出不同特征参量在变压器可靠度计算过程中的贡献度，使计算可靠度所需要的数据达到最简化，提高评估速率，为状态检修提供重要的依据。

3.1.1　数据的收集

计算变压器的可靠度，首先要收集设备的基础信息、油气分析、负荷情况、运行环境、试验记录和故障缺陷记录等方面的数据，所获取的信息量越大、越全面、越准确，则模型计算出的评价结果也就越准确。

3.1.2　基于 FTA 的可靠度计算

基于 FTA 的设备可靠度计算步骤如下。

（1）根据设备功能和结构，进行系统划分。

根据对变压器各部件故障模式的深入分析，针对电力变压器的结构特点，结合以往对变压器故障信息的收集、整理，将变压器故障 T 分为器身故障 A_1、绕组故障 A_2、铁芯故障 A_3、有载分接开关故障 A_4、非电量保护故障 A_5、冷却系统故障 A_6、套管故障 A_7、油枕故障 A_8 和无励磁分接开关故障 A_9 九大类。T 为故障树的顶事件，

A_i（i=1，2，…，9）、E_k（k=4.1，4.2，…，6.5）为故障树的中间事件，X_j（j=1.1，1.2，…，9.7）为故障树的底事件。

对变压器进行 FMEA 分析，对所涉及的故障检测方法进行归纳、整理，将各检测方法所获得的特征参量作为故障特征参量，并对各特征参量依次编码即可得到故障特征参量集。在此基础上，根据变压器的各故障模式与故障特征参量之间的对应关系，可建立各故障模式与故障特征参量之间的对应关系。从故障原因、故障影响和检测手段等方面对各个系统中划分的部件进行故障模式及影响分析；应用故障树原理，对各类故障进行细分并依据其逻辑关系建立故障树。

（2）计算各故障模式权重系数，计算故障概率。

变压器故障树顶事件权重采用 1/9～9 标度，二级事件、底事件和特征参量的权重采用 0.1～0.9 标度，采用层级分析法进行计算获得。

根据变压器的故障树模型及各事件的逻辑关系，得出该故障树的所有最小割集，即能直接导致顶事件发生的底事件为

$$\{X_{1.1}\},\{X_{1.2}\},\cdots,\{X_{9.7}\}$$

其故障概率分别为

$$P(X_{1.1}),P(X_{1.2}),\cdots,P(X_{9.7})$$

顶事件与中间事件的逻辑关系为

$$T=\sum_{i=1}^{9}A_i \tag{3.1}$$

中间事件与底事件的逻辑关系为

$$\begin{cases} A_1 = \sum_{i=1}^{3} X_{1.i} \\ A_2 = \sum_{i=1}^{7} X_{2.i} \\ A_3 = \sum_{i=1}^{7} X_{3.i} \\ A_4 = \sum_{i=1}^{5} X_{4.i} \\ A_5 = \sum_{i=1}^{5} X_{5.i} \\ A_6 = \sum_{i=1}^{5} X_{6.i} \\ A_7 = \sum_{i=1}^{7} X_{7.i} \\ A_8 = \sum_{i=1}^{3} X_{8.i} \\ A_9 = \sum_{i=1}^{7} X_{9.i} \end{cases} \tag{3.2}$$

因此，变压器发生故障的概率，即不可靠度 $F(T)$为

$$F(T) = P(T) = \sum_{i=1.1}^{9.7} P(X_i) \tag{3.3}$$

考虑到不同因素对上级的不同影响，引入权重系数 W，上述三式可以表示为

$$P(T) = \sum_{i=1}^{9} \overline{P}_{A_i} W_{A_i} \tag{3.4}$$

$$\begin{cases} \overline{P}_{A_1} = \sum_{i=1.1}^{1.3} P_{X_i} W_{X_i} \\ \quad \vdots \\ \overline{P}_{A_4} = \left(\sum_{i=4.1.1}^{4.1.2} P_{X_i} W_{X_i} \right) W_{E_{4.1}} + \left(\sum_{i=4.2.1}^{4.2.9} P_{X_i} W_{X_i} \right) \times W_{E_{4.2}} + \cdots + \left(\sum_{i=4.5.1}^{4.5.13} P_{X_i} W_{X_i} \right) \times W_{E_{4.5}} \\ \quad \vdots \\ \overline{P}_{A_9} = \sum_{i=9.1}^{9.7} P_{X_i} W_{X_i} \end{cases} \tag{3.5}$$

在进行可靠度计算时，有一些部件是要经过专家打分决定其状态及其特征值的，标准如下：

①状态良好，发生故障的可能性很小。（0～0.2）

②轻度劣化，设备正常运行，有一定的发生故障的可能。（0.2～0.4）

③中度劣化，设备偏离正常状态，有轻微的故障现象出现。（0.4～0.7）

④设备状态已由劣化状态转到故障状态，有严重的故障现象出现。（0.7～1）

对于有缺陷的变压器部件，缺陷频发次数等于 2 时，部件可靠度乘以 0.9 的调节系数；缺陷频发次数大于 2 时，可靠度乘以 0.8 的调节系数。

另外，当变压器非电量保护中的压力释放阀任何一个目测项目和油位计任何一个指示项目有问题时，这两个子部件的故障概率强制设为 0.1。

（3）结合权重系数和故障概率，计算出变压器整体的可靠度和各个部件的可靠度。

$R(T)+P(T)=1$，从而可以得到变压器的可靠度 $R(T)$为

$$R(T)=1-P(T) \tag{3.6}$$

本节通过收集到的江门和茂名各 3 台主变以及增城 6 台主变的数据，计算出其各自的可靠度，其中增加了 1 台假设没有收集到任何数据的变压器，也计算出其可靠度，各变压器的可靠度见表 3.1。

表 3.1　各变压器的可靠度

变压器	可靠度	变压器	可靠度
江门 2B	0.861 2	增城 2B	0.824 4
江门 2C	0.861 1	增城 2C	0.823 4
茂名 2A	0.941 5	增城 3A	0.868 6
茂名 2B	0.866 3	增城 3B	0.864 2
茂名 2C	0.966 6	增城 3C	0.882 1
无数据	1.000 0		

表 3.1 中无数据的变压器计算出的可靠度为 1，可见只有收集到的数据越全面才能越真实地反映变压器的状态，数据量不足时会导致计算出的可靠度较实际状态偏高。

进行可靠性评估时所需要的数据并不是完整的，并且收集上来的数据类型也不尽相同，因此无法判断是否遗漏了评估时所需要的重要数据或者计算了与可靠性评估无关的数据，导致对变压器的可靠性评估不能反映变压器最真实的状态，也影响了评估速率，所以对影响变压器可靠度的各个特征参量进行对比分析是非常必要的。

3.1.3　各特征参量对可靠度的影响

本节通过对以上 13 台主变可靠度计算过程中各个特征参量的改变，将各个特征参量都调整为其上限值（下限值），专家打分的特征值分别调整为 0.9，重新计算变压器的可靠度，进而得到了各个特征参量对计算变压器可靠度的贡献度。表 3.2 为各个特征参量对可靠度贡献度的降序排列，包含了 127 个特征参量，其中不包含变压器的一些固有特征值（如开放式或者是隔膜式，电压等级为 500 kV 或者 220 kV 等）。

通过对每台主变 127 个特征参量对可靠度影响的计算，可以得到每个特征参量贡献度的范围，找出对可靠度计算贡献度最大的值，各特征参量的贡献度如图 3.1 所示。

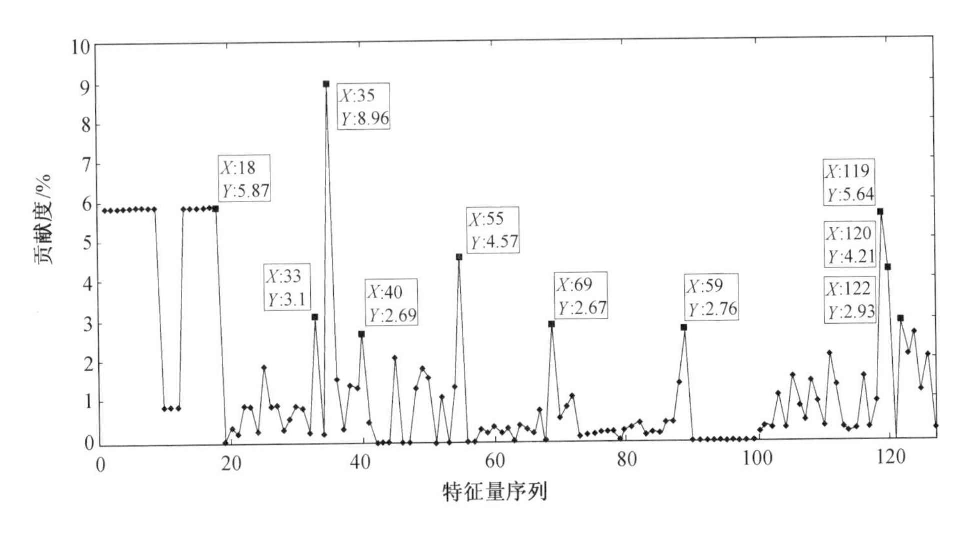

图 3.1　各特征参量的贡献度

表 3.2　可靠性评估收集到的部分数据

特征量	贡献度范围/%	最大值/%
Y12（耐压试验）专家打分	7.38～8.96	8.96
X11（变压器本体油色谱·H_2·氢气含量）	0.00～5.87	5.87
X12（变压器本体油色谱·H_2·绝对产气速度）	0.00～5.87	5.87
X13（变压器本体油色谱·C_2H_2·绝对产气速度）	0.00～5.87	5.87
X14（变压器本体油色谱总烃绝对产气速度）	0.00～5.87	5.87
X15（变压器本体油色谱·CO·绝对产气速度）	0.00～5.87	5.87
X16（变压器本体油色谱·CO_2·绝对产气速度）	0.00～5.87	5.87
X17（变压器本体油色谱·C_2H_2·含量）	0.00～5.87	5.87
X18（变压器本体油色谱总烃含量）	0.00～5.87	5.87
X19（变压器本体油色谱总烃相对产气速度）	0.00～5.87	5.87
X012（铁芯绝缘电阻）	2.54～3.1	3.10
X011（绕组绝缘电阻·两次测试差异值）	0.12～0.21	0.21
X4（油中微水含量）	0.16～0.19	0.19
X013（套管主绝缘）	0.15～0.17	0.17
X2（糠醛含量）	0.01	0.01

通过计算得知，专家对耐压试验的打分对可靠度的计算的影响最大，为 8.96%。其次是对变压器本体、电压互感器、电流互感器的油色谱分析试验的特征值对可靠度的贡献度较大，为 5.87%，对电压互感器、电流互感器的油色谱分析试验数据不易收集到。当绕组缺陷的频发次数大于 2 时，对可靠度的贡献度较大，为 5.64%，而这一特征量也是不易收集到的。对绕组温度的专家打分和铁芯缺陷频发次数对可靠度的贡献度较大分别为 4.57%和 4.21%，这些特征量也是不易收集到的。

非电量保护缺陷频发次数、铁芯绝缘电阻两次测试差异值、（铁芯过励磁器身目测变形）专家打分、变形试验三相之间测试差异值、套管频发次数、（油枕目测油位异常）专家打分、冷却系统频发次数和非励磁开关缺陷频发次数对变压器可靠度的贡献度为 2.09%～3.10%，贡献度也相对较大，这些特征量在可靠度评估时也是不易收集到的。

套管、（油泵检查）专家打分、介损、（检查温度计）专家打分、（呼吸器目测呼吸通道不畅）专家打分、（套管目测渗漏油）专家打分、（器身目测渗漏油）专家打分、（油枕目测堵塞）专家打分、（油温度）专家打分、（噪声测试）专家打分、油枕缺陷频发次数、（气体分析）专家打分、（压力释放阀目测拒动）专家打分、（油位计假油位故障）专家打分以及三个测试差异值对变压器可靠度的贡献度为 1.04%～1.96%，这些特征量在可靠度评估时也是不易收集到的。

而（套管目测瓷套闪络）专家打分、吸收比（10 度～30 度）等共 57 个特征量对可靠度计算的贡献度为 0.01%～0.93%，这些特征量的贡献度相对较小，其中 X2（糠醛含量）、X4（油中微水含量）、Y11（绝缘电阻 X011、X012、X013）在状态评估中是比较容易收集到的，其余的特征量也不易收集到。

以上是可靠性评估时对可靠度有贡献度的特征量，而 X191（触头接触电阻）、X014（套管末屏绝缘）、有载调压开关缺陷频发次数等 24 个特征量对可靠度计算的贡献度为 0，因此可以考虑在进行可靠度计算时不收集相关的信息。

表 3.2 中所示的是在可靠性评估时可以收集到的数据，其中油色谱数据贡献度范围从 0 开始，这是由于计算的主变运行年限均在 15 年以上，计算其故障概率是取大运算，所以油色谱任一特征量超标，改变其他数据都对可靠度无影响。其余特征量的贡献度均在一个较小的范围内波动。从表 3.2 中不难看出，用现有的数据对云南电网变压器进行的可靠性评估，由于数据量相对较少，并不能真实反映变压器真实状态，因此，最简数据列表及其相对应的贡献度对数据的收集工作有着重要的指导意义。

综上所述，在进行可靠度计算时，应尽可能收集对可靠度贡献度大于 1%相对应的特征量，如果收集的信相对较少时，会使得计算出的可靠度相对偏高，不利于反映变压器的真实可靠信息。

3.2 基于遗传算法优化的 BP 网络变压器可靠度计算

3.2.1 利用 BP 神经网络和 GA 优化的 BP 神经网络拟合变压器的可靠度

通过基于 FTA 的方法可以计算出变压器的可靠度，但是用时较长为 138.79 s，不利用实时计算变压器的可靠度，因此本节采用 BP 神经网络拟合变压器的可靠度，可以提高变压器的可靠度的计算速率。

1. BP 神经网络和 GA

目前广泛使用的前馈网络算法是 Rumelhart 等人推广的误差反向传播算法（Error Back Propagation Algorithm，也称 BP 算法），BP 神经网络模型有两个明显的缺点：一是易陷入局部极小值；二是收敛速度慢。克服上述缺点的一种方法是采用遗传算法（GA）优化的 BP 神经网络预测模型。

GA 通过遗传算子模拟遗传过程中出现的复制、交叉和变异等现象，对种群个体逐代择优，从而最终获得最优个体。本节采用 GA 对 BP 神经网络的初始权值和阈值分布进行优化，通过选择、交叉和变异操作找到 BP 神经网络的最优初始权值和阈值，将 GA 得到的最优个体对 BP 神经网络初始权值和阈值进行赋值，然后利用 BP 神经网络预测模型进行局部寻优，从而得到具有全局最优解的 BP 神经网络预测值。具体步骤如下。

（1）遗传算法优化参数的确定及种群初始化。

选择 BP 神经网络的权值和阈值作为优化参数。遗传算法有二进制编码和实数编码两种编码方式，本节采用实数编码，码串由四部分组成：隐藏层与输入层的连接权值、隐藏层与输出层的连接权值、隐藏层阈值和输出层阈值。采用实数编码可以得到高精度的权值和阈值。

（2）适应度函数的确定。

根据个体得到 BP 神经网络的初始权值和阈值，本节采用 BP 神经网络的预测输出与期望健康指数之间的误差绝对值和作为个体适应度值 F，其计算公式为

$$F = k\left(\sum_{i=1}^{n} | y_i - o_i |\right) \tag{3.7}$$

式中，n 为网络输出节点数；y_i 为期望得到的健康指数；o_i 为第 i 个节点的预测输出；k 为系数。

（3）选择操作。

遗传算法选择操作有轮盘赌法、锦标赛法等多种方法，本节选择轮盘赌法，即基于适应度比例的选择策略，每个个体 i 的选择概率 P_i 为

$$P_i = \frac{f_i}{\sum_{j=1}^{N} f_j} \tag{3.8}$$

$$f_i = \frac{k}{F_i} \tag{3.9}$$

式中，f_i 和 f_j 为每个个体的概率；F_i 为个体 i 的适应度值，由于适应度值越小越好，本节在个体选择前对适应度值求倒数；k 为系数；N 为种群个体数目。

（4）交叉操作。

由于个体采用实数编码，交叉操作方法采用实数交叉法，第 k 个染色体 a_k 和第 l 个染色体 a_l 在 j 位的交叉操作方法如下：

$$\begin{cases} a_{kj} = a_{kj}(1-b) + a_{lj}b \\ a_{lj} = a_{lj}(1-b) + a_{kj}b \end{cases} \tag{3.10}$$

式中，b 为[0，1]的随机数。

（5）变异操作。

本节选取第 i 个个体的第 j 个基因 a_{ij} 进行变异，变异操作方法如下：

$$a_{ij} = \begin{cases} a_{ij} + (a_{ij} - a_{\max}) \times f(g) & (r \geqslant 0.5) \\ a_{ij} + (a_{\min} - a_{ij}) \times f(g) & (r < 0.5) \end{cases} \tag{3.11}$$

式中，$a_{\max}$ 为基因 a_{ij} 的上界；$a_{\min}$ 为基因 a_{ij} 的下界；$f(g) = r_2\left(\frac{1-g}{G_{\max}}\right)$，$r_2$ 为一个随机数，g 为当前迭代次数，$G_{\max}$ 为最大进化次数；r 为[0，1]的随机数。

2. 利用 BP 神经网络模型拟合变压器的可靠度

本节选取云南电网公司的 138 台 220 kV 变压器的基础数据作为训练样本，以变压器的 14 个特征参量作为网络的输入，以变压器的可靠度作为网络的输出，构建网

络结构为 14-15-1 的 BP 神经网络，即输入层有 14 个节点，隐藏层有 15 个节点，输出层有 1 个节点。

本节选择迭代次数为 100 次，学习率为 0.1，训练目标最小误差为 4×10^{-3}，选取 138 组输入、输出数据，从中选取 128 组数据进行网络训练数据，10 组数据作为网络预测数据。由于输入样本与输出样本间的量纲不一致且输入样本内部量纲不尽相同，为了能够使网络达到最优预测，在进行网络训练之前，必须对数据进行预处理，即完成归一化；在网络训练完之后，对预测值必须进行反归一化操作。

本节采用 BP 神经网络拟合变压器的可靠度，时间仅为 9.34 s，与基于 FTA 的方法用时 138.79 s 相比，仅为其用时的 6.73%，对提高变压器可靠度计算速率有着重要的意义。

BP 神经网络的预测输出与期望输出如图 3.2 所示。利用 BP 神经网络基本可以拟合出单台变压器可靠度，与基于 FTA 计算出的可靠度基本相符，曲线拟合程度好。BP 神经网络的预测误差百分比如图 3.3 所示，可以看出，误差最大值为 1.347%，10 组预测数据绝对值误差和为 0.093 7，在可以接受的范围之内，可以为变压器的状态检修提供一定的依据。

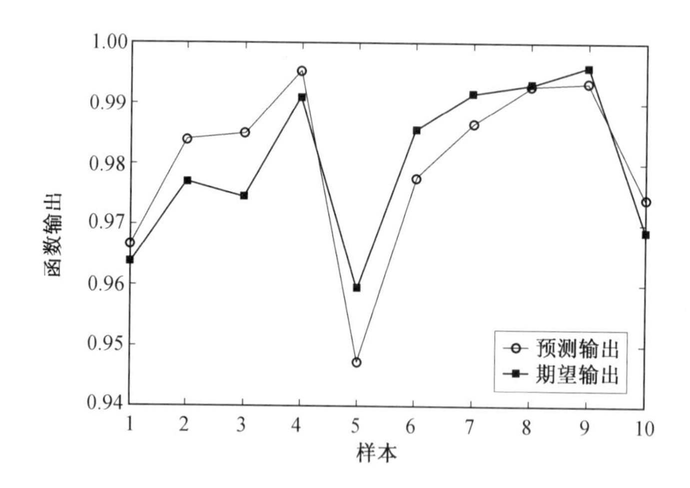

图 3.2　BP 神经网络的预测输出与期望输出

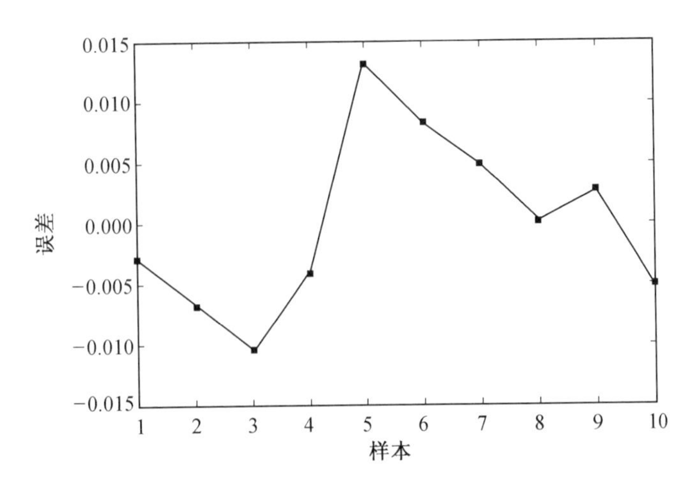

图 3.3　BP 神经网络的预测误差百分比

3.2.2　GA 优化的 BP 神经网络模型拟合变压器的可靠度

本节采用 GA 优化的 BP 神经网络，在上述同样的 BP 神经网络结构和训练样本的基础上，选取相应的适应度函数。适应度函数表明个体对环境适应能力的强弱，它与所选取的目标函数有关。本节采用 BP 神经网络预测输出与期望输出可靠度的误差绝对值之和作为个体适应度值，对 BP 网络的权值和阈值进行优化。种群规模为 20，迭代次数为 50，交叉概率为 0.3，变异概率为 0.1，进行寻优，遗传算法适应度曲线如图 3.4 所示。

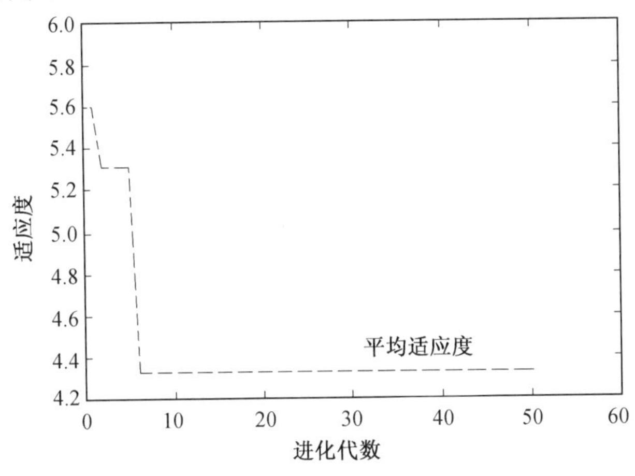

图 3.4　遗传算法适应度曲线

从图 3.4 中可看出，经过 6 次迭代寻优，即可得到权值和阈值的最优值，将优化后的权值和阈值代入 BP 神经网络，GA 优化 BP 神经网络的预测输出与期望输出如图 3.5 所示。图 3.5 中拟合出需要预测的 10 台变压器的可靠度，与基于 FTA 计算出的可靠度基本相符，曲线拟合程度好。GA 优化的 BP 神经网络的预测误差百分比如图 3.6 所示，误差最大值为 0.108%，10 组预测数据绝对值误差和为 0.041 2。

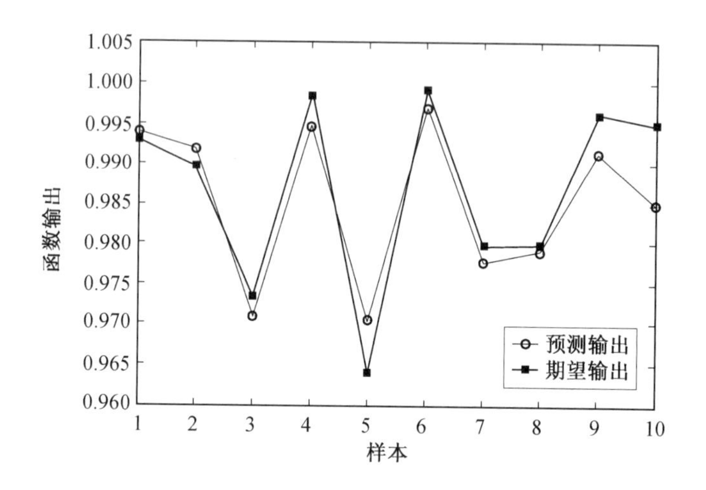

图 3.5　GA 优化的 BP 神经网络的预测输出与期望输出

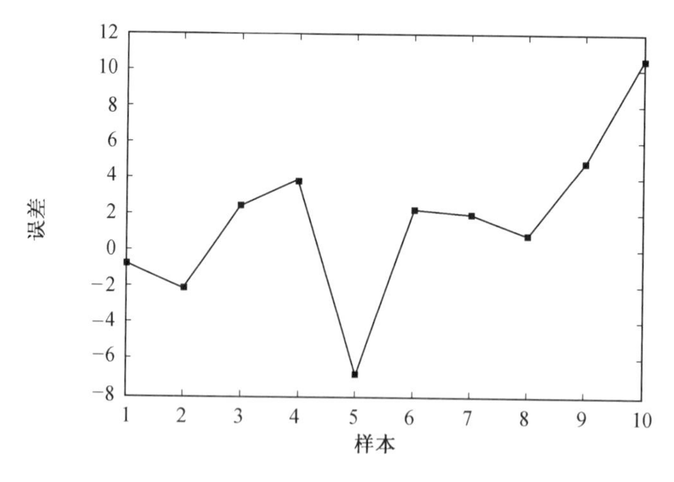

图 3.6　GA 优化的 BP 神经网络的预测误差百分比

3.3　基于可靠度的电力变压器寿命分析

国内外对于电力变压器的状态监测及状态评估技术均相对成熟，但在可靠性及寿命分析等方面相对欠缺。如何更准确地掌握变压器寿命退化规律，提高变压器运行可靠性和经济性，延长其有效寿命已成为电力部门急需解决的热点和难点问题。

本节将基于可靠度提出变压器寿命分析方法，建立变压器可靠度及老化模型，研究变压器运行状态随时间的变化规律，确定变压器进入各个寿命阶段的年限及平均无故障工作时间，为制订变压器检修、维护及改造计划提供科学依据，以便科学、合理地选择变压器检修和更换的最佳时机。

3.3.1　变压器可靠度

本节将建立电力变压器的故障树模型，考虑到不同事件对顶事件的影响程度（重要度）不同，采用模糊层次分析法确定各事件的重要度，以确定电力变压器可靠度。

针对电力变压器的结构特点，将变压器故障 T 分为器身、绕组、铁芯、有载分接开关、非电量保护、冷却系统、套管、油枕和无励磁分接开关九大部件故障，记为 A_i。根据各大部件的自身结构特点，有的部件故障需细分为子部件故障，如冷却系统故障可分为散热器、油泵、冷却风扇和控制装置四个子部件故障，子部件故障记为 E_k。将每个部件的所有可能故障模式记为 X_j，其中需进行子部件故障细分的部件只分析每个子部件的所有故障模式。应用故障树原理，将 T 作为故障树顶事件，A_i、E_k 作为中间事件，X_j 作为底事件，分析故障树各事件间逻辑关系，得出故障树的所有最小割集，从而建立变压器故障树模型。

根据变压器故障模式和影响分析结果，对所涉及的故障检测方法进行归纳、整理，将各检测方法获得的特征参量作为故障特征参量（如油色谱分析结果、吸收比等），并对各特征参量依次编码形成特征参量表，同时根据变压器各故障模式与故障特征参量之间的对应关系建立故障模式与特征参量的对应表。根据我国现行的变压器相关试验、运行规程和导则，对于有明确规定上限和下限或是注意值的特征参量，当特征参量等于限定值时，根据模糊理论可以认为该参量合格和不合格的概率均为50%，从而可以构造模糊概率函数。概率函数建立后，可根据状态检测设备测得的变压器当前状态及相关统计数据求出底事件的当前故障概率。

此外，对于具有缺陷及频发性故障的部件，应根据缺陷等级、故障频发次数相应调整故障概率，调节系数可由专家给出，以使调整后得到的变压器可靠度更加合理。

结合故障树模型，变压器的故障概率可表示为

$$P=\sum_{i=1}^{9}P_{A_i}W_{A_i} \tag{3.12}$$

式中，P_{A_i}为九大部件中部件 i 的故障概率；W_{A_i}为部件 i 对应的故障概率权重系数，权重系数由模糊矩阵法确定。

不需细分子部件故障的部件 i 的故障概率为

$$P_{A_i}=\sum_{j=1}^{n}P_{X_j}W_{X_j} \tag{3.13}$$

式中，n 为部件 i 对应的底事件个数；P_{X_j}为底事件 X_j 的故障概率；W_{X_j}为底事件 X_j 的故障概率权重系数。

需细分子部件故障的部件 i 的故障概率为

$$P_{A_i}=\sum_{k=1}^{m}\left(\sum_{j=1}^{n_k}P_{X_j}W_{X_j}\right)W_{E_k} \tag{3.14}$$

式中，m 为部件 i 对应的子部件故障个数；n_k 为子部件 k 对应的底事件个数；W_{E_k}为子部件 k 对应的故障概率权重系数。

变压器可靠度为

$$R=1-P \tag{3.15}$$

3.3.2　变压器寿命分析

1. 可靠度与状态评价的对应关系

根据变压器状态评价标准及细则，变压器状态分类如下：

（1）正常状态。

变压器各状态量均处于稳定且在规程规定的警示值及注意值（即标准限值）以内，可以正常运行。

（2）注意状态。

变压器单项（或多项）状态量变化趋势向接近标准限值方向发展，但未超过标准限值，仍可以继续运行，应对其加强运行监视。

（3）异常状态。

变压器单项状态量变化较大，已接近或略微超过标准限值，应监视其运行状态，并适时安排停电检修。

（4）严重状态。

变压器单项重要状态量严重超过标准限值，需要尽快安排停电检修。

由 3.3.1 节可求得某区域内所有同一电压等级变压器当前的可靠度，由于变压器可靠度是基于底事件对应特征参量的故障概率得到的，而特征参量反映变压器的当前状态，因此变压器可靠度与状态评价存在必然联系。变压器可靠度与变压器状态评价的对应关系见表 3.3。

表 3.3　变压器可靠度与变压器状态评价的对应关系

可靠度范围	变压器状态评价
$a_1<R\leqslant 1$	正常状态
$a_2<R\leqslant a_1$	注意状态
$a_3<R\leqslant a_2$	异常状态
$0<R\leqslant a_3$	严重状态

表 3.3 中，a_1、a_2 和 a_3 需根据该区域变压器的整体可靠度确定。

2. 变压器老化模型

大量试验数据表明，电力设备的老化过程是其设备材料的电气及机械性能随运行时间呈指数关系变化的过程。现引入状态劣化值 D_{VC} 对变压器状态进行量化，$1<D_{\mathrm{VC}}<100$。根据设备老化原理及实践经验，变压器状态劣化值 D_{VC} 满足

$$D_{\mathrm{VC}}=\mathrm{e}^{BN} \tag{3.16}$$

式中，B 为老化系数；N 为变压器运行年限。

变压器故障概率满足

$$P=K\mathrm{e}^{CD_{\mathrm{VC}}} \tag{3.17}$$

式中，K 为比例系数；C 为曲率系数。

式（3.17）表明变压器故障概率 P 随时间变化过程主要间接体现在变压器自身状态随时间变化的过程，P 随着 D_{VC} 的增加而增加，且具有指数关系。

由式（3.15）～（3.17）可得变压器的可靠度为

$$R=1-Ke^{Ce^{BN}} \tag{3.18}$$

式（3.18）反映了变压器可靠度随运行年限的变化规律，即变压器老化模型。式（3.18）表明，变压器尚未进入明显老化期之前，其设备材料的总体状态性能变化不会很大，老化过程非常缓慢，可靠度变化不大；若设备材料开始出现明显老化，其老化过程会明显加快，电气及机械性能迅速降低，可靠性随之降低。与现有负指数模型相比，该模型更加符合电力变压器的实际老化情况。

单台变压器可靠度随时间变化的规律一般难以取得，也没有太大意义，因此可计算某区域内所有同一电压等级变压器可靠度，得到该区域某电压等级变压器平均可靠度随时间变化的规律，从而可对该区域变压器的老化规律进行整体分析。

在变压器老化模型的基础上，通过最小二乘法对运行年限与可靠度对应关系进行拟合，借助拟合曲线可直接求得 K、C 和 B，从而得到运行年限-平均可靠度关系曲线。求得关系曲线后，根据 a_1、a_2 和 a_3 的值，可求得某区域同一电压等级变压器进入注意状态、异常状态和严重状态对应的年限，假设各年限分别为 N_1、N_2 和 N_3。则从第 N_1 年开始，变压器老化迹象逐渐显现，但老化迹象不明显，各状态量变化趋势朝接近标准限值方向发展，此时变压器可靠度虽然还处于一个较高水平，但已经进入下降阶段，故障发生率小幅上升；从第 N_2 年开始，变压器有了明显的老化迹象，变压器进入快速老化期，各状态量变化较大，已接近或略微超过标准限值，可靠度有一定程度下降，故障发生率明显上升，相应的老化速率也开始呈急剧上升趋势；从第 N_3 年开始，变压器已经出现严重的老化迹象，可靠度降至一定水平，故障发生率很高，变压器已无法满足实际运行要求。运行年限–平均可靠度关系曲线如图 3.7 所示。

图 3.7 中，4 个寿命阶段（第 N_1 年之前、第 N_1～N_2 年、第 N_2～N_3 年和第 N_3 年之后）可定义为稳定期、老化初期、快速老化期和严重老化期。对于处于不同寿命阶段的变压器，应采取合适的维护措施，在保证变压器安全运行的同时最大限度地

降低运行成本。图 3.7 为制订电力变压器长期维修规划提供了科学依据，对推迟变压器老化进程、延长其有效使用寿命具有重大意义。

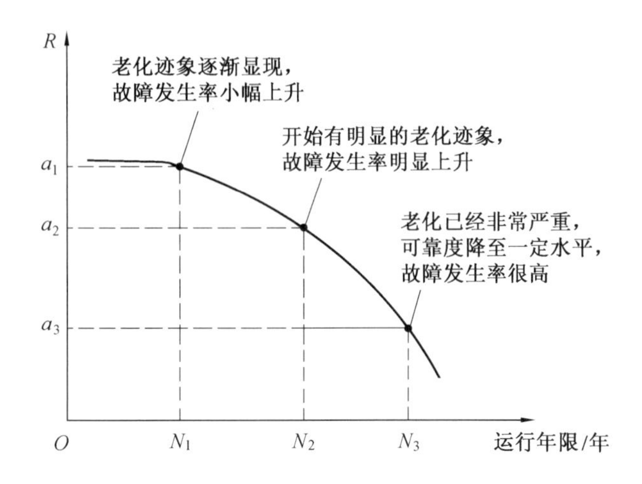

图 3.7　运行年限-平均可靠度关系曲线

此外，对于某区域整体而言，变压器运行到第 N_2 年时，进入了快速老化期，运行到第 N_3 年后，变压器老化已非常严重，处于停运更换边缘。因此在第 N_2～N_3 年之间变压器很可能出现首次严重故障，则变压器对应的平均无故障工作时间（MTBF）也应在此时段内。

$$\mathrm{MTBF} = \int_{N_{\min}}^{N_{\max}} R\mathrm{d}N \tag{3.19}$$

式中，$N_{\min}$、$N_{\max}$ 分别为某区域内变压器最短、最长运行年限。

设区域变压器对应的严重故障首发年限为 N_F（$N_2 < N_F < N_3$），则

$$N_F = \mathrm{MTBF} \tag{3.20}$$

良好的维修策略将有助于变压器获得最大的使用寿命。为保证变压器正常运行，应在第 N_F 年对变压器设定大修技改及更换方案，以使其状态恢复到正常状态。对于运行年限小于 N_F 的变压器，可适当减少其定期大修次数，以免造成过度维修和人为故障，使检修策略由到期必修向应修必修的方向转变。

3. 案例分析

本节以某地区数据较全的 84 台 220 kV 变压器为对象进行寿命分析。根据 3.3.1

节计算变压器可靠度，同时统计各台变压器的运行年限，绘出运行年限-可靠度关系曲线，如图 3.8 所示。

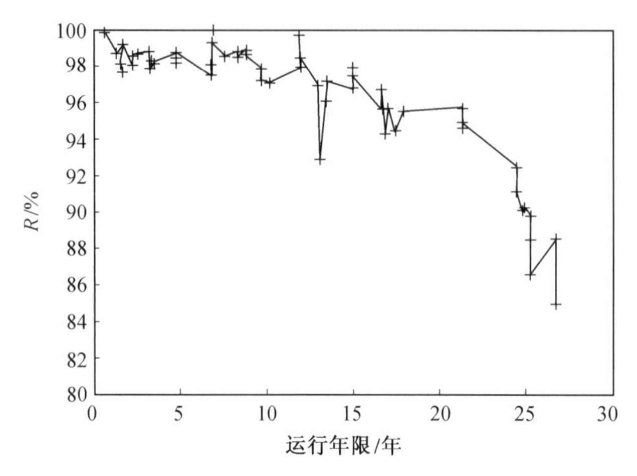

图 3.8　220 kV 变压器的运行年限-可靠度关系曲线

目前该地区电网公司已实施电力变压器状态评价，评价结果符合电力变压器的实际运行状况。2009 年该地区 84 台变压器状态评价统计结果见表 3.4。

表 3.4　变压器状态评价统计结果

变压器状态评价	变压器台数
正常状态	54
注意状态	21
异常状态	8
严重状态	1

对比 84 台变压器状态评价及可靠度计算结果，可得出变压器状态分界点对应的可靠度分别为 0.98、0.95 和 0.85，则该地区可靠度与变压器状态评价对应关系见表 3.5。

表 3.5　可靠度与变压器状态评价对应关系

可靠度范围	变压器状态评价
$0.98<R\leqslant 1$	正常状态
$0.95<R\leqslant 0.98$	注意状态
$0.85<R\leqslant 0.95$	异常状态
$0<R\leqslant 0.85$	严重状态

借助老化模型，通过最小二乘法拟合运行年限与可靠度对应关系，可得 K=0.014 3、C=0.116、B=0.1121 的拟合曲线表达式为

$$R = 1 - 0.014\,3\exp(0.116\mathrm{e}^{0.112\,1N}) \tag{3.21}$$

运行年限-可靠度拟合曲线如图 3.9 所示。

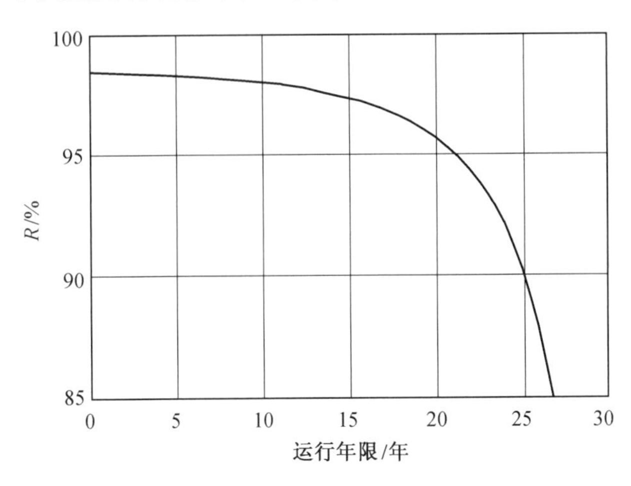

图 3.9　运行年限-可靠度拟合曲线

由图 3.9 可知：

（1）当可靠度为 0.98 时，变压器进入注意状态，通过计算可得对应运行年限为 9.5 年，说明该地区 220 kV 变压器运行 9.5 年后老化迹象逐渐显现，故障发生率小幅上升。因此，从第 9.5 年以后应加强对变压器的运行监视，检修周期不大于正常基础周期。

（2）当可靠度为 0.95 时，变压器进入异常状态，通过计算可得对应的年限为 21.2 年，说明该地区 220 kV 变压器运行 21.2 年后开始进入快速老化期，已经出现明显的老化迹象，故障发生率明显上升。因此，从第 21.2 年以后应加强对变压器的维护工作，适时安排停电检修，以免其状态快速恶化。

（3）当可靠度为 0.85 时，变压器进入严重状态，通过计算可得对应的年限为 26.9 年，所以运行超过 26.9 年的变压器老化已经非常严重，应尽快进行停电检修，适时进行更换。

严重故障首发年限为

$$N_{\mathrm{F}}=\mathrm{MTBF}=\int_{0.63}^{26.7}\left[1-0.0143\exp(0.116\mathrm{e}^{0.1121N})\right]\mathrm{d}N=25.02 \tag{3.22}$$

严重故障首发年限计算结果处于快速老化期内，则该地区 220 kV 变压器运行到约第 25 年时会出现严重故障，因此应在第 25 年制订相应的大修技改及更换措施以保证变压器的正常运行。

3.4 变压器可靠度与健康指数的对比研究

本节对变压器的风险评估和变压器的可靠度评估进行对比研究，找出不同评估方法的优缺点和共同规律，为变压器的状态检修提供更全面有效的评估依据，对电网的经济安全运行有着重要的指导意义。

3.4.1 变压器的风险评估

1. 收集数据

与变压器的可靠度评估方法相比较，收集的数据包括：基础信息、试验数据、缺陷数据、事故和障碍数据及预试不合格项等。

变压器的评估数据可以分为两大类：一类是直接反映变压器状态的信息，如设备的运行年限、糠醛及油试验数据等，这类数据直观表征了变压器的状态，因此将其用于变压器健康指数的计算；另一类是间接反映变压器状态的信息，如设备的预防性试验、故障及缺陷记录和设备外观等，这类数据间接表征了变压器状态之间的差异，因此将其用于变压器健康指数的修正。

2. 健康指数的计算

图 3.10 所示为健康指数的计算流程图，给出了健康指数计算过程中所涉及的各个特征量。

老化健康指数是直接和设备老化进程相关的健康指数分量，主要考虑设备运行年限和平均使用寿命（为每一类设备的每一厂家和型号设定一个值），并用所承担的工作强度以及环境两个因素进行修正。设备的健康指数在 0～10 之间，同时不断地随着时间而改变。健康指数越高，说明设备性能越糟糕。

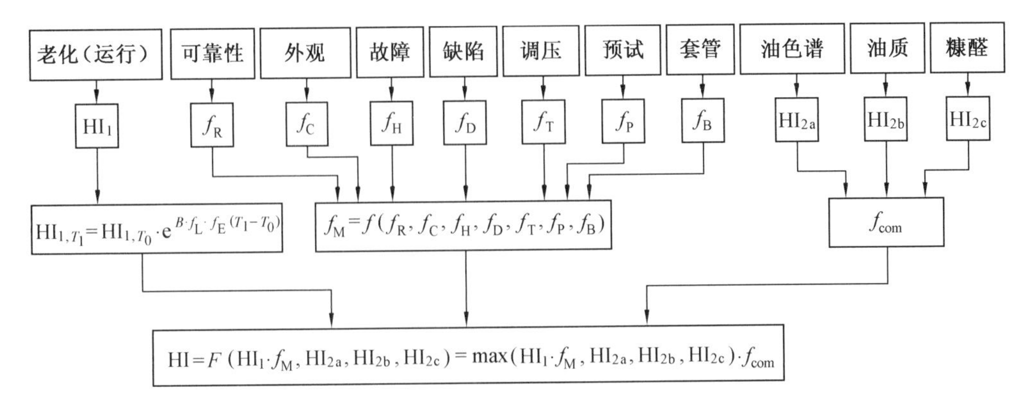

图 3.10　健康指数的计算流程图

其计算公式为

$$HI_{1,T_1}=HI_{1,T_0}\cdot e^{B\cdot f_L\cdot f_E(T_1-T_0)} \tag{3.23}$$

对于一台设备的理想老化过程，定义健康指数 0～3.5 是良好状态，其全新时的健康指数为 0.5，即当 T_0=0 时，HI_{1,T_0}=0.5，因此只要式中的待定系数都确定，即可以计算当前年份的健康指数；健康指数为 3.5～5.5 时，说明设备开始有明显老化，老化程度开始加快；健康指数为 5.5 时，设备到达其预期使用寿命。因此，老化健康指数还应局限在下列区间范围内，即当计算结果超过区间上（下）限时，强制健康指数等于区间上（下）限，即

$$0.5\leqslant HI_1\leqslant 5.5 \tag{3.24}$$

理想状态下运行到其平均使用寿命时的健康指数为 5.5。由于本次项目中所有变压器的平均使用寿命都是 30 年，因此

$$5.5=0.5e^{B30} \tag{3.25}$$

可以计算出

$$B=\frac{1}{30}\ln\frac{5.5}{0.5}=0.079\ 93 \tag{3.26}$$

在计算设备的实际健康指数时，由于设备的老化速度受到运行环境和负载率的影响，因此要用这两个系数对老化系数进行修正，即

$$B'=B\times f_L\times f_E \tag{3.27}$$

式中，f_L 和 f_E 分别为单台变压器的负载率系数和环境系数，此系数的设定依据变压

器年负载率百分比和中国电力行业污秽等级划分来设定，系数的设定结合了云南电网的实际情况。

对于一些同样能够反映变压器老化过程和运行状态的工况信息，将其用于变压器健康指数计算中的修正系数。对于变压器来说，这些修正系数包括：

（1）外观修正系数 f_C。

外观修正系数 f_C 根据变压器的主箱体、冷却器及管道系统、调压开关、其他辅助机构/单元以及有无渗漏油现象五个项目来进行判定。

（2）故障历史修正系数 f_H。

故障历史修正系数 f_H 根据统计的变压器故障次数来判定。

（3）缺陷修正系数 f_D。

缺陷修正系数 f_D 根据缺陷记录表中的分级进行判定。

（4）变压器本体预防性试验修正系数 f_P。

变压器本体预防性试验修正系数 f_P 根据绝缘电阻、直流电阻和介质损耗等试验项目判定。

（5）套管修正系数 f_B。

套管修正系数 f_B 根据套管的可靠性系数和预防性试验系数来判定。

（6）调压开关修正系数 f_T。

调压开关修正系数 f_T 根据调压开关的外观、可靠性和预防性试验三部分来判定。

（7）变压器可靠性系数 f_R。

变压器可靠性系数 f_R 根据各变压器生产厂家和型号的可靠性等级来判定。

对以上所有修正系数进行综合，得出变压器的健康指数修正系数 f_M。

油色谱健康指数 HI_{2a} 是通过 H_2、CH_4、C_2H_6、C_2H_4 和 C_2H_2 五种气体计算的。变压器油中溶解气体是一个反映油中电运动和热运动的过程，主要测量由变压器油中裂化产生的氢和烃类气体。对每一种气体的含量设定了划分标准，根据不同的气体含量赋予不同的分数，再根据气体种类的不同分别对每一种气体设定权重，通过加权求和的方式计算总分数，再将其除以一个除数因子并将取值范围限定为[0，10]，由此得到油色谱健康指数。

油质健康指数 HI_{2b} 是通过微水、酸度和击穿电压来计算的。通过与油色谱健康指数的计算类似的方法，对三种试验结果设定划分标准，根据不同的结果赋予不同的分数，再根据试验项目的不同分别对每一种试验设定权重，通过加权求和的方式计算总分数，再将其除以一个除数因子并将取值范围限定为[0，4]，由此得到油质健康指数。

糠醛健康指数 HI_{2c} 来自于对油中糠醛的测量。糠醛是油纸绝缘系统老化过程中的主要产物。随着绝缘纸的不断老化，纸中的 C—C 分子链断裂，降低了变压器绝缘的机械强度。分子链的平均长度是用纸的聚合度来表示的，纸的聚合度是测量 C—C 键的数量得到的。一个新的变压器，纸的聚合度在 1 000 左右。当聚合度下降到 250 时，绝缘纸机械强度极低，很容易破裂。糠醛与纸聚合度两者之间存在着一个近似的关系——糠醛质量浓度为 5 mg/L 时对应纸聚合度为 250。经验公式如下：

$$DP = -12\ln \mathrm{FFA} + 458 \tag{3.28}$$

$$HI_{2c} = 2.33 \times \mathrm{FFA}^{0.68} \tag{3.29}$$

综上所述，变压器最终健康指数的计算公式为

$$HI = F(HI_1 \cdot f_M, HI_{2a}, HI_{2b}, HI_{2c}) = \max(HI_1 \cdot f_M, HI_{2a}, HI_{2b}, HI_{2c}) \cdot f_{com} \tag{3.30}$$

表 3.6 所示为变压器健康指数，其中，茅湖 2B 的健康指数为 8.000，是由于预试试验中存在不合格项未完全修复，则直接强制其健康指数为 8.000。表 3.6 中的健康指数都相对较高，是由于大部分变压器的运行年限在 15 年以上，这与实际情况基本吻合。

表 3.6　变压器健康指数

变压器	健康指数	变压器	健康指数	变压器	健康指数	变压器	健康指数	变压器	健康指数
惠州 1A	4.438	江门 2B	5.657	深圳 3B	5.848	平果 1A	5.795	增城 3B	5.836
惠州 1B	4.197	江门 2C	5.568	深圳 3C	5.848	平果 1B	5.795	增城 3C	5.653
惠州 1C	4.412	茅湖 2A	5.719	深圳 4A	4.790	平果 1C	5.795	广蓄 1	4.193
惠州 2A	3.956	茅湖 2B	8.000	深圳 4B	4.790	平果 2A	6.994	广蓄 2	4.156
惠州 2B	4.839	茅湖 2C	5.719	深圳 4C	4.790	平果 2B	9.759	广蓄 3	3.789
惠州 2C	3.959	天生桥 1B	7.036	草铺 1B	5.944	平果 2C	6.994	广蓄 4	4.148
茂名 2A	3.353	天生桥 2B	5.752	草铺 1C	5.723	增城 2A	6.266	广蓄 5	6.890
茂名 2B	2.402	天生桥 3B	6.051	草铺 2A	5.780	增城 2B	7.593	广蓄 6	5.933
茂名 2C	2.364	天生桥 4B	3.219	草铺 2C	5.850	增城 2C	6.266	广蓄 7	5.933
江门 2A	6.326	深圳 3A	4.424	来宾 1C	6.259	增城 3A	5.653	广蓄 8	5.584

3.4.2 可靠度与健康指数的对比研究

由 3.1.2 节的方法计算出广州局、深圳局等一共 50 台变压器的可靠度，见表 3.7。

表 3.7 变压器可靠度

变压器	可靠度	变压器	可靠度	变压器	可靠度	变压器	可靠度	变压器	可靠度
惠州 1A	0.914	江门 2B	0.861	深圳 3B	0.863	平果 1A	0.863	增城 3B	0.856
惠州 1B	0.909	江门 2C	0.861	深圳 3C	0.834	平果 1B	0.870	增城 3C	0.878
惠州 1C	0.914	茅湖 2A	0.854	深圳 4A	0.907	平果 1C	0.869	广蓄 1	0.929
惠州 2A	0.918	茅湖 2B	0.869	深圳 4B	0.906	平果 2A	0.826	广蓄 2	0.919
惠州 2B	0.913	茅湖 2C	0.823	深圳 4C	0.924	平果 2B	0.827	广蓄 3	0.934
惠州 2C	0.928	天生桥 1B	0.815	草铺 1B	0.845	平果 2C	0.828	广蓄 4	0.928
茂名 2A	0.962	天生桥 2B	0.838	草铺 1C	0.893	增城 2A	0.918	广蓄 5	0.827
茂名 2B	0.966	天生桥 3B	0.835	草铺 2A	0.887	增城 2B	0.817	广蓄 6	0.828
茂名 2C	0.966	天生桥 4B	0.925	草铺 2C	0.876	增城 2C	0.816	广蓄 7	0.823
江门 2A	0.855	深圳 3A	0.902	来宾 1C	0.822	增城 3A	0.868	广蓄 8	0.890

表 3.7 中，由于计算的变压器大多数运行年限在 15 年以上，所以计算出的变压器可靠度相对较低。

从计算原理可以看出，变压器的可靠度评估中，可靠度的计算既可以得到变压器整体的可靠度，还可以得出各大部件发生故障的概率，可以为检修工作提供充分的依据，检修时可以着重检修故障概率较大的部件，但是该方法的缺点是不能预测变压器未来的状态；而变压器的风险评估中，健康指数可以宏观地看出当前变压器是否需要检修，不能得到具体哪一部件需要维修，但是该方法可以预测变压器外来的状态，得出变压器剩余的使用寿命。

从变压器的可靠度计算原理中不难得知，其可靠度越高，则说明该变压器发生故障的概率越小，可以降低对该变压器的关注，暂时不列入检修的范围。同样从变压器健康指数的计算原理中也可以看出，其健康指数越高，则说明越需要特别关注该变压器，当超过预设阈值时，应将其列入待检修变压器的序列。

将表 3.6 的健康指数和表 3.7 的可靠度数据作图比较，如图 3.11 所示。

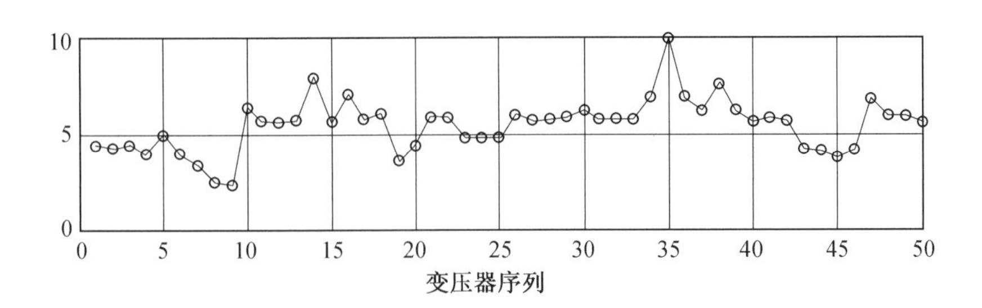

（a）健康指数

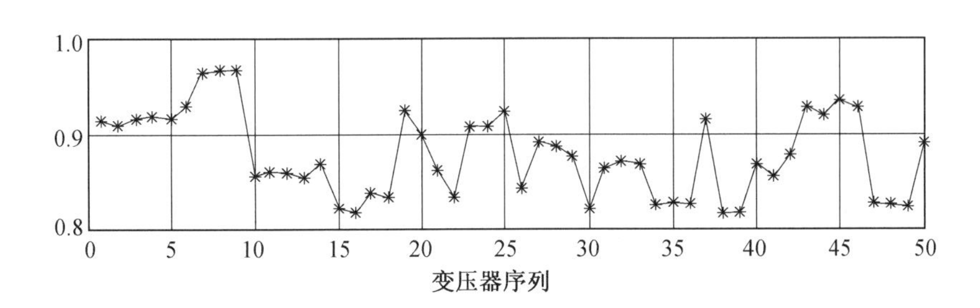

（b）可靠度

图 3.11　健康指数与可靠度比较

如图 3.11 所示，可靠度与健康指数的趋势大致相反，但是都反映出了当前变压器的状态，可以为状态检修提供一定的依据。图 3.11（a）中第 14 台变压器为茅湖 2B，由于预防性试验不合格项未完全修复，其健康指数强制设为 8.000；第 35 台变压器为平果 2B，由于油试验特征量严重超标，对其可靠度影响不大，但是健康指数相对很高；第 37 台变压器为增城 2A，由于其缺陷次数（总烃超标）高达 38 次，而计算可靠度时，对于有缺陷的变压器部件，缺陷频发次数等于 2 时，部件可靠度乘以 0.9 的调节系数，缺陷频发次数大于 2 时，可靠度乘以 0.8 的调节系数，所以可靠度计算为缺陷次数的计算不够敏感，导致其可靠度较高。

根据不同方法的物理意义，变压器可靠度设置 0.95 和 0.90 两个阈值，健康指数设置 HI=3.5 和 HI=5.5 两个阈值，以此作为检索检修对象的判据。即：

（1）可靠度大于 0.95——可以降低关注程度的设备——健康指数为 0～3.5。

（2）可靠度为 0.90～0.95——加强关注但不列入检修计划的设备——健康指数为 3.5～5.5。

（3）可靠度为 0～0.90——需要列入检修计划的设备——健康指数大于 5.5。

根据以上阈值的划定，用 1 表示可以降低关注程度的设备，用 0.7 表示加强关注但不列入检修计划的设备，用 0.4 表示需要列入检修计划的设备。

变压器健康等级如图 3.12 所示，除了第 37 台增城 2A 由于缺陷次数过高造成可靠度较高，两种评估方法的其他数据都可以得出变压器当前的安全状态，确定其是否纳入检修序列，为状态检修提供一定的依据。

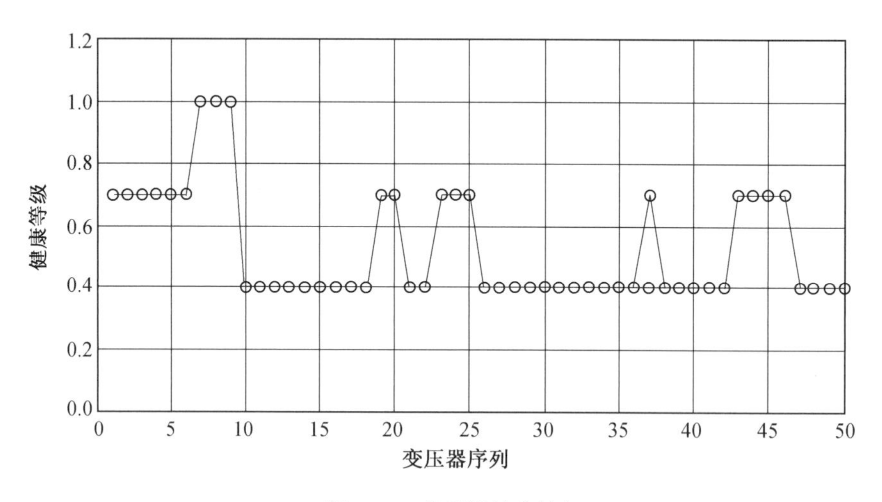

图 3.12　变压器健康等级

3.5　本章小结

本章对变压器进行了可靠性分析及风险评估。

3.1 节研究可靠度计算原理，进行了基于 FTA 的可靠度计算，并对变压器各个特征参量都进行了可靠度计算。通过实例对 52 台变压器进行了可靠性分析，其结果具有重要的指导意义。

3.2 节针对 3.1 节计算所用时间较长的问题，提出了利用 BP 神经网络和遗传算法优化的变压器可靠度计算方法，提高了可靠度计算的速度和准确率。

3.3 节基于可靠度提出了变压器寿命分析方法，采用故障树分析方法提出了变压器可靠度评估模型，建立了变压器可靠度及老化模型，研究变压器运行状态随时间的变化规律。

健康指数是变压器风险评估的衡量标准，3.4 节对变压器的风险评估和变压器的可靠度评估进行了对比研究，找出不同评估方法的优缺点和共同规律，为变压器的状态检修提供了更全面有效的评估依据，对电网的经济安全运行有着重要的指导意义。

第4章　输变电设备综合评估方法

基于前两章输变电设备的故障分析方法和可靠度计算方法，本章首先提出了一种进行可靠性评估有效性分析的方法体系，有效改进了输变电设备的可靠性评估，使得评估结果更具有客观性。然后，本章提出了基于健康指数计算的输变电设备风险评估方法，提出了基于电网状态评估的风险防范管理体系，故障树模型的评估方法可对输变电设备故障概率进行评估。

综合以上方法，本书在技术层面实现了对输变电设备进行有效的管理。同时，本章在经济方面，通过研究评估设备全生命周期成本或设备在生命周期内的年平均成本，为设备的技术改造或更换提供依据。

4.1　输变电设备可靠性评估有效性分析

每种可靠性评估方法，都是基于本身所提出的模型，通过计算对得出所评估的结果进行验证，这种验证方式能有效解决输变电设备可靠性指标的排序问题，但是都没有验证结果本身的“真实性”。每种可靠性评估模型都有各自的优点和缺点，不同的设备有着不同的可靠性评估的要求。在实际应用中，采用一种方法往往面临着不可解决的技术难题，需要综合多种模型方法。对每一种评估模型，如果没有一个标准性的衡量标准，就难以做到多种评估模型方法的归一化，这会严重地阻碍状态检修在电网企业中的应用。

本节提出了一种输变电设备可靠性评估有效性分析的方法体系，一方面用于验证评估方法的合理性，用于评估模型的修正改进；另一方面，可以实现在实际工程应用中不同评估模型的归一化处理，为状态检修在电网企业中应用打下基础。

4.1.1　有效性分析方法体系

依据《输变电设施可靠性评价规范》，分析得知，对输变电设备，一个统计上的关键指标是输变电设备的可用系数，其统计公式为

$$\mathrm{AF}=\frac{\mathrm{AH}}{\mathrm{PH}}\times 100\% \tag{4.1}$$

式中，AH 为可用小时；PH 为统计期间小时。

对于输变电设备的可靠性评估而言，评价得出的设备可靠度（故障概率）是一个关键性指标。基于统计得出的输变电设备可用系数和状态评价模型得出的可靠度（故障概率）建立关联模型，以实现对输变电设备可靠性评估的有效性分析。

根据输变电设备的可靠性评估模型，可以得到设备的故障概率函数 $P(t)$和可靠度函数 $R(t)$。$P(t)$和 $R(t)$的形成有两种：如果是对设备个体进行可靠性评估，$P(t)$和 $R(t)$对应的是该设备个体的故障概率和可靠度随时间的变化曲线，此时对应的曲线记为 $[P(t)\ R(t)]^n$，n 为所对应的设备；如果是基于某个时间节点，对某类设备进行可靠性评估，$P(t)$和 $R(t)$是每个设备在该时间节点已投运的年限和该设备在该时间节点对应的概率所形成的曲线，对应的曲线记为$[P(t)\ R(t)]^{t_0}$，t_0 为对应的时间节点。

由于历史原因，国内电网企业输变电设备状态信息的历史数据存在比较严重的失真，同时，根据《输变电设施可靠性评价规范》（DL/T 837—2020）统计得到的可用系数一般是某类设备在统计期间内的平均可用系数。因此，要对可靠性评估模型进行有效性分析，一个可行的途径是通过$[P(t)\ R(t)]^{t_0}$来进行有效性分析。

有效性验证包含：初步有效性验证、输变电设备投运至今平均可用系数验证和基于某个时间段的平均可用系数验证。

（1）初步有效性验证。

对每个$[P(t)\ R(t)]^{t_0}$对比实际设备情况，确定是否基本吻合。

（2）输变电设备投运至今平均可用系数验证。

①根据统计分析报告，确定统计期间时间间隔 T，一般为季度或年。

②以统计期间起始时间为可靠性评估的时间节点，对某类设备进行可靠性评估，并获取$[P(t)\ R(t)]^{t_0}$。

③以$[P(t)\ R(t)]^{t_0}$为学习数据，采用 ANFIS 系统进行模糊推理，预测时间 T 内的$[P(t)\ R(t)]^T$。

④根据$[P(t)\ R(t)]^T$计算某类设备的评估无故障工作时间 MTTF。

⑤根据计算得到的 MTTF，确定时间 T 内的可用系数，对比计算得到的可用系数和统计报告得到的可用系数，计算两者之间的偏差σ。

⑥如果σ小于某个规定值，可以认为该评估模型是有效的；如果不是，则认为该评估模型存在较大偏差，需要修正。

这种验证方法有两个约束条件：一是设备的运行时间足够长，即有足够合理分布在设备生命周期内的样本，能有效计算该类设备的 MTTF；二是该类设备的运行环境要求相差不大，否则会导致误差较大。

（3）基于某个时间段的平均可用系数验证。

根据《输变电设施可靠性评价规范》，通过某个时间段的可用系数验证$[P(t)\ R(t)]^{t_0}$的准确性。指标统计一般为季度或年，设备进入老化期后，在一年当中，设备的故障概率有明显的变化，因此采用季度统计指标来进行有效性验证。

在理想情况下，设备的平均可靠度 R 和故障概率λ（故障概率定义为设备一年之中发生故障的次数）关系为

$$R = \mathrm{e}^{-\lambda} \tag{4.2}$$

对于实际运行中的设备，需要对上式进行修正，可表示为

$$R = K\mathrm{e}^{-\lambda C} \tag{4.3}$$

式中，K 和 C 为修正系数，根据多年的历史数据进行持续性修正。当某类设备的平均可靠度大于 K 时，说明该类设备运行维护状况良好，设备的平均可靠度 R 和故障概率λ满足式（4.2），通常情况下满足式（4.3）。根据统计的可用系数，有

$$1-\mathrm{AF}=\frac{\dfrac{\lambda}{4}\cdot \mathrm{MTTR}}{91.25} \tag{4.4}$$

式中，MTTR 为平均修复时间。综合式（4.3）、式（4.4）和多年的统计数据，确定收敛后的系数 K 和 C。对每次$[P(t)\ R(t)]^{t_0}$进行 ANFIS 拟合，求出其平均可靠度 R，再通过式（4.3）和式（4.4）进行可靠性模型的有效性验证。根据可靠性工作标准的

要求，如果模型计算结果和实际数据的偏差在 0.03%以内，说明模型能很好地吻合实际，是有效的；否则，说明模型存在较大偏差，需要改进。MTTR 利用多年统计的故障修复时间，采用 ANFIS 模糊推理系统获得。

1. ANFIS 模糊推理系统

ANFIS 是一种基于 Sugeno 模型的模糊推理系统，它将人工神经网络的自学习功能和模糊推理系统有机地结合起来，进行优势互补。其模糊隶属度函数及模糊规则是通过大量已知数据的学习完成的，而不是基于经验或直觉任意给定的。经典的两输入网络结构如图 4.1 所示。

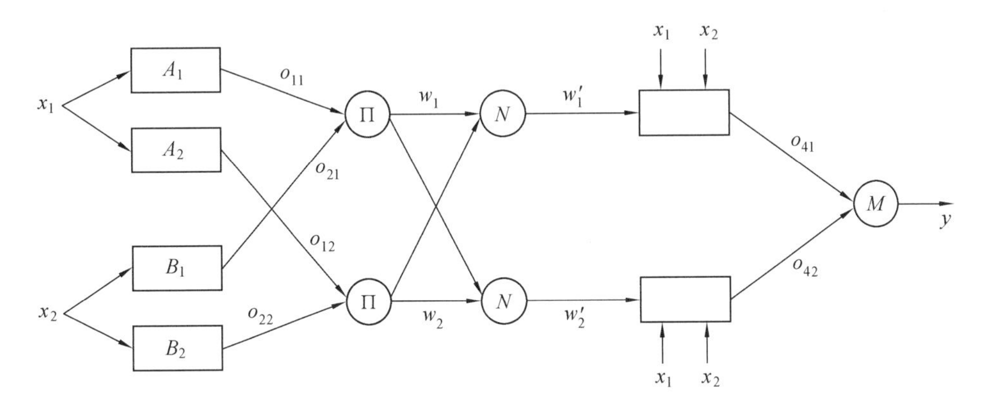

图 4.1　ANFIS 系统结构

第 1 层为输入参数的选择和模糊化。输入变量的选择和模糊化是模糊规则建立的第一步。图 4.1 中，x_1、x_2 为输入变量；A_i（或 B_i）为与该节点相关的模糊变量；o_{1i}、o_{2i} 分别为模糊集 A_i 和 B_i 的隶属函数（在本节中隶属函数选三角形函数），其中

$$\begin{cases} o_{1i} = \mu_{Ai}(x_1) \\ o_{2i} = \mu_{Bi}(x_2) \end{cases} \quad (i=1,2) \tag{4.5}$$

第 2 层为模糊规则激励强度的计算，图中用 Π 表示，其输出为

$$w_i = \mu_{Ai}(x_1)\mu_{Bi}(x_2) \quad (i=1,2) \tag{4.6}$$

第 3 层为激励强度归一化，图中用 N 表示，其输出为

$$w_i' = \frac{w_i}{w_i + w_i'} \qquad (i = 1,2) \tag{4.7}$$

第 4 层每个节点均为自适应节点，应计算每条规则的贡献，其输出为

$$o_{4i} = w_i' f_i = w_i'(p_i x_1 + q_i x_2 + r_i) \qquad (i = 1,2) \tag{4.8}$$

式中，p_i、q_i 和 r_i 为参数集，也称为模糊推理规则后件参数，可通过最小二乘法进行辨识。

第 5 层计算所有规则的最终输出，图中用 M 表示，其输出为

$$y = \sum_i w_i f_i = \frac{\sum_i w_i f_i}{\sum_i w} \qquad (i = 1,2) \tag{4.9}$$

2. 评估模型的可用系数

在输变电设备可靠性实际的评估过程中，对于单台设备，由于历史数据的严重失真，因此难以获得单台设备的可靠度-运行时间变化曲线，也就难以获取某单台设备的可用系数。对于设备近几年的数据，则可以较全面、真实地获取。根据这些数据和相关的评估模型，可以获得在统计数据的时间节点上的所有某类型设备可靠度，从而建立所有设备可靠度与投运年限的对应关系，再利用最小二乘法进行拟合，可以获得可靠度-运行时间对应的函数关系，即$[P(t)\ R(t)]^{t_0}$。根据$[P(t)\ R(t)]^{t_0}$，对应于 t_0 节点的该类设备平均无故障工作时间可以表示为

$$\text{MTTF} = \int R(t)\,\mathrm{d}t \tag{4.10}$$

从而可以获得对于 t_0 的该类设备的平均可用系数

$$\text{AF}_{t_0} = \frac{\text{MTTR}}{\text{MTTF+MTTR}} \tag{4.11}$$

式中，MTTR 为该类设备的平均修复时间。这种处理方式，要求该类设备处于类似的运行环境。

4.1.2　可靠性评估模型的改进

无论是采用哪种可靠性评估模型，导致最终的评估结果和输变电设备“客观的”可靠性之间偏差的主要原因如下。

（1）模型输入状态量的完整性。

输变电设备的状态是通过自身的各种状态量来表征的，因此状态信息越完整，模型评估出来的可靠性就越趋于“客观的”可靠性。

（2）多目标决策权重的合理性。

设备的可靠性评估是一个多目标决策问题，因此，各个目标决策权重，直接影响最终的评估结果，也直接体现了设备可靠性对不同状态量反应的灵敏性和准确性。

（3）状态量量化模型的合理性。

可靠性评估模型的本质就是建立输入状态量和它对应目标的可靠性指标的映射关系，即实现状态量和可靠性的量化关系。这种映射关系的合理性，也对最终的可靠性评估结果产生直接的影响。

设备可靠性模型的改进是建立在有效性分析的基础上。对可靠性模型进行有效性分析之后，通过模型计算过程的回溯，可主要从模型输入状态量的完整性、多目标决策权重的合理性和状态量量化模型的合理性这三个方面，分析可靠性模型存在的问题，改进评估模型。

4.1.3　实例分析

以某省所有 500 kV 变压器的可靠性评估为例，采用基于故障模式与故障树可靠性的评估模型进行案例分析。总体情况：该省 500 kV 变压器共有 59 台，进口及合资产品占 88%，2000 年以前投运的占 8%，2001—2005 年投运的占 36%，2005 年以后投运的占 56%。变压器总体运行良好，但是部分变压器存在一些问题：有些变压器内部有多种缺陷；有些变压器的冷却系统缺陷频发。

1. 初步评估

在评估中，将 500 kV 变压器分为八大部件：器身、绕组、铁芯、分接开关、非电量保护、冷却系统、套管和油枕。根据这八大部件分别建立故障模型和故障模式模型，采用 2008 年和 2009 年年底的所有数据，对 59 台变压器进行计算，由于结果的数据量比较多，不一一给出，只给出其中部分变压器 2009 年的计算结果，见表 3.9。对 59 台变压器的计算进行有效性验证，总体上和现实情况基本吻合，但是存在以下问题：计算结果不能反映出部件频发性故障对变压器可靠性的影响，导致某些需要重点关注的变压器计算结果可靠度偏高，当状态量接近限制值但是在限制值范围内时，如果其相对稳定，计算出来的故障概率比实际情况严重。根据存在的问题，对原模型输入状态量的完整性和状态量量化模型的合理性两个方面做如下修正：根据设备缺陷统计数据，增加了频发性缺陷的修正；对于状态量接近限制值，但是在限制值范围以内，且最近两次的试验数据变化不大的，其对应的可靠性量化数据进行系数修正。

2. 改进后模型的有效性验证

输变电设备投运至今平均可用系数验证：根据该省的历史统计数据，利用 ANFIS 系统，可以计算得到其平均修复时间为 2 天。建立所有变压器的可靠度与使用年限对应曲线，如图 4.2 所示。

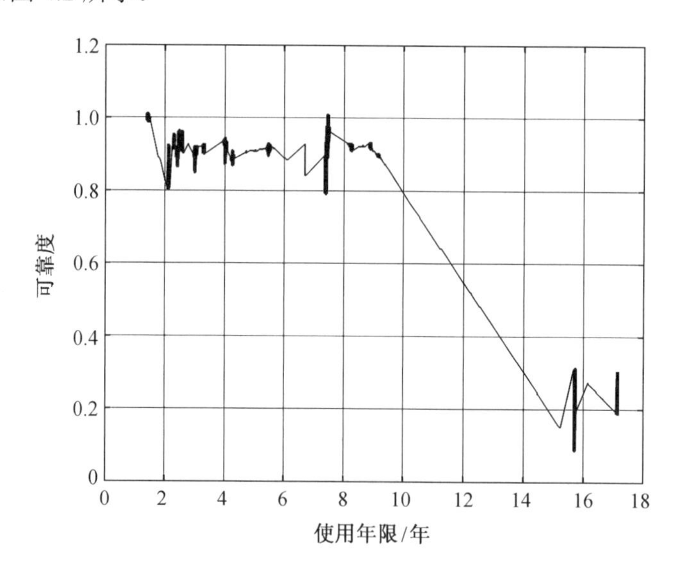

图 4.2　可靠度-使用年限曲线

从图 4.2 中可以看出，该省 500 kV 变压器严重缺乏运行超过 10 年的变压器，因此不适合采用输变电设备投运至今平均可用系数的方法验证。

基于某个时间段的平均可用系数验证：根据前 5 年的统计数据，式（4.3）的修正系数为 K=0.98，C=0.031 6，即式（4.3）可以表示为

$$R=0.98e^{-0.0316\lambda} \tag{4.12}$$

对计算结果进行 ANFIS 处理后，可以得到 2008 年和 2009 年平均可用系数分别为 96.3%和 97.896%。利用式（4.12），可以求得两年的故障概率分别为 0.553 8 次/年和 0.033 6 次/年，从而可以求得两年第四季度的平均可用系数分别为

$$\begin{cases} AF_1 = 1-\dfrac{\dfrac{\lambda_1}{4}\times 2}{91.25}=99.7\% \\ AF_2 = 1-\dfrac{\dfrac{\lambda_2}{4}\times 2}{91.25}=99.981\% \end{cases} \tag{4.13}$$

根据 2008 年和 2009 年可靠性数据管理报告，两年的实际可用系数分别为 99.697%和 99.982%，两年的结果偏差分别为 0.003%和 0.001%，均小于 0.03%，因此可以说明，修正后的该可靠性计算模型是有效的。

4.2　断路器健康指数与特征量分析

随着电力工业的高速发展，由于系统自动化水平和供电可靠性有着更高的要求，电力设备状态维修已经作为一个维护策略被提出。断路器作为输电网络间重要的设备，承担着控制和保护的任务，是应用和维护的主要对象。因此，断路器的运行状态与供电可靠性紧密相关。

4.2.1　断路器的风险评估

数据收集：（1）基本信息；（2）缺陷数据；（3）事故和障碍数据。

评估方法：

1. 健康指数

健康指数（HI）：设备的健康指数由 0～10 之间的一个单一值表示，该值连续变化并与时间有关。HI 值越高，设备的状况越糟糕。不同区间健康指数值显示的设备状态如下：0～3.5 表示状态良好，设备性能稳定，停工发生的概率处于较低水平，

在此期间，健康指数和停工发生的概率不会变化太大；3.5～5.5 表示设备出现明显老化现象，老化过程开始明显加速，此时，停工发生的概率仍处于较低水平，但已进入上升阶段，与老化速度相同，这表明设备发生的严重老化现象；当 HI 大于 5.5 时，停工发生的概率明显上升，相应的老化率也开始急剧上升。

断路器健康指数的计算流程图如图 4.3 所示。

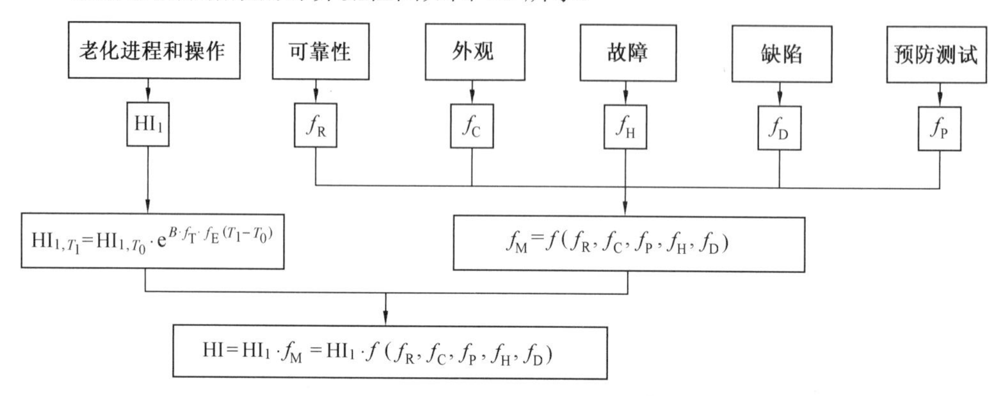

图 4.3　断路器健康指数的计算流程图

老化健康指数，即与设备老化过程直接相关的健康指数权重，主要考虑设备操作年龄限制和平均使用寿命（每个工厂一类产品的具体数值）。应该更新一年的平均跳闸时间和环境因素。其计算公式为

$$\mathrm{HI}_{1,T_1} = \mathrm{HI}_{1,T_0} \cdot \mathrm{e}^{B \cdot f_\mathrm{T} \cdot f_\mathrm{E}(T_1 - T_0)} \tag{4.14}$$

式中，B 为老化系数；f_T 为调压开关修正系数；f_E 为环境系数；T_1 为当前年龄限值；T_0 为服役年龄限值。

对于一台设备的理想老化，定义健康指数为 0～3.5 是良好状态，其全新时的健康指数为 0.5，即当 T_0=0 时，HI_{1,T_0}=0.5，因此只要式中的待定系数都确定，则可以计算当前年份的健康指数。此外，定义理想条件下设备的健康指数为 5.5 时，设备到达其预期使用寿命。因此，老化健康指数应该在后续的时间间隔内进行限制，即当计算结果超过上限（小于下限）时，可以强制间隔地设置健康指数为区间的上（下）限，即

$$0.5 \leqslant \mathrm{HI}_1 \leqslant 5.5 \tag{4.15}$$

设备平均使用寿命为理想状态时，健康指数为 5.5。由于本次项目中所有断路器的平均使用寿命都是 30 年，因此

$$5.5=0.5\mathrm{e}^{B30} \tag{4.16}$$

可以计算出

$$B=\frac{1}{30}\ln\frac{5.5}{0.5}=0.079\,93 \tag{4.17}$$

设备的老化速度受环境和年平均跳闸次数的影响，所以老化常数应该用两个系数来修正。

断路器的其他工作状态信息用于修改健康指标。具体包括：

（1）外观修正系数 f_C。

外观修正系数 f_C 由断路器主体的三相单元、操作机制和其他辅助机构来进行判定。

（2）故障历史修正系数 f_H。

故障历史修正系数 f_H 根据南方电网事故调查流程，将故障次数分为 6 个等级来判定。

（3）缺陷修正系数 f_D。

缺陷修正系数 f_D 根据缺陷记录表中的分级进行判定。

（4）预防性试验修正系数 f_P。

预防性试验修正系数 f_P 根据机械性能、回路电阻、介质损耗、电容和气体测试五个试验项目判定。

（5）电路断路器可靠系数 f_R。

电路断路器可靠系数 f_R 由断路器制造商和产品型号的可靠性水平决定。

断路器健康指数修正因数 f_M 由以上所有修正系数综合得出。

因此，最终的断路器健康指数计算公式为

$$\mathrm{HI}=\mathrm{HI}_1\cdot f_\mathrm{M}=\mathrm{HI}_1\cdot f(f_\mathrm{R},f_\mathrm{C},f_\mathrm{P},f_\mathrm{H},f_\mathrm{D}) \tag{4.18}$$

2. 剩余使用寿命

通过使用断路器健康指数，可以计算断路器的剩余使用寿命（EOL）。将设备的使用寿命定义为设备健康指数从 0.5 到 7 的变化过程。当健康指数大于或等于 7 时，设备的失效概率持续处于急剧上升阶段，达到相当高的水平。在这个阶段，设备需

要采取相应的措施，如更换和维修等，所以当设备健康指数等于 7 时，说明断路器已经达到了预期的使用寿命。综上可得

$$7 = \mathrm{HI} \times \mathrm{e}^{B \cdot f_{\mathrm{T}} \cdot f_{\mathrm{E}} \cdot \mathrm{EOL}} \tag{4.19}$$

$$\mathrm{EOL} = \frac{\ln \dfrac{7}{\mathrm{HI}}}{B \cdot f_{\mathrm{T}} \cdot f_{\mathrm{E}}} \tag{4.20}$$

3. 故障发生概率

电路的故障等级可分为轻微故障（修复时间在 2 天内）、中等故障（修复时间为 2～10 天）、重大故障（修复时间超过 10 天）和无法修复的故障，共有四个评级。在计算设备故障发生概率时，应分别计算四个故障等级。

对于 i（$i = 1,2,3,4$）级别的故障，设备故障发生概率 POF 和健康指数 HI 是三次多项式关系。

$$\mathrm{POF}_i = K_i \left(1 + C_i \cdot \mathrm{HI} + \frac{(C_i \cdot \mathrm{HI})^2}{2} + \frac{(C_i \cdot \mathrm{HI})^3}{6} \right) \tag{4.21}$$

式中，C_i 为曲率常数，为经验值，不建议修改；K_i 为比例常数。

本节收集了 20 份云南电力公司的断路器数据，使用上面的公式计算出相应的健康指数，断路器健康指数见表 4.1。

表 4.1　断路器健康指数

名称	健康指数	名称	健康指数
BSB 5311	0.73	HPB 5723	0.77
BSB 5313	0.73	HPB 5741	0.79
BSB 5331	0.72	HPB 5742	0.79
BSB 5332	0.72	HPB 5743	0.79
BSB 5343	0.72	HPB 5751	0.79
BSB 5342	0.72	HPB 5752	0.79
BSB 5353	0.75	HPB 5753	0.77
BSB 5352	0.73	HPB 5733	0.67
HPB 5721	0.77	HPB 5732	0.67
HPB 5722	0.77	HPB 5731	0.67

上述断路器健康指数在 0～3.5 之间，说明设备状态良好，设备性能稳定，故障发生概率处于较低水平。这段时间内设备健康指数和失效概率不会有太大的变化，所以不需要维护。

4.2.2 计算每个特征量对健康指数的贡献度

本节采用 20 套云南电网断路器计算各特征量对健康指数的贡献度。首先，通过改变每个特征量的数值，找出那些能影响健康指数的特征量；然后，将这些采集到的特征量设置为空白，或者将未采集的特征量设置为阈值，以便分别获得断路器的新的健康指数；最后，与原健康指数相比，得到各特征量对健康指数的贡献度，并得到最简单的评估数据列表，极简评估数据列表见表 4.2。

表 4.2　极简评估数据列表

特征量		预防性试验	主体	运行机制	其他辅助机构（单位）	跳闸时间	缺陷	历史故障次数
贡献度	最小值	>100%	18.67%	18.67%	18.67%	2.53%	8.96%	8.96%
	最大值	>100%	20.55%	20.55%	20.55%	8.33%	10.39%	10.39%

表 4.2 中，在风险评估中，当不合格的项目不能完全修复时，预防性试验的贡献度将会超过 100%，因为只有它会被强制设置健康指数为 8.00。因此，无论有预防性试验的不合格项目能不能完全修复，都对风险评估有最重要的影响即评估数据必须被收集。

包括主体、操作机构和其他辅助机构（单位）在内的外部数据，不管断路器的表面是正在生锈还是已经生锈，都已经过处理，贡献度从 18.67%到 20.55%。其贡献程度相对大，这也是要收集的数据。其次是跳闸时间、缺陷的数量和历史故障次数。

以上数据都有助于得出健康指数。值得一提的是，先前收集的数据都可以对断路器的一些基本信息做出反应，但是这些数据对健康指数的计算没有任何贡献。在风险评估中，为了提高评估率，只需要按照表 4.2 采集最低限度的评估数据。

4.3 CBRM 概述

随着我国国民经济的发展，对电力的需求越来越大，质量要求越来越高，电力生产企业面临着既要保证一定的设备可用率和供电可靠性，还要降低检修成本的压力，因此全面提升供电企业的生产效率、提高自动化水平、保障供电可靠性并降低设备故障损耗，是供电企业更高的发展目标。

目前国内电网检修工作仍以周期性的计划检修为主，随着电网设备数量的增多，检修工作量也大大增加，检修力量不足、工作质量难以保证的问题越来越突出。如何将有限的检修力量最高效地发挥作用，以最优的检修顺序、最节省资源的方式完成需要检修的工作已成为电网企业面临的亟待解决的问题。

“基于电网状态评估的风险防范管理体系（CBRM）”是一套由英国 EA 公司开发研制的国际领先的电网资产管理体系。CBRM 的评估过程包括状态评估和风险评估两部分，最终以数字量化设备当前和未来的状态和性能，预测电网设备未来的故障发生概率，量化设备在故障发生情况下面临的各类风险，按照多种指标提出不同的维护措施和方案，从而实现其他同类体系所没有的功能，进而制定优化的检修策略、技改战略及投资规划，成为设备资产全生命周期管理体系的技术支撑和重要组成部分。CBRM 具体如下：

（1）状态评估及风险评估过程。

①收集所需数据资料，利用健康指数评估模型评估设备的健康指数。

②校正健康指数计算结果，利用实际故障发生概率与理论故障发生概率相匹配的原则，校准设备故障发生概率的计算模型，计算设备故障发生概率。

③评估设备未来的状态和性能：通过设备健康指数柱状图和健康指数与故障发生概率之间的关系来计算未来故障发生概率。

④建立风险模型，结合设备的故障发生概率和故障后果对风险单元进行量化。每一类风险单元与有形的资产参量（如货币单位）相结合，设备的总风险为各类子风险之和。

⑤依据设备老化原理，建立风险随时间变化的数学模型，评估其未来风险变化趋势。

⑥根据已制订的技改或检修方案，模拟评估其对设备未来风险的影响效果。

（2）状态评估及风险评估各参数的求取。

由于电力设备的状态评估及风险评估各参数的求取的方法基本相同，本书不进行列举说明。

（3）风险的计算。

风险的计算是根据设备的故障来进行的，是故障发生概率和故障后果的综合。故障后果被定义为四个类别（电网性能、人身安全、修复成本和环境影响），在所有的类别中，各种后果都以货币形式表示。因此，总风险是这四类风险计算的总和，并由货币（人民币）表示的。其计算公式为

$$\mathrm{Risk}=\sum_{i=1}^{4}\mathrm{Risk}_i=\sum_{i=1}^{4}\left(\mathrm{COA}_i\times\sum_{j=1}^{3}(\mathrm{POF}_j\times\mathrm{COF}_{i,j})\right) \tag{4.22}$$

式中，Risk 为风险值；i 为风险类别（1：电网性能；2：人身安全；3：修复成本；4：环境影响）；j 为故障等级（1：小型故障；2：中等故障；3：重大故障）；COA_i 为设备在第 i 个风险类别的重要等级系数；$\mathrm{COF}_{i,j}$ 为设备在第 i 个风险类别第 j 个故障等级的故障后果。

4.4　基于 Marquardt 法参数估计的变电设备生命周期故障概率评估

在本节中，对求取变电设备的故障概率的方法有所改进，采用故障树模型的评估方法对变电设备故障概率进行评估，该故障概率求取方法具有时效性和准确性，有效地解决了受历史统计资料不全影响的缺陷。而且，在本节中，以电力变压器为例，对某一区域同等电压等级及同类型的变压器故障概率进行了计算，该类变压器在相似的外部环境条件下，剔除了环境影响因素的限制，并且对变压器的整个生命周期故障概率进行了评估。

4.4.1　基于故障树分析的电力变压器故障概率计算

本节仅简要介绍基于故障树分析的变压器故障概率评估模型的基本方法。该方法通过建立电力变压器的故障树模型，考虑到不同事件对顶事件的影响程度（重要度）不同，采用模糊层次分析法确定各事件的重要度，实现了对单台电力变压器的可靠度的计算。

根据对电力变压器各部件故障模式的深入分析，针对电力变压器的结构特点，结合以往对电力变压器故障信息的收集、整理，将电力变压器故障 T 分为器身故障、铁芯故障、绕组故障、有载分接开关故障、非电量保护故障、冷却系统故障、套管故障、油枕故障和无励磁分接开关故障九大类，形成故障树的顶事件 A_i (i=1, 2,···,9)。电力变压器故障树如图 4.4 所示。

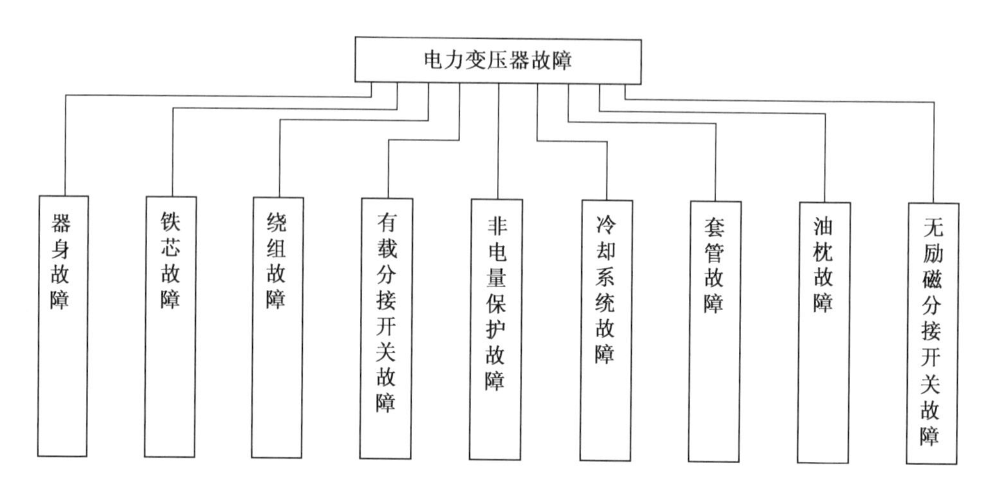

图 4.4　电力变压器故障树

对于九大部件，根据对各部件故障模式的深入分析及自身结构特点的需要，可再分成子部件故障，构成故障树中间事件 E_k；对于不需再分的部件直接对应该部件的故障模式，构成故障树底事件 X_j。最后对故障树各事件间逻辑关系进行分析，建立变压器故障树模型。

根据故障模式和影响分析对变压器进行分析，形成特征参量表，同时建立故障模式与特征参量对应表。根据我国现行的变压器相关试验、运行规程和导则，可根据状态检测设备测得的目前状态量及变压器的统计数据，直接求出底事件当前的故障概率。由于底事件对顶事件的重要度不同，可以利用层次分析法确定权重系数，避免专家直接给出权重，因此根据模糊矩阵得到的权重系数更具有合理性。

结合底事件故障概率及其重要度，变压器的故障概率可表示为

$$P(T)=\sum_{i=1}^{9}P_{A_i}W_{A_i} \tag{4.23}$$

式中，$P(T)$为变压器故障概率；P_{A_i}为九大部件故障概率；W_{A_i}为每个部件对应的权重；T为某一时刻。

对于九大部件，无中间事件的部件故障概率可表示为

$$P_{A_i}=\sum_{j=1}^{n}P_{X_i}W_{X_j} \tag{4.24}$$

有中间事件的部件故障概率可表示为

$$P_{A_i}=\sum_{k=1}^{m}\left(\sum_{j=1}^{n_k}P_{X_j}W_{X_j}\right)W_{E_k} \tag{4.25}$$

式中，P_{A_i}为部件故障概率；P_{X_i}为底事件故障概率；W_{X_i}为底事件权重；W_{E_k}为中间事件权重；n 为顶事件对应的底事件个数；n_k 为中间事件对应的底事件个数；m 为中间事件个数。

4.4.2　Marquardt 法介绍

Marquardt 法非线性关系式的一般形式为

$$y=f(x_1,x_2,\cdots,x_p;a_1,a_2,\cdots,a_m)+\varepsilon \tag{4.26}$$

式中，f为已知非线性函数；$x_1, x_2,\cdots, x_p$ 为 p 个自变量；$a_1, a_2,\cdots, a_m$ 为 m 个待估未知参数；ε为随机误差项。设对 y 和 $x_1, x_2,\cdots, x_p$ 通过 n 次观察，得到 n 次观察值，得到 n 组数据：$(x_{i1}, x_{i2},\cdots, x_{ip}, y_i)$ $(i=1, 2,\cdots, n)$。

将自变量的第 i 次观察值代入函数 $f(x_1,x_2,\cdots,x_p;a_1,a_2,\cdots,a_m)=f(x_i,a)$，赋予 a 一个初始值 $a^{(0)}=(a_1^{(0)},a_2^{(0)},\cdots,a_m^{(0)})$，将 $f(x_i, a)$在 $a^{(0)}$处按泰勒级数展开，并略去二次及二次以上的项得

$$f(x_i,a)\approx f(x_i,a^{(0)})+\left.\frac{\partial f(x_i,a)}{\partial a_1}\right|_{a=a^{(0)}}(a_1-a_1^{(0)})+\left.\frac{\partial f(x_i,a)}{\partial a_2}\right|_{a=a^{(0)}}(a_2-a_2^{(0)})+\cdots+\left.\frac{\partial f(x_i,a)}{\partial a_m}\right|_{a=a^{(0)}}(a_m-a_m^{(0)}) \tag{4.27}$$

根据最小二乘法原理，令

$$Q=\sum_{i=1}^{n}\left\{y_i-\left[f(x_i,a^{(0)})+\sum_{j=1}^{m}\frac{\partial f(x_i,a)}{\partial x_j}\Big|_{a=a^{(0)}}(a_j-a_j^{(0)})\right]\right\}^2+d\sum_{j=1}^{m}(a_j-a_j^{(0)})^2 \quad (4.28)$$

式中，d 为阻尼因子，$d \geqslant 0$；当取 $d=0$ 时，其公式就是高斯-牛顿法，高斯-牛顿法是 Marquardt 法的特殊形式。

令 Q 分别对 $a_1, a_2, \cdots, a_m$ 的一阶偏导数等于零，即

$$\frac{\partial Q}{\partial a_k}=0 \quad (k=1,2,\cdots,m)$$

得

$$-2\sum_{i=1}^{n}\left\{y_i-f(x_i,a^{(0)})-\sum_{j=1}^{m}\frac{\partial f(x_i,a)}{\partial a_j}\Big|_{a=a^{(0)}}(a_j-a_j^{(0)})\right\}\frac{\partial f(x_i,a)}{\partial a_k}\Big|_{a=a^{(0)}}+2d(a_k-a_k^{(0)})=0 \quad (4.29)$$

转化为

$$\begin{cases}(h_{11}+d)(a_1-a_1^{(0)})+h_{12}(a_2-a_2^{(0)})+\cdots+h_{1m}(a_m-a_m^{(0)})=h_{1y}\\ h_{21}(a_1-a_1^{(0)})+(h_{22}+d)(a_2-a_2^{(0)})+\cdots+h_{2m}(a_m-a_m^{(0)})=h_{2y}\\ \vdots\\ h_{m1}(a_1-a_1^{(0)})+h_{m2}(a_2-a_2^{(0)})+\cdots+(h_{mm}+d)(a_m-a_m^{(0)})=h_{my}\end{cases} \quad (4.30)$$

式中

$$\begin{cases}h_{jk}=\sum_{i=1}^{n}\frac{\partial f(x_i,a)}{\partial a_j}\Big|_{a=a^{(0)}}\frac{\partial f(x_i,a)}{\partial a_k}\Big|_{a=a^{(0)}}=h_{kj}\\ h_{jy}=\sum_{i=1}^{n}(y_i-f(x_i,a^{(0)}))\frac{\partial f(x_i,a)}{\partial a_j}\Big|_{a=a^{(0)}}\end{cases} \quad (j=1,2,\cdots,m;k=1,2,\cdots,m) \quad (4.31)$$

从而得到

$$\boldsymbol{a}=\begin{bmatrix}a_1\\a_2\\\vdots\\a_m\end{bmatrix}=\begin{bmatrix}a_1^{(0)}\\a_2^{(0)}\\\vdots\\a_m^{(0)}\end{bmatrix}+\begin{bmatrix}h_{11}+d^{(0)} & h_{12} & \cdots & h_{1m}\\ h_{21} & h_{22}+d^{(0)} & \cdots & h_{2m}\\ \vdots & \vdots & & \vdots\\ h_{m1} & h_{m2} & \cdots & h_{mm}+d^{(0)}\end{bmatrix}^{-1}\begin{bmatrix}h_{1y}\\h_{2y}\\\vdots\\h_{my}\end{bmatrix} \quad (4.32)$$

显然，此解与代入的初始值$a_1^{(0)},a_2^{(0)},\cdots,a_m^{(0)}$和$d$有关。若解得$a_j$与$a_j^{(0)}$之差的绝对值很小，则认为估计成功；如果较大，则把上一步算得的a_j作为新的$a_j^{(0)}$代入式（4.30），从头开始计算，得出新的a_j又作为新的$a_j^{(0)}$再代入式（4.30），如此反复迭代，直至a_j与$a_j^{(0)}$之差可以忽略为止。

4.4.3　威布尔分布参数估计

设有依时间排列的n组变电设备故障概率数据$(t_1,\lambda_1),(t_2,\lambda_2),\cdots,(t_n,\lambda_n)$。

两参数形式的威布尔分布的故障概率函数为

$$\lambda(t)=\frac{m}{\theta}\left(\frac{t}{\theta}\right)^{m-1} \tag{4.33}$$

式中，m为形状参数；θ为尺度参数。在此函数中，有两个待估参数$(m,\ \theta)$，应用Marquardt法对两参数形式的威布尔分布参数进行估计，其方法步骤如下。

（1）根据式（4.23），对参数m、θ进行求偏导。

$$\frac{\partial\lambda(t_i)}{\partial m}=\frac{1}{\theta}\left(\frac{t_i}{\theta}\right)^{m-1}+\frac{m}{\theta}\left(\frac{t_i}{\theta}\right)^{m-1}\ln\left(\frac{t_i}{\theta}\right) \tag{4.34}$$

$$\frac{\partial\lambda(t_i)}{\partial\theta}=-\frac{m}{\theta^2}\left(\frac{t_i}{\theta}\right)^{m-1}-\frac{m}{\theta^2}\left(\frac{t_i}{\theta}\right)^{m-1}(m-1) \tag{4.35}$$

（2）确定$a^{(0)}$的值。选取处在威布尔分布上的两个数据点，构建方程组

$$\begin{cases}\lambda(t_d)=\dfrac{m}{\theta}\cdot\dfrac{t_d}{\theta}\\[2ex]\lambda(t_g)=\dfrac{m}{\theta}\cdot\dfrac{t_g}{\theta}\end{cases} \tag{4.36}$$

由上述方程组求得$a^{(0)}=(m^{(0)},\ \theta^{(0)})$。

（3）根据n组数据$(t_1,\lambda_1),(t_2,\lambda_2),\cdots,(t_n,\lambda_n)$，以及式（4.34）与式（4.35），把步骤（2）中求得的$a^{(0)}$代入式（4.31），可计算出式（4.30）中的系数值，得到下列公式组：

$$\begin{cases} h_{11}=\sum_{i=1}^{n}\left[\frac{1}{\theta^2}\left(\frac{t_i}{\theta}\right)^{2(m-1)}+\frac{2m}{\theta^2}\left(\frac{t_i}{\theta}\right)^{2(m-1)}\cdot\ln\frac{t_i}{\theta}+\frac{m^2}{\theta^2}\left(\frac{t_i}{\theta}\right)^{2(m-1)}\cdot\ln^2\ln\frac{t_i}{\theta}\right]\Bigg|_{a=a^{(0)}} \\ h_{12}=\sum_{i=1}^{n}\left[-\frac{m}{\theta^3}\left(\frac{t_i}{\theta}\right)^{2(m-1)}-\frac{m}{\theta^3}\left(\frac{t_i}{\theta}\right)^{2(m-1)}\cdot(m-1)-\frac{m}{\theta^3}\left(\frac{t_i}{\theta}\right)^{2(m-1)}\cdot\ln\frac{t_i}{\theta}-\frac{m}{\theta^3}\left(\frac{t_i}{\theta}\right)^{2(m-1)}\cdot\ln\frac{t_i}{\theta}\right]\Bigg|_{a=a^{(0)}} \\ h_{21}=h_{12} \\ h_{22}=\sum_{i=1}^{n}\left[\frac{m^2}{\theta^4}\left(\frac{t_i}{\theta}\right)^{2(m-1)}+\frac{2m^2}{\theta^4}\left(\frac{t_i}{\theta}\right)^{2(m-1)}\cdot(m-1)+\frac{m^2}{\theta^4}\left(\frac{t_i}{\theta}\right)^{2(m-1)}\cdot(m-1)^2\right]\Bigg|_{a=a^{(0)}} \\ h_{1y}=\sum_{i=1}^{n}\left[\left(y_i-\frac{m}{\theta}\left(\frac{t_i}{\theta}\right)^{m-1}\right)\cdot\frac{\partial(t_i)}{\partial m}\right]\Bigg|_{a=a^{(0)}} \\ h_{2y}=\sum_{i=1}^{n}\left[\left(y_i-\frac{m}{\theta}\left(\frac{t_i}{\theta}\right)^{m-1}\right)\cdot\frac{\partial(t_i)}{\partial\theta}\right]\Bigg|_{a=a^{(0)}} \end{cases} \tag{4.37}$$

给定初值 $d=d^{(0)}=0.01\,h_{11}$，代入式（4.32）可求得 $\boldsymbol{a}$ 值为

$$\boldsymbol{a}=\begin{bmatrix} m \\ \theta \end{bmatrix}=\begin{bmatrix} m^{(0)} \\ \theta^{(0)} \end{bmatrix}+\begin{bmatrix} h_{11}+d^{(0)} & d_{12} \\ d_{21} & d_{22}+d^{(0)} \end{bmatrix}^{-1}\begin{bmatrix} h_{1y} \\ h_{2y} \end{bmatrix} \tag{4.38}$$

将解得的估计量代入故障概率函数式（4.33），计算残差平方和

$$Q^{(0)}=\sum_{i=1}^{n}\left(\lambda_i-\frac{m}{\theta}\left(\frac{t_i}{\theta}\right)^{m-1}\right)^2 \tag{4.39}$$

（4）第二次迭代，令 $a^{(0)}=a$，$d=10^k d^{(0)}$，$(k=-1, 0, 1, 2, \cdots)$。先取 $k=-1$，即 $d=0.1d^{(0)}$，解得新的参数值 $a=(m^{(1)}, \theta^{(1)})$，计算新的残差平方和

$$Q^{(1)}=\sum_{i=1}^{n}\left(\lambda_i-\frac{m^{(1)}}{\theta}\left(\frac{t_i}{\theta}\right)^{m^{(1)}-1}\right)^2 \tag{4.40}$$

若 $Q^{(1)}\leqslant Q^{(0)}$，则第二次迭代结束；若 $Q^{(1)}>Q^{(0)}$，则令 $d=0$，则 $d=d^{(0)}$，解得 $Q^{(1)}$，若 $Q^{(1)}\leqslant Q^{(0)}$，则第二次迭代结束。如此，不断增加 k 的值，不断反复，直至 $Q^{(1)}\leqslant Q^{(0)}$为止。

（5）第三次迭代，以第二次迭代结束时的 d 作为新的 $d^{(0)}$，$Q^{(1)}$作为新的 $Q^{(0)}$，重复第二次迭代的过程，直至新的 $Q^{(1)}\leqslant Q^{(0)}$为止。

（6）按步骤（4）和步骤（5）反复迭代，直至$\left|a_j - a_j^{(0)}\right| \leqslant \text{eps}$（系统误差）为止。至此，得到了威布尔分布的参数估计值。

（7）根据故障概率的散点图，可以选取适度的 l 个散点进行参数估计，未选取的 $(n-l)$个故障点以连接点的故障概率λ绘制平行于时间 t 轴的直线，这 l 个点的选取满足

$$S_l = \sum_{i=1}^{n-l} \left|(\lambda_i - \lambda)\right| + \sum_{i=l+1}^{l} \left|(\lambda_i - \lambda(t_i))\right| \tag{4.41}$$

通过寻求 S=min(S_l)来确定 l 及λ的值。

4.4.4　案例分析

根据本节提到的故障概率求取方法，对某一区域 58 台 SFPSZ9-120000/220 型变压器求取故障概率，与相应的运行年限进行统计，变压器故障概率统计表见表 4.3。

表 4.3　变压器故障概率统计表

变压器序号	运行年限 t/年	故障概率/[次·(台·年)$^{-1}$]	变压器序号	运行年限 t/年	故障概率/[次·(台·年)$^{-1}$]
1	0.5	0.001 1	30	12.5	0.038 4
2	0.6	0.000 7	31	13	0.039 5
3	0.8	0.001 2	32	13.5	0.020 2
4	0.9	0.003 1	33	14	0.003 3
5	1.2	0.009 4	34	15	0.021 8
6	1.6	0.019 3	35	16	0.015 8
7	2	0.009 1	36	16.3	0.031 6
8	2.5	0.014 3	37	16.5	0.039 6
9	3	0.008 7	38	16.8	0.028 5
10	3.4	0.018 8	39	17	0.028
11	3.9	0.026 1	40	18	0.046 4
12	4	0.015	41	18.5	0.032 31
13	4.6	0.014 3	42	18.9	0.023 8
14	4.6	0.012 6	43	19	0.033 2
15	4.6	0.022 6	44	19.5	0.057 4

续表 4.3

变压器序号	运行年限 t/年	故障概率/[次·(台·年)$^{-1}$]	变压器序号	运行年限 t/年	故障概率/[次·(台·年)$^{-1}$]
16	5	0.011 3	45	20	0.043 3
17	6	0.013 8	46	20.5	0.055 8
18	7.2	0.013 3	47	21	0.068 1
19	7.4	0.014 3	48	22	0.044 9
20	7.5	0.023 2	49	23	0.060 7
21	7.9	0.020 6	50	23.5	0.076 1
22	8	0.018 6	51	24	0.088 9
23	9	0.015 6	52	24.5	0.099 6
24	10	0.018 4	53	24.8	0.096 4
25	11	0.016 9	54	25	0.102
26	11.2	0.016	55	25.5	0.115 5
27	11.3	0.015 4	56	26	0.134
28	12	0.013 4	57	26.5	0.114 3
29	12.5	0.035 7	58	27	0.150 3

对变压器故障概率与运行年限绘制图形，图 4.5 为变压器故障概率分布曲线图。

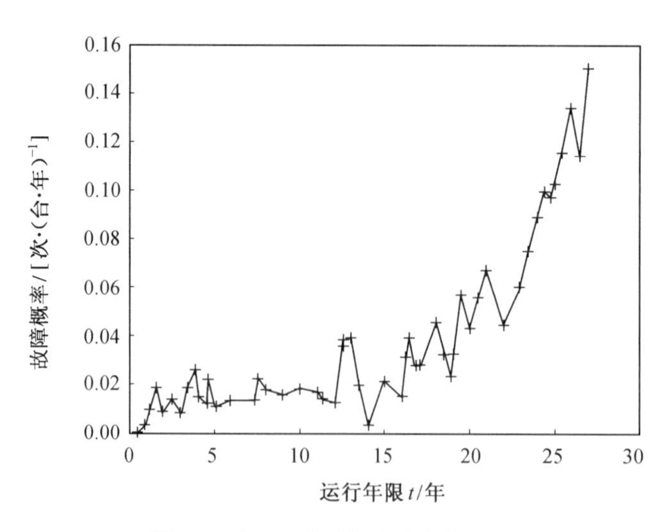

图 4.5　变压器故障概率分布曲线图

通过上文中所介绍的威布尔参数估计对参数进行估计。从故障概率分布曲线图中可以观察到，电力变压器从第 15 年左右出现故障概率升高的现象，即出现了威布尔分布中的损耗期，为了准确地判断损耗期出现的年份，需要对威布尔分布中的损耗期进行参数估计。表 4.4 为计算不同分界点时威布尔分布参数的估计值及 S_l 值。

表 4.4　确定威布尔分布参数及分界点

运行年限 t/年	14	15	16	16.3	16.5
参数 m	4.595 6	4.551	4.577	4.544	4.604
参数 θ	28.269 3	28.171 9	28.286 8	28.267	28.303
分界点故障概率 λ	0.012 9	0.016 9	0.021 1	0.022 8	0.023 3
S_l	0.005 86	0.005 6	0.006 44	0.007 17	0.007 36

通过表 4.4 的计算结果可以得到，分界点定位为 15 年时，S_l 值为 0.005 6，为最小值，根据上述介绍的理论，可以把第 15 年定为偶然失效期与损耗期的分界点。

威布尔分布参数及分界点确定后，对威布尔曲线绘制图形并绘制拟合曲线。图 4.6 为变压器故障概率拟合曲线图。

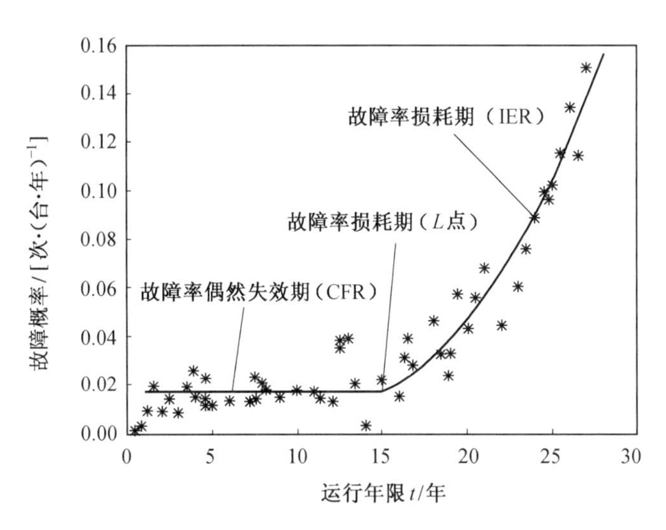

图 4.6　变压器故障概率拟合曲线图

通过上文中得到的故障概率函数的参数及分界点，可以得到该地区某一电压等级变压器的故障概率分布曲线函数为

$$\lambda(t)=\begin{cases}0.016\,9 & (t\leqslant 15)\\ \dfrac{4.551}{28.171\,9}\times\left(\dfrac{t}{28.171\,9}\right)^{3.551} & (t>15)\end{cases}\tag{4.42}$$

得到变压器的故障概率分布函数后，一方面可以依据故障概率分布情况安排合适的检修计划，为电力企业的中长期检修计划的制订提供指导；另一方面，可以根据故障概率分布情况及检修计划，合理地评估设备的全生命周期成本，实现企业的精细化管理。

4.5 基于故障概率及设备重要程度的变压器风险矩阵模型

从资产、资产损失程度和设备故障概率综合考虑电力变压器的整体风险，考虑的风险因素比较全面，能够较好的全面反映设备所面临的风险，但是对设备故障概率的计算采用基于健康指数的方法，对设备的历史故障数据有很强的依赖性。该方法具有一定的滞后性，本节就是在此基础上，提出了基于故障树求取故障概率的电力变压器风险评估方法，最后提出了基于设备故障概率及设备重要程度的 220 kV 变压器的风险评估矩阵。

4.5.1 设备故障概率的计算

1. 基于健康指数的设备故障概率推算

设备的健康指数也称为设备状态评价分值，指一个 0～10 之间连续变化并与时间相关的单一数值，用于表征设备的健康程度，健康指数的值越高表明设备状态越差。健康指数可以通过分析设备的基础信息、油气、负荷情况、运行情况、试验记录和故障缺陷记录等方面的数据来计算得到。

研究表明，设备故障概率与设备健康指数存在以下的对应关系：健康指数数值上升，设备故障概率也随着上升，故障概率与健康指数的对应关系为

$$\lambda=K\cdot \mathrm{e}^{C\cdot \mathrm{HI}}\tag{4.43}$$

式中，λ为设备故障概率；K 为比例系数；C 为曲率系数，依据所收集信息的完整程度选取相应的数值；HI 为设备健康指数。

比例系数 K、曲率系数 C 可以根据供电局所辖电网的设备状态和平均故障概率进行统计计算。虽然健康指数数值是对设备当前运行状态综合量化的评估，但是比例系数和曲率系数是根据设备的历史数据计算得到的，忽略了设备运行情况的千差万别和设备质量的千变万化。因此，基于健康指数求取的设备故障概率对历史数据有强烈的依赖性，对体现单台设备故障概率存在一定的滞后性，不能客观地反映设备当前的故障概率。为此，有必要对反映设备故障概率的方法进行一定的改进。本节提出基于故障树求其故障概率的方法，根据监测及试验得到的油色谱分析数据、油老化试验数据、油中微水含量数据、吸收比、$\tan\delta$值和绕组电阻等实时电力变压器的特征参量数据，评估变压器的故障概率，具有实时性，有效地解决了故障概率求取对历史数据的依赖性和滞后性的缺陷。

2. 基于故障树的电力变压器故障概率

根据对电力变压器各部件故障模式的深入分析，针对电力变压器的结构特点，结合以往对电力变压器故障信息的收集、整理，将电力变压器故障 T 分为器身故障、绕组故障、铁芯故障、有载分接开关故障、非电量保护故障、冷却系统故障、套管故障、油枕故障和无励磁分接开关故障九大类，形成故障树的顶事件 A_i。

对于九大部件，根据对各部件故障模式的深入分析及自身结构特点的需要，可再分成子部件故障，构成故障树中间事件 E_k；对于不需再分的部件直接对应该部件的故障模式，构成故障树底事件 X_j。最后对故障树各事件间逻辑关系进行分析建立变压器故障树模型。

根据故障模式和影响分析对变压器进行分析，形成特征参量表，同时建立故障模式与特征参量对应表。根据我国现行的变压器相关试验、运行规程和导则，可根据状态检测设备测得的目前状态量及变压器的统计数据，直接求出底事件当前的故障概率。由于底事件对顶事件的重要度不同，可以利用层次分析法确定权重系数。电力变压器故障概率的具体计算过程如下。

结合底事件故障概率及其重要度，变压器的故障概率可表示为

$$P(T) = \sum_{i=1}^{9} P_{A_i} W_{A_i} \tag{4.44}$$

式中，$P(T)$为变压器故障概率；P_{A_i} 为九大部件故障概率；W_{A_i} 为每个部件对应的权重；T 为某一时刻。

对于九大部件，无中间事件的部件故障概率可表示为

$$P_{A_i} = \sum_{j=1}^{n} P_{X_j} W_{X_j} \tag{4.45}$$

有中间事件的部件故障概率可表示为

$$P_{A_i} = \sum_{k=1}^{m} \left(\sum_{j=1}^{n_k} P_{X_j} W_{X_j} \right) W_{E_k} \tag{4.46}$$

式中，P_{A_i} 为部件故障概率；P_{X_j} 为底事件故障概率；W_{X_j} 为底事件权重；W_{E_k} 为中间事件权重；n 为顶事件对应的底事件个数；n_k 为中间事件对应的底事件个数；m 为中间事件个数。

4.5.2 电力变压器的风险评估

电力变压器的风险评估是将潜在风险在社会、经济等方面的影响给予量化，考虑成本、安全与环境等多个方面。风险评估以风险值为指标，综合考虑设备重要程度、资产损失程度及设备故障概率三者的作用，风险值表示为

$$\text{Risk}(T) = S(T) \times F(T) \times P(T) \tag{4.47}$$

式中，T 为某一时刻；S 为设备重要程度；F 为资产损失程度；P 为根据故障树所求得的故障概率；Risk 为设备风险值。

设备重要程度考虑设备价值 S_1、用户等级 S_2 和设备地位 S_3 三个因素，每个因素分成多个等级，取值范围为 0～10。设备重要程度计算公式为

$$S = \sum_{i=1}^{3} W_{S_i} \cdot S_l \tag{4.48}$$

式中，i=1,⋯, 3，1 表示设备价值，2 表示用户等级，3 表示设备地位；W_{S_i} 为因素的权重，W_{S_1}=0.4，W_{S_2}=0.3，W_{S_3}=0.3；S_l 为单个设备重要程度的因素；S 为设备重要程度。

4.5.3 资产损失程度的评估

资产损失程度由成本（C）、环境（E）、人身安全（LS）和电网安全（GS）四个要素的损失程度确定，每一个设备要素的损失程度由设备要素损失值和设备要素损失概率确定。

某一设备要素的损失程度为

$$F_j = \sum_{k=1}^{3} \mathrm{IOF}_{jk} \times \mathrm{POF}_{jk} \tag{4.49}$$

式中，$j = 1,\cdots,4$，1 表示成本，2 表示环境，3 表示人身安全，4 表示电网安全；$k = 1,\cdots,3$，表示设备要素损失等级；IOF_{jk} 为某一等级下的设备要素损失值；POF_{jk} 为某一等级下的设备要素损失概率；F_j 为某一设备要素的损失程度。资产损失程度的计算公式为

$$F = F_1 \cdot W_{F_1} + F_2 \cdot W_{F_2} + F_3 \cdot W_{F_3} + F_4 \cdot W_{F_4} \tag{4.50}$$

式中，F 为资产损失程度；W_{Fj} 为设备要素损失程度权重，W_{F1}=0.25，W_{F2}=0.15，W_{F3}=0.3，W_{F4}=0.3。

设备要素损失概率为

$$\mathrm{POF}_{jk} = \frac{n_{jk}}{n} \times 100\% \tag{4.51}$$

式中，n 为故障发生的总次数；n_{jk} 为某一等级下的要素损失次数。

4.5.4 实例研究

本节以某一地区 220 kV 电力变压器作为研究对象，收集每台变压器油色谱分析数据、油老化试验数据、油中微水含量数据、吸收比、tanδ 值和绕组电阻等实时特征参量数据，通过故障树原理求取每台设备的故障概率。该地区共有 84 台 220 kV 的电力变压器，表 4.5 为部分电力变压器故障概率及信息统计表。

表 4.5　部分电力变压器故障概率及信息统计表

变压器名称	故障概率	变压器容量/MV·A	用户等级	所属变电站类型
A 变电站 1 号 A 相	0.005 4	180	一级	系统枢纽变电站
A 变电站 1 号 B 相	0.009 8	180	一级	系统枢纽变电站
B 变电站 1 号 A 相	0.014 2	160	二级	地区重要变电站
C 变电站 2 号	0.023 6	150	二级	地区重要变电站
D 变电站 1 号	0.106 5	150	二级	地区重要变电站

设备的故障概率已经求出，再计算出设备重要程度和资产损失程度的值，根据式（4.47）就能够求出设备的风险值。

现在根据设备价值、用户等级和设备地位三因素的加权求出设备的重要程度，设备的重要程度可以根据表 4.6～4.8 中表示的关于设备价值、用户等级和设备地位三因素取值的原则及公式（4.48）求取。

表 4.6　变压器设备价值取值

电压等级/kV	变压器容量/MV·A	S_1 取值
220	<180	4.5
	≥180	6.5

表 4.7　变压器用户等级取值

用户等级	S_2 取值
一级	10
二级	6
三级	3

表 4.8　变压器设备地位取值

设备地位		S_3 取值
一般变电站	满足 N−1	1
	不满足 N−1	3
地区重要变电站	满足 N−1	4
	不满足 N−1	6
系统枢纽变电站	满足 N−1	8
	不满足 N−1	10

根据式（4.49）与式（4.50）计算资产损失程度，首先要得到设备要素损失值与设备要素损失概率。表 4.9 为设备要素损失值的取值原则，表 4.10 为设备要素损失概率的计算。其中，LL 为电量损失，GA 为故障修复成本，SA 为环境损失，MA 为人身安全损失。

表 4.9　设备要素损失值的取值原则

	C		E		LS		GS	
k	LL	IOF_1	LL	IOF_2	LL	IOF_3	LL	IOF_4
1	GA	3	GA	3	GA	7	GA	4
2	MA	6	MA	6	MA	9	MA	7
3	SA	9	SA	9	SA	10	SA	10

表 4.10　设备要素损失概率的计算

	C			E			LS			GS		
项目	GA	MA	SA	GA	MA	SA	GA	MA	SA	GA	MA	SA
故障数目	12	7	0	8	3	0	0	0	0	5	0	0
要素损失概率	10.7%	6.3%	0.0%	7.1%	2.7%	0.0%	0.0%	0.0%	0.0%	4.4%	0.0%	0.0%

通过以上计算得到的设备重要程度、资产损失程度和设备故障概率，根据式（4.47）计算得到部分电力变压器的风险值，见表 4.11。

表 4.11　部分电力变压器的风险值

变压器名称	故障概率	风险值
A 变电站 1 号 A 相	0.005 4	0.012 2
A 变电站 1 号 B 相	0.009 8	0.022 2
B 变电站 1 号 A 相	0.014 2	0.019 3
C 变电站 2 号	0.023 6	0.032 1
D 变电站 1 号	0.106 5	0.163 2

根据状态评价标准及细则统计得到该地区变压器状态评价统计表，见表 4.12。

表 4.12　变压器状态评价统计表

变压器状态	台数
正常状态	54
注意状态	21
异常状态	8
严重状态	1

通过计算得到该地区 84 台电力变压器的故障概率，对照表 4.12 中所示的变压器状态，得到这一地区变压器状态评价与故障概率对应表，见表 4.13。

表 4.13　变压器状态评价与故障概率对应表

变压器状态	故障概率
正常状态	$0\leqslant P\leqslant 0.02$
注意状态	$0.02<P\leqslant 0.05$
异常状态	$0.05<P\leqslant 0.15$
严重状态	$P>0.15$

此外，通过上文中所介绍的计算设备重要程度的方法，对 220 kV 变压器的设备重要程度进行计算并排序，根据将设备分成四个梯度重要等级的原则，将排序结果平均分成四类，因此可以得到设备重要程度的分界点为（4.8，5.7，7.4）。

由于计算某地区 220 kV 变压器的风险值时考虑了资产损失程度 F，通过计算可以知道该值为一个定值，因此计算某地区同类设备风险时可以认为该值是一个确定的值，故计算设备风险时只需要考虑设备重要程度与设备故障概率两个因素即可。综上所述，可以得到基于设备故障概率及设备重要程度的变压器风险矩阵模型，见表 4.14。

表 4.14　基于故障概率及设备重要程度的变压器风险矩阵模型

设备重要程度 S	设备风险程度			
$7.4<S\leqslant 8.6$	中	中	高	高
$5.7<S\leqslant 7.4$	低	中	高	高
$4.8<S\leqslant 5.7$	低	中	中	高
$3\leqslant S\leqslant 4.8$	低	低	中	中
故障概率 P	$P\leqslant 0.02$	$0.02<P\leqslant 0.05$	$0.05<P\leqslant 0.15$	$P>0.15$

4.6　基于全生命周期成本模型的变电站设备最佳生命周期评估

对变电设备进行有效的管理，不仅涉及设备技术层面，也涉及经济层面。在技术层面，通过状态检测、故障概率评估和设备风险评估等对设备的运行状况有清晰的了解，制订设备的预防性维修计划；在经济方面，通过评估设备全生命周期成本或设备在生命周期内的年平均成本，为设备的技术改造或更换提供依据。

一些变电设备（如变压器）的运行成本和维护成本是比较高的，其在生命周期内一般达到购置费的 6～7 倍。因此，在选择设备时除了考虑设备的购置费外，还得考虑设备的性能参数对设备的运行成本和维护成本的影响，这样才能够全面地评估设备生命周期成本，以便选择最佳的变电设备。

本节以变压器为例，通过对某类型的变压器进行生命周期故障概率评估，结合设备的全生命周期成本，评估该类型变压器的最佳生命周期，为设备的大修技改提供决策依据。

4.6.1 变压器故障概率

1. 威布尔分布

在可靠性工程中，常用的设备故障分布形式有指数分布、正态分布、伽马分布及威布尔分布等，其中指数分布和威布尔分布应用最为广泛。大部分电气设备故障概率随时间变化的曲线为经典的浴盆曲线，大致分为早期故障期、偶然故障期及耗损故障期三个阶段，如图 4.7 所示。

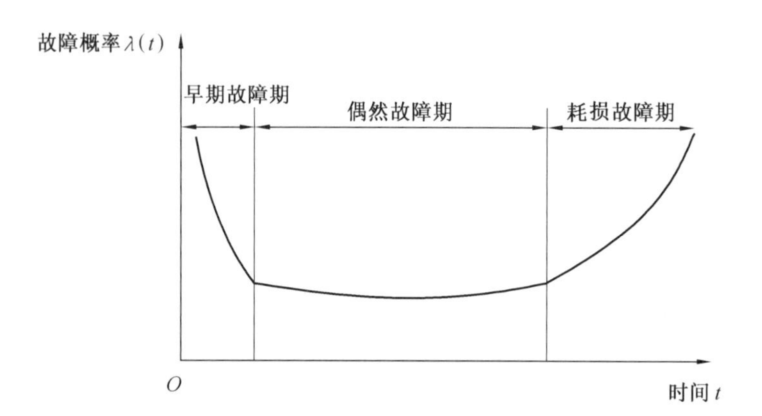

图 4.7 设备故障概率典型浴盆曲线

威布尔分布含有三个分布参数：m 为形状参数，表征分布曲线的形状；η为尺度参数，表征坐标尺度；γ 为位置参数，表征分布曲线的起始位置，一般情况下γ 取值为 0。基于威布尔分布的设备故障概率$\lambda(t)$可表达为

$$\lambda(t)=\frac{m}{\eta}\cdot\frac{t^{m-1}}{\eta} \tag{4.52}$$

当 $m<1$ 时，故障概率呈下降趋势；$m=1$ 时，故障概率为常数；$m>1$ 时，故障概率呈上升趋势。

2. 变压器生命周期故障概率评估

（1）单台变压器故障概率评估。

本节中提出基于故障树求其故障概率的方法，根据监测及试验得到的油色谱分析数据、油老化试验数据、油中微水含量数据、吸收比、tan δ 值和绕组电阻等实时电力变压器的特征参量数据，评估变压器的故障概率。

根据对电力变压器各部件故障模式的深入分析，针对电力变压器的结构特点，结合以往对电力变压器故障信息的收集、整理，将电力变压器故障 T 分为器身故障、铁芯故障、绕组故障、有载分接开关故障、非电量保护故障、冷却系统故障、套管故障、油枕故障和无励磁分接开关故障九大类，形成故障树的顶事件 A_i $(i=1, 2,\cdots,9)$（图 4.8）。故障树评估方法与 4.4.1 节相同，本节不再重复叙述。

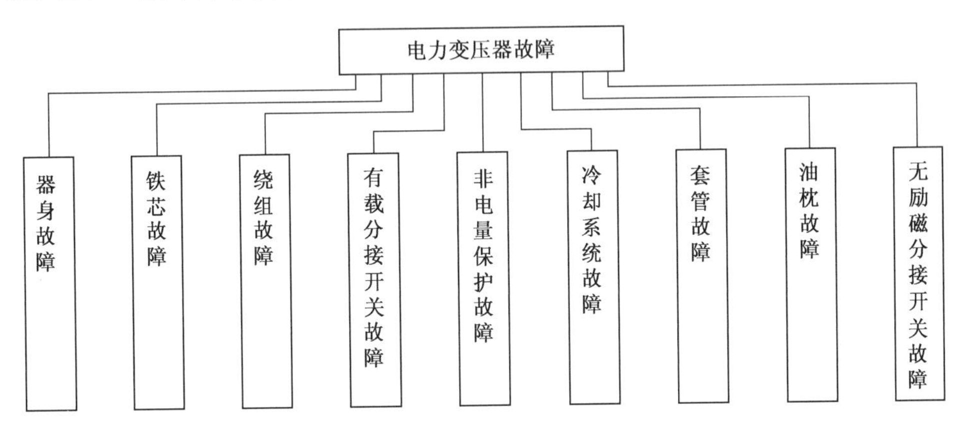

图 4.8　电力变压器故障树

（2）变压器生命周期故障概率评估。

在上面所提到的计算单台变压器故障概率的方法中，对选取的变压器，尽量选取同等电压等级同类型的变压器，这对评估某类变压器的生命周期故障概率更具说服力。

计算单台变压器故障概率只能得到该台变压器故障概率与使用年限的对应关系，应尽量多地选择同类型、不同使用年限的变压器评估故障概率，依据变压器使用年限和故障概率的对应关系绘制散点图，运用威布尔分布的故障概率曲线进行分段拟合，求得各阶段的参数 m 和 η。为提高拟合精度，可用威布尔参数估计法的故障概率函数，得到的故障概率函数可以作为单台设备的生命周期故障概率函数。Marquardt 法是一种解决已知非线性关系式的参数估计问题的有效方法，在电力负荷预测、设备状态预测中得到了广泛应用。

根据 Marquardt 法拟合出的分段曲线图，可以得到该类变压器的威布尔故障概率分布情况，进而可以得到此类变压器生命周期故障概率的评估结果。

4.6.2 成本函数分析

1. 变压器 LCC 分析

根据《可靠性管理 3-3 部分：应用指南 生命周期成本分析》（IEC 60300—3—3—2017）标准，对设备全生命周期成本（Life Cycle Cost，LCC）模型的主要构成要素进行具体的分析，建立变压器 LCC 模型，并给出计算的表达式。

变压器 LCC 模型可定义为四大成本之和，即变压器的投资成本 C_I、运行成本 C_O、检修维护成本 C_M 及退役处置成本 C_D 之和。由于投资成本 C_I 明显易得，因此变压器 LCC 的分析主要集中在变压器的运行成本 C_O、检修维护成本 C_M 和故障成本 C_F 的评估上。

变压器 LCC 模型定义的设备全生命周期成本 C_{LCC} 如式（4.53）所示。

$$C_{LCC} = C_I + C_O + C_M + C_F + C_D \tag{4.53}$$

各大成本的构成如下。

（1）投资成本 C_I。

投资成本 C_I 主要包括设备的购置费、安装调试费和其他费用。购置费包括设备费、专用工具及初次备品备件费、现场服务费和供货商运输费等；安装调试费包括变压器在投入运行前应进行一些必要的试验，以完成设备技术标准的测试，如短路承受能力试验、温升试验和局部放电试验等，以及与此相关的额外试验费用，包括业主方运输费、设备建设安装费和设备投运前的调试费；其他费包括培训费用、验收费用、特殊试验费用和可能要购置的状态监测装置费用等。

（2）运行成本 C_O。

运行成本 C_O 主要包括设备能耗费、日常巡视检查费和其他费用。设备能耗费包括设备本体能耗费用和辅助设备能耗费用；日常巡视检查费包括日常巡视检查需要的巡视设备和材料费用以及巡视人工费用。

（3）检修维护成本 C_M。

检修维护成本 C_M 主要包括周期性解体检修（大修）费用和周期性检修维护（小修）费用。每项检修和维护项目的费用包括了针对该项活动需要供货方提供的设备、材料费用及服务费；还包括业主方在该项活动中业主设备、材料费用及人工费（含另请的第三方人工、材料费）。

（4）故障成本 C_F。

故障成本 C_F 包括故障检修费和故障损失费。故障检修费包括故障现场检修费用和设备返厂修理引起的其他费用；故障损失费包括停电损失费、设备性能及寿命损失费以及间接损失费（可能会发生的赔偿费用、造成的不良社会影响等）。

（5）退役处置成本 C_D。

退役处置成本 C_D 主要包括报废成本和设备的残值。报废成本是指变压器退役后的拆除处置人工、设备费用以及运输费用和设备退役处理时的环保费用；残值是指变压器报废后的可回收费用。

2. 基于役龄回退因子的 LCC 分析

维修活动使故障设备的功能得到恢复的同时会降低设备的故障概率，使设备的性能有所提高，如同设备的役龄时间向前推移了一定量。为描述设备状况在维修前后的这种动态变化，引入役龄回退因子α的概念。

假设设备在第 m 次维修前已运行了 T_m 时间，经过维修后，其性能得以改善，故障概率下降到如同维修前$\alpha_m T_m$ 时的故障概率，即经过维修后，使设备的役龄时间回退到 $T_m-\alpha_m T_m$ 时刻的状况，役龄回退量为$\alpha_m T_m$，这种动态变化关系如图 4.9 所示。T_m 表示第 m 次预防性维修周期；α_m 表示第 m 次预防性维修的回退因子；$m(m=1, 2,\cdots, n)$表示维修的次数。

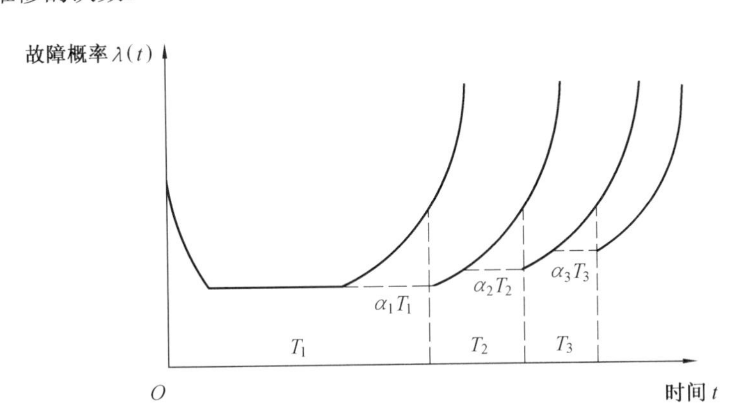

图 4.9　故障概率与预防性维修间的动态变化关系

在考虑设备维修时，为了模型的简化，上文中提到的预防性维修只考虑设备的大修状况，小修的费用考虑在设备每年的平均维护成本中。因此，分析得到变压器C_{LCC}的表达式为

$$C_{\mathrm{LCC}}=C_{\mathrm{I}}+\sum_{j=1}^{T_{\mathrm{T}}}C_{\mathrm{O},j}+\sum_{i=1}^{n}C_{\mathrm{M},i}+\sum_{j=1}^{T_{\mathrm{T}}}C_{\mathrm{F},j}+C_{\mathrm{D}} \tag{4.54}$$

式中，T_{T}为变压器的最佳生命周期；$C_{\mathrm{O},j}$为第j年的运行成本；$C_{\mathrm{M},i}$为第i次维修的维修成本；$C_{\mathrm{F},j}$为第j年的平均故障成本；n为预防性维修的总次数。

在选择变压器的最佳生命周期时，生命周期不同，因此不能用较小的C_{LCC}来进行选择。考虑用年金成本进行比较，则选择优化函数

$$\min C_{\mathrm{A}}=C_{\mathrm{LCC(NPV)}}\times\frac{i(1+i)^{T}}{(1+i)^{T}-1} \tag{4.55}$$

式中，C_{A}为年金成本；$C_{\mathrm{LCC(NPV)}}$为C_{LCC}的现值；i为考虑利率、通货膨胀率和汇率以后的综合折现率。

4.6.3 算例分析

通过对多台SFPSZ7-120000/220型不同使用年限的变压器运用故障树的方法求取设备故障概率，并绘制设备的故障概率与使用年限的对应关系散点图，通过Marquardt法对曲线进行拟合及故障概率分界点的界定，得到如图4.10所示的变压器生命周期故障概率拟合曲线。

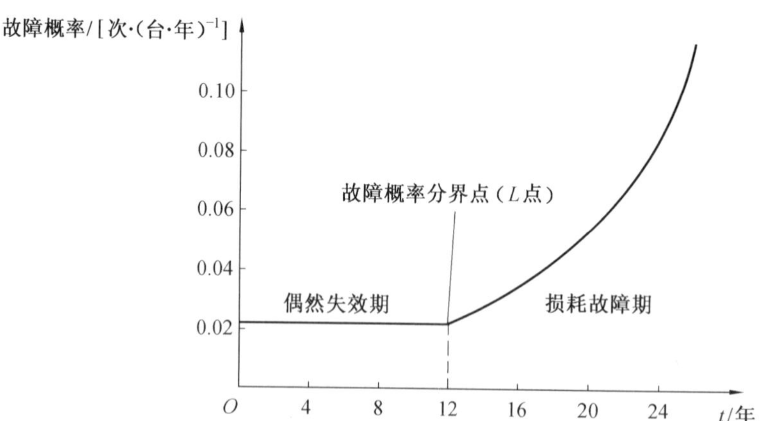

图4.10　变压器生命周期故障概率拟合曲线

根据上文中提到的役龄回退因子的概念及工程实践经验，取$\alpha=0.4$，为了问题阐述的方便性，假设设备每次维修后，役龄回退因子保持不变，那么在不考虑经济因素的情况下，设备将在预防性维修的前提下无限期间内保持安全稳定的运行。

在这里引入设备可接受风险的概念，设备可接受风险就是指在该风险点，设备处于安全运行的故障概率与不安全运行故障概率的分界点。设备可接受风险是一个动态的值，其值需根据多年的工程实践加以确定。通过设备的重要程度（在电网中所处的位置）、设备价值和设备故障概率三个因素对设备进行风险评估，根据设备风险评估值，可以确定设备预防性维修的故障概率分界点。

选取一台变压器为例，一般情况下该台变压器在其生命周期内，设备的重要程度和设备的价值是保持不变的，因此设备风险只与设备故障概率有关。通过风险评估，计算得到该台变压器在可接受风险时的故障概率为 0.05，即可确定该台变压器进行预防性维修时的故障概率是 0.05，考虑役龄回退因子$\alpha=0.4$，得到预防性维修年限分别为 20 年、28 年、36 年……因此可以得到该台变压器修正后的预防性维修与故障概率实际变化动态图，如图 4.11 所示。

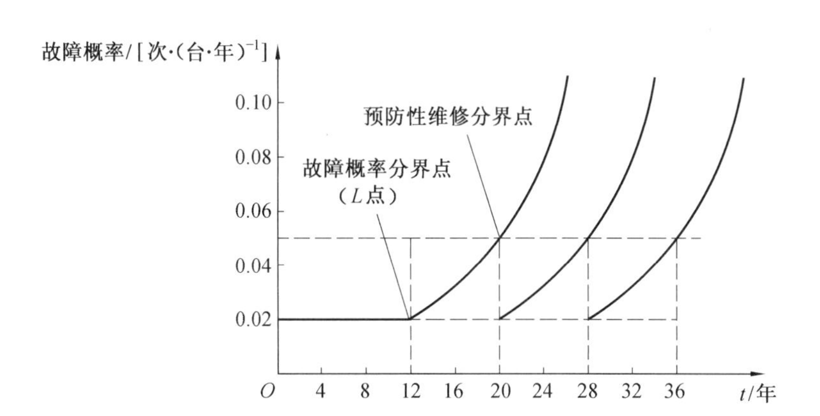

图 4.11　预防性维修与故障概率实际动态变化图

图 4.11 仅仅考虑设备预防性维修的技术性，这样进行设备的状态检修是不全面的，因此必须把经济因素考虑在内，对设备的预防性维修进行全面考虑。

这台变压器的容量为 120 MV·A，购置成本为 1 200 万元，空载损耗为 P_0=100 kW，负载损耗为 P_k=300 kW，最大负荷率为 β= 80%，最大负荷利用小时数为 T_{max}=6 500 h。取经验系数 K=0.3，设电费为 0.4 元/kW·h，可以得到变压器每年的能耗损失费为 62.21 万元，每年日常巡视检查费用为 12.79 万元，则每年的运行维护成本为 75 万元，每年小修维护管理费用为 10 万元，一次大修费用为 186.42 万元（该费用指折现后的现值），每次故障成本，包括故障后所造成的设备修复成本和停电损失成本为 200 万元，折现率取 5%，得到该台变压器生命周期费用表 4.15。

表 4.15　变压器生命周期费用

寿命/年	C_{LCC}/万元	C_A/万元	寿命/年	C_{LCC}/万元	C_A/万元
12	1 861.31	210.01	28	2 852.68	191.47
13	1 914.79	203.84	29	2 877.18	190.02
14	1 966.04	198.62	30	2 900.66	188.69
15	2 015.12	194.14	31	2 923.15	187.47
16	2 062.06	190.27	32	2 944.65	186.34
17	2 107.19	186.91	33	2 965.33	185.30
18	2 150.59	183.98	34	2 985.21	184.35
19	2 192.32	181.40	35	3 004.32	183.48
20	2 416.60	193.91	36	3 208.08	193.88
21	2 452.80	191.31	37	3 224.67	192.96
22	2 487.48	188.98	38	3 240.56	192.11
23	2 520.71	186.88	39	3 255.78	191.32
24	2 552.47	184.98	40	3 270.33	190.58
25	2 583.02	183.27	41	3 284.33	189.91
26	2 612.39	181.73	42	3 297.78	189.27
27	2 640.64	180.33	43	3 310.72	188.69

从表 4.15 中可以看出，此台变压器在第 27 年的时候，年均成本为 180.33 万元，达到最低点，可以认为该台变压器的最佳生命周期为 27 年。

4.7　本章小结

4.1 节提出了一种输变电设备可靠性评估有效性分析的方法体系，一方面用于验证评估方法的合理性，用于评估模型的修正改进；另一方面可以实现在实际工程应用中，不同评估模型的归一化处理，为状态检修在电网企业中应用打下基础。

4.2 节将变压器风险评估方法运用至断路器中，并计算其剩余使用寿命和故障发生概率，为输变电设备状态评估提供了重要基础。

4.3 节一方面对 CBRM 的评估过程和各个概念进行了简要介绍，另一方面通过实例分析了云南电网公司所管辖的 14 个变电站共 157 台 500 kV 断路器的状态评估和风险评估。

4.4 节采用故障树模型的评估方法对变电设备故障概率进行评估，基于 Marquardt 法参数估计对求取变电设备的故障概率的方法进行了改进。通过实例分析可知，求取设备故障概率对指导检修、确定最佳维修方案有着重大意义。

4.5 节从资产、资产损失程度和设备故障概率综合考虑了电力变压器的整体风险，提出了基于设备故障概率与设备重要程度的变压器的风险评估矩阵，该计算方法可以大大简化设备风险评估流程。

4.6 节以变压器为例，通过对某类型的变压器进行生命周期故障概率评估，结合设备的全生命周期成本，评估该类型变压器的最佳生命周期，为设备的大修技改提供决策依据。

第 5 章　输变电设备特征要素靶向管控技术

5.1　标准要素法和靶向管控技术

输变电设备标准要素法以输变电设备为对象，以其总体要求和目标为依据，研究其寿命过程中能反映设备管控特征的各种因素，并通过权重决策分析，分析这些因素对设备管控特征的影响，给出这些因素中的关键因素。

输变电设备靶向管控技术以输变电设备作为靶向载体，按照“SMART”原则，根据其总体要求和目标，按照层次分析法逐层明确从总体要求到实现目标的各个环节，并逐层细化分析出其表征的特征要素，通过相关管控技术手段，针对性地给出解决措施，即目标应是具体的、可量化的、可实现的、相关的且明确的。

根据 PAS 55 和安风体系的要求，要实现输变电设备综合效益最优的总体目标，需先进行特征要素分析，明确设备特征要素重要度和健康度。通过对二维特征要素重要度和健康度逐层细化分解，可以得到设备靶向管控的二维控制风险矩阵，并对输变电设备形成管控分级，设备靶向管控的二维控制风险矩阵如图 5.1 所示。

（1）Ⅰ级管控。

健康状况不良的特别重要设备，纳入Ⅰ级管控。

（2）Ⅱ级管控。

健康状况良好的特别重要设备和健康状况不良的重要设备，纳入Ⅱ级管控。

（3）Ⅲ级管控。

健康状况良好的重要设备和健康状况不良的次重要设备，纳入Ⅲ级管控。

（4）Ⅳ级管控。

健康状况良好的次重要设备，纳入Ⅳ级管控。

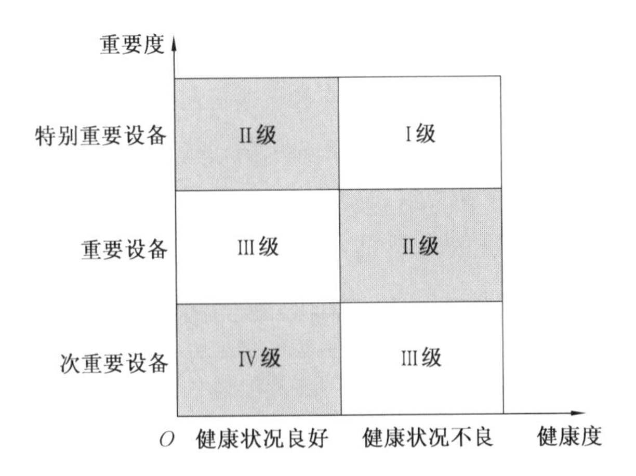

图 5.1　设备靶向管控的二维控制风险矩阵

但要实现对此二维风险矩阵的有效管控，还需实现对设备风险的量化评估，才能实现管控设备的有效排序，将主要资源用到关键环节。因此，必须对二维特征要素进一步细化递进分析。通过特征要素分析，明确了重要度可以通过电网性能、资产价值和事件后果来进行表征；健康度可以通过故障概率、缺陷率和事件发生率来进行表征。健康度和重要度的特征要素见表 5.1。

表 5.1　健康度和重要度的特征要素

特征要素（S1）	特征要素（S2）		
健康度	故障概率	缺陷率	事件发生率
重要度	电网性能	资产价值	事件后果

因此要量化输变电设备的健康度和重要度，必须量化其特征要素电网性能、资产价值、事件后果、故障概率、缺陷率和事件发生率。以这些特性要素为靶，需要构建输变电设备量化评估的靶向管控技术。

5.2　输变电设备特征要素靶向管控技术研究

根据输变电设备管控的总体要求，采用递进法和标准要素分析法确定各个环节及其特征要素，要实现各个环节特征要素的靶向管控和反馈，需要对各个特征要素进行定量管理。根据设备管理的当前，中、长期量化管理的需求，提出了输变电设备约定层级的故障模式及影响分析技术、基于状态评估的风险防范技术和基于模糊层次分析和模糊概率理论的可靠性评估技术三项靶向控制技术，基于上述三项靶向控制技术及辅助决策，形成设备当前，中、长期的维护策略，并基于四原则实施设备的管控。在输变电设备运维策略实施过程中，构建了靶控技术-资产绩效管理方法，实现输变电设备的递进管控和效果评估，实现设备的闭环管理。

5.2.1 基于模糊层次分析和模糊概率的故障模式及影响分析

随着云南电网设备规模的迅速扩大，设备检修任务和检修人员之间的矛盾日益突出。传统的事后维修与定时维修工作模式，已难以适应新形势对设备运行可靠性的要求。新的形势需要我们放弃“多维修、多保养、多多益善”或“故障后再维修”的单一维修模式，而采用“以可靠性为中心”的维修策略，根据设备运行状态与电网结构，采取针对性的维修策略，降低维修工作量，提高维修效果，确保输变电设备保持较高的完好率，使维修工作更具科学性。

为此，项目组认真分析了云南电网 2008—2010 年三年缺陷分布情况及 2006—2010 年五年事故、障碍发生情况。采用故障模式及影响分析（FMEA）理论，以安全目标、设备风险和典型故障（缺陷）为主线，开展故障模式分析、故障原因分析、故障影响分析、故障检测方法分析和补偿措施分析，制定典型故障模式，绘制风险概率矩阵，从例行检查、特殊巡查、例行试验和诊断性试验等方面提出设备运行、维护和检修要求，为公司制订 2011 年设备维护计划提供信息支撑。

1. 故障模式及影响分析原则

（1）云南电网安全目标。

① 杜绝目标。220 kV 及以上主变损坏，500 kV 断路器损坏，220 kV 及以上断路器拒动、误动造成的系统稳定问题，220 kV 及以上变电站保护装置、安稳装置及备自投拒动、误动造成的系统稳定问题，500 kV 线路倒杆及 10～35 kV 开关柜“火烧连营”。

② 严防目标。220 kV 线路倒杆和 220 kV 及以上同杆架设线路同时跳闸。

（2）需要防范的主要风险分析。

防止发生：全站失压，一次主设备损坏（主变、断路器），220 kV 及以上变电站断路器、保护装置、安稳装置及备自投拒动、误动造成的系统稳定问题及 10～35 kV

开关柜“火烧连营”。

（3）约定层次的确定。

复杂系统是具有层次性结构的，故障模式及影响分析需要根据设备特点约定分析层级。分析故障影响时，需按约定层级进行，分析约定层级的影响、高一层级的影响及最终影响。根据设备特点、电网安全目标和主要风险，本次分析约定层级为二级部件。

设备分层可按功能层次关系进行分层，也可按设备结构层次关系进行分层。本次分析的分层布局采用结构层次关系，但在分析过程中，兼顾考虑了功能层次关系。

（4）故障模式分析。

故障是产品或产品的一部分不能或将不能完成预定功能的事件或状态，故障模式是故障的表现形式。

故障按性质可分为功能故障和潜在故障：功能故障是指产品或产品的一部分不能完成预定功能的事件或状态，即产品或产品的一部分突然、彻底地丧失了规定的功能；潜在故障是指产品或产品的一部分将不能完成预定功能的事件或状态，即潜在故障是一种指示功能故障将要发生的一种可鉴别（人工观察或仪器检测）的状态。

并不是所有的故障都经历潜在故障再到功能故障这一变化过程。本次分析考虑了不同设备功能故障和潜在故障的特点，并在危害后果严酷度中加以体现。抗故障能力与使用时间的关系如图 5.2 所示。

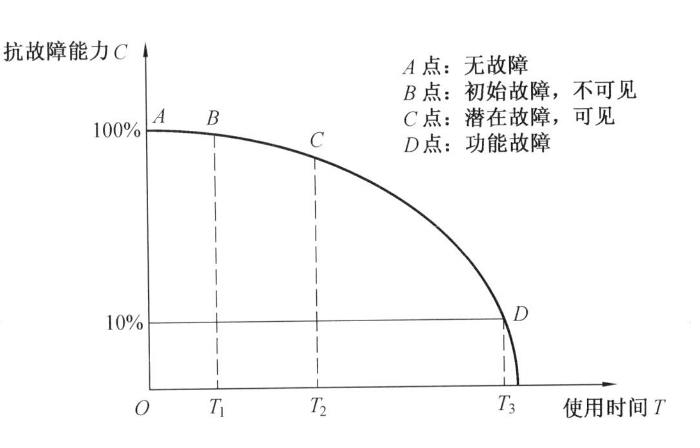

图 5.2　抗故障能力与使用时间的关系

（5）故障发生度的确定。

故障发生度即为在约定层级上，发生某一故障（缺陷）的概率。本次分析采用2008—2010年三年缺陷分析数据（表5.2）。

表5.2　2008—2010年三年缺陷分类原则

类别	名称	描述
A级	经常发生	某一故障模式的发生概率占该类设备总的故障的20%及以上
B级	有时发生	某一故障模式的发生概率占该类设备总的故障的10%～20%（不含）
C级	偶然发生	某一故障模式的发生概率占该类设备总的故障的1%～10%（不含）
D级	很少发生	某一故障模式的发生概率占该类设备总的故障的0.1%～1%（不含）
E级	极少发生	某一故障模式的发生概率占该类设备总的故障的0.1%以下

（6）后果严酷度的确定。

后果严酷度指约定层级上，某一故障模式造成的危害程度。故障严酷度与层级是相关联的，本次分析明确了约定层级上的某一故障模式造成本层、高一层和最终层故障的严酷度。

（7）风险矩阵的绘制。

故障模式发生概率等级风险矩阵如图5.3所示。风险矩阵的横坐标用严酷度类别表示，纵坐标用故障模式发生概率等级表示。本次分析仅绘制约定层级上的故障模式造成最终层故障的严酷度风险矩阵。

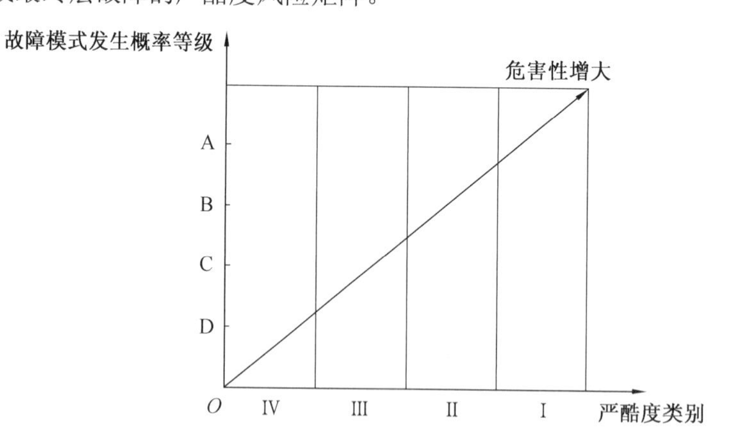

图5.3　故障模式发生概率等级风险矩阵

（8）后果发生度分析。

后果发生度指约定层级上的某一故障模式造成最终层故障的概率。本次分析采用 2006—2010 年五年事故、障碍分析数据确定最终后果发生度（表 5.3）。

表 5.3　2006—2010 年五年事故、障碍分类原则

类别	名称	描述
A 级	非常可能	某一故障模式已在电网中多次引发该后果
B 级	可能	某一故障模式在电网中引发过该后果
C 级	几乎不可能	某一故障模式从未在电网中引发该后果

（9）探测方式和探测度。

①探测方式。探测方式是判断某一缺陷是否存在的方式。根据电网运行的特点，探测方式分类见表 5.4。

表 5.4　探测方式分类

探测方式	描述	代码
例行检查	无特定目的，定期，不停电（包括带电测试）	1
特巡检查	有特定目的，不定期，不停电（包括带电测试）	2
例行试验	无特定目的，定期，需停电	3
诊断性试验	有特定目的，不定期，需停电	4

②探测度。探测度是成功确定某一缺陷存在的可能性。探测度分类见表 5.4。

表 5.5　探测度分类

探测度	评价准则	级别
极小	该方法将不可能探测	1
小	该方法可探测，但可能性很小	2
大	该方法可探测，且可能性很大	3
极大	该方法完全可探测	4

探测度分析有助于对采取措施后的效果进行评估。

2. 变压器的故障模式及影响分析

（1）变压器的风险矩阵。

本次分析根据三年缺陷分析及五年事故、障碍分析结果，共设定主变故障模式82个。按FMEA方法，可得到主变风险矩阵，如图5.4所示。

故障模式发生概率等级

A		A053		
B	A001、A041、A042、A079			
C	A016、A027、A038、A044、A067、A069、A072、A078、A080	A002、A004、A017、A022、A029、A047、A048	A030、A031、A052、A065	A082
D	A018、A043、A051、A070、A073、A074、A075、A077	A013、A019、A021、A028、A054、A055、A059	A006、A008、A010、A012、A024、A025、A032、A040、A050、A064	A058
E	A026、A033、A045、A046、A060、A061、A062、A066、A068、A071、A076	A005、A014、A020、A023、A039	A007、A009、A011、A034、A035、A037、A081	A015、A036、A049、A056、A057、A063
	Ⅳ	Ⅲ	Ⅱ	Ⅰ

O 后果严酷度

图5.4　主变风险矩阵

从主变风险矩阵可以看出，造成主变完全（或部分）损坏并强迫停运（严酷度Ⅰ、Ⅱ）的风险发生概率较小，一定程度上说明，目前对于主变的维护是得当的，主变严重风险已得到有效控制。

（2）变压器需要关注的故障模式。

在 82 个故障模式中，需重点关注的故障模式包括：

① 后果严重，发生概率相对较高的故障模式。主要包括：近区短路故障（A082）及微机保护装置定值不当（A058）。

② 后果严重，但发生概率相对较低的故障模式。主要包括：本体内绝缘击穿（A015）、套管击穿（A036）、瓦斯继电器定值不当（A049）、保护装置连接片投退错误（A056）、保护装置连接片接触不良（A057）及二次回路接线错误（A063）。

③ 后果较轻，但发生概率较高的故障模式。主要包括：保护装置插件损坏（A053）、本体渗漏油（A001）、冷却系统风机异常（A041）、冷却系统二次元件损坏（A042）及端子箱加热器异常（A079）。

3. 断路器的故障模式及影响分析

（1）断路器的风险矩阵。

本次分析共设定断路器故障模式 77 个，根据三年缺陷分析及五年事故、障碍分析结果，按 FMEA 方法，可得到断路器风险矩阵，如图 5.5 所示。

对照主变风险矩阵，可以看出：会造成断路器损坏或功能丧失（断路器拒动、误动）的故障模式占比要高于变压器严重后果故障模式的占比。其原因如下：

① 主变，除近区短路故障外，大部分故障发展经历无故障、潜在故障到功能故障的过程。在该发展过程中，有检测手段可以及时发现潜在故障，而采取措施防止后果扩大。而导致断路器功能丧失的故障模式，大都由无故障直接发展到功能故障，该过程缺乏检测手段，后果不易控制，造成导致严重后果的故障模式较多。两种设备的故障发展特点决定了两种设备运行维护需区别对待：主变的故障风险控制应以及时检测为主，辅助定期维护；而断路器的风险控制应以定期维护为主，辅助及时检测。

② 与主变相比，断路器的运行维护水平较低，缺乏监测手段。

（2）断路器需要关注的故障模式。

在 75 个故障模式中，需重点关注的故障模式包括：

① 后果严重，发生概率相对较高的故障模式。主要包括：机构不储能（B033、B035）、传动机构拒分（B036）、二次回路接线错误（B54）及分合闸线圈损坏（B39）。

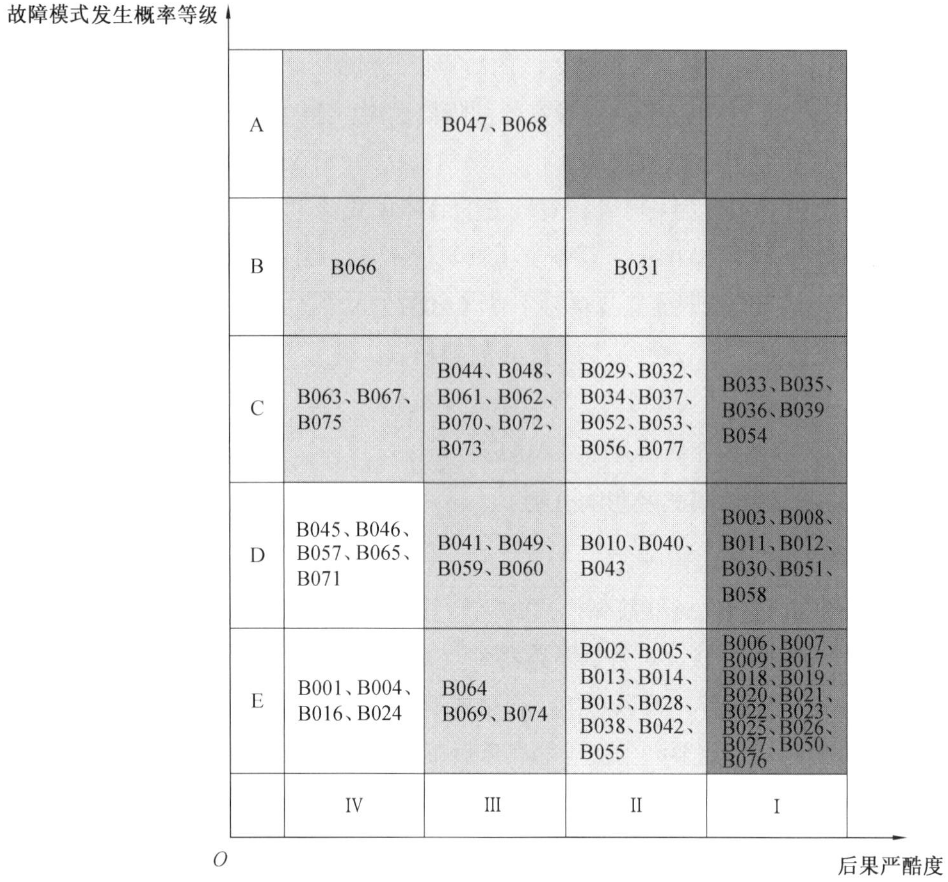

故障模式发生概率等级

A		B047、B068		
B	B066		B031	
C	B063、B067、B075	B044、B048、B061、B062、B070、B072、B073	B029、B032、B034、B037、B052、B053、B056、B077	B033、B035、B036、B039 B054
D	B045、B046、B057、B065、B071	B041、B049、B059、B060	B010、B040、B043	B003、B008、B011、B012、B030、B051、B058
E	B001、B004、B016、B024	B064 B069、B074	B002、B005、B013、B014、B015、B028、B038、B042、B055	B006、B007、B009、B017、B018、B019、B020、B021、B022、B023、B025、B026、B027、B050、B076
	IV	III	II	I

O 后果严酷度

图 5.5 断路器风险矩阵

② 后果严重，但发生概率相对较低的故障模式。主要包括：断路器内绝缘闪络（B003）、接触电阻不合格（B008）、绝缘拉杆松脱（B011）、绝缘拉杆断裂（B12）、储能弹簧断裂（B30）、连接片连接不良（B51）、微机保护定值不当（B58）、蓄电池故障充电机处于虚假带电池运行（B076）及空开器与熔断器上下级失配（B077）等。

③ 后果较轻，但发生概率较高的故障模式。主要包括：打压频繁（B31）、SF6气体压力低（B068）、保护装置插件损坏（B047）及端子箱加热器异常（B64）等。

4. 全站失压的故障模式及影响分析

（1）全站失压的风险矩阵。

本次分析根据三年缺陷分析及五年事故、障碍分析结果，共设定全站失压故障模式 82 个。按 FMEA 方法，可得到全站失压及以上等级风险矩阵，如图 5.6 所示。

故障模式发生概率等级				
A				
B	C030			C004
C	C008、C032、C034	C031、C037	C006、C007、C013、C033、C044、C074	C005、C052、C067、C082
D	C040、C046、C070、C076	C016、C022、C027、C029、C036、C043、C049、C050、C055、C061、C066、C073、C079、C080	C010、C012、C035、C038、C041、C048、C068、C071、C078	C001、C003、C009、C011、C014、C017、C019、C020、C024、C025、C026、C051、C053、C056、C058、C059、C063、C064、C081
E			C015、C028、C039、C042、C045、C054、C069、C072、C075	C002、C018、C021、C023、C047、C057、C060、C062、C077、C081
O	IV	III	II	I
				后果严酷度

图 5.6　全站失压及以上等级风险矩阵

（2）全站失压需要关注的运行风险。

① 后果严重，发生概率相对较高的故障模式。主要包括：单线供电雷击（C004）、单线供电山火（C005）、主变中性点间隙不当（C052、C067）及备自投拒动（C082）。

② 后果较轻，但发生概率较高的故障模式。主要包括：多线供电雷击（C030）。

5. 公司所管控的主要风险和故障模式

（1）公司层面需要管控的主要风险和故障模式。

以本次对主变、断路器的风险分析为基础，根据故障模式发生概率、后果严酷度，确定公司层面需重点管控的设备风险，如图 5.7 所示。

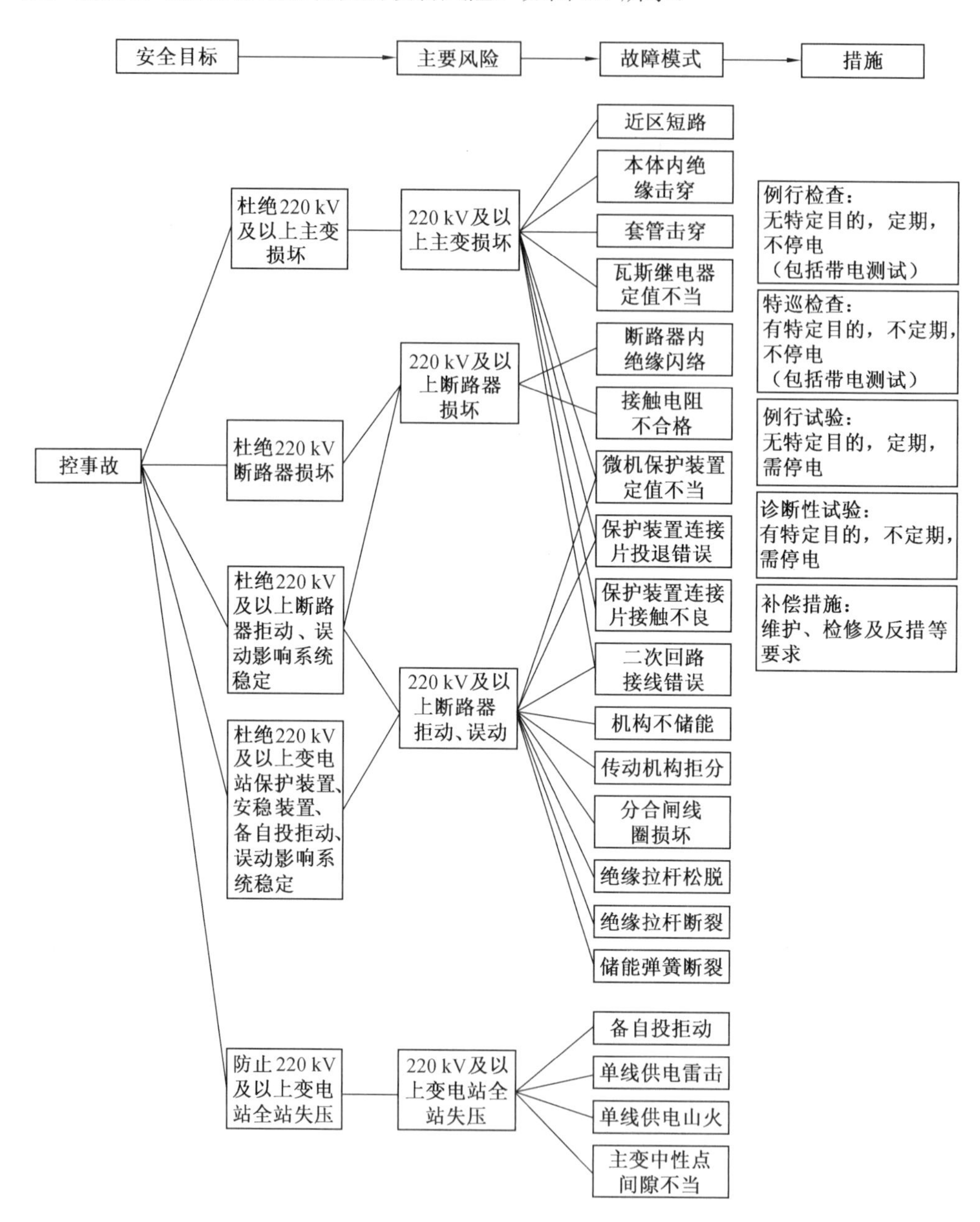

图 5.7　公司层面需要重点管控的设备风险

（2）缺陷、隐患排查及风险评估和制订维护工作计划流程如图 5.8 所示。

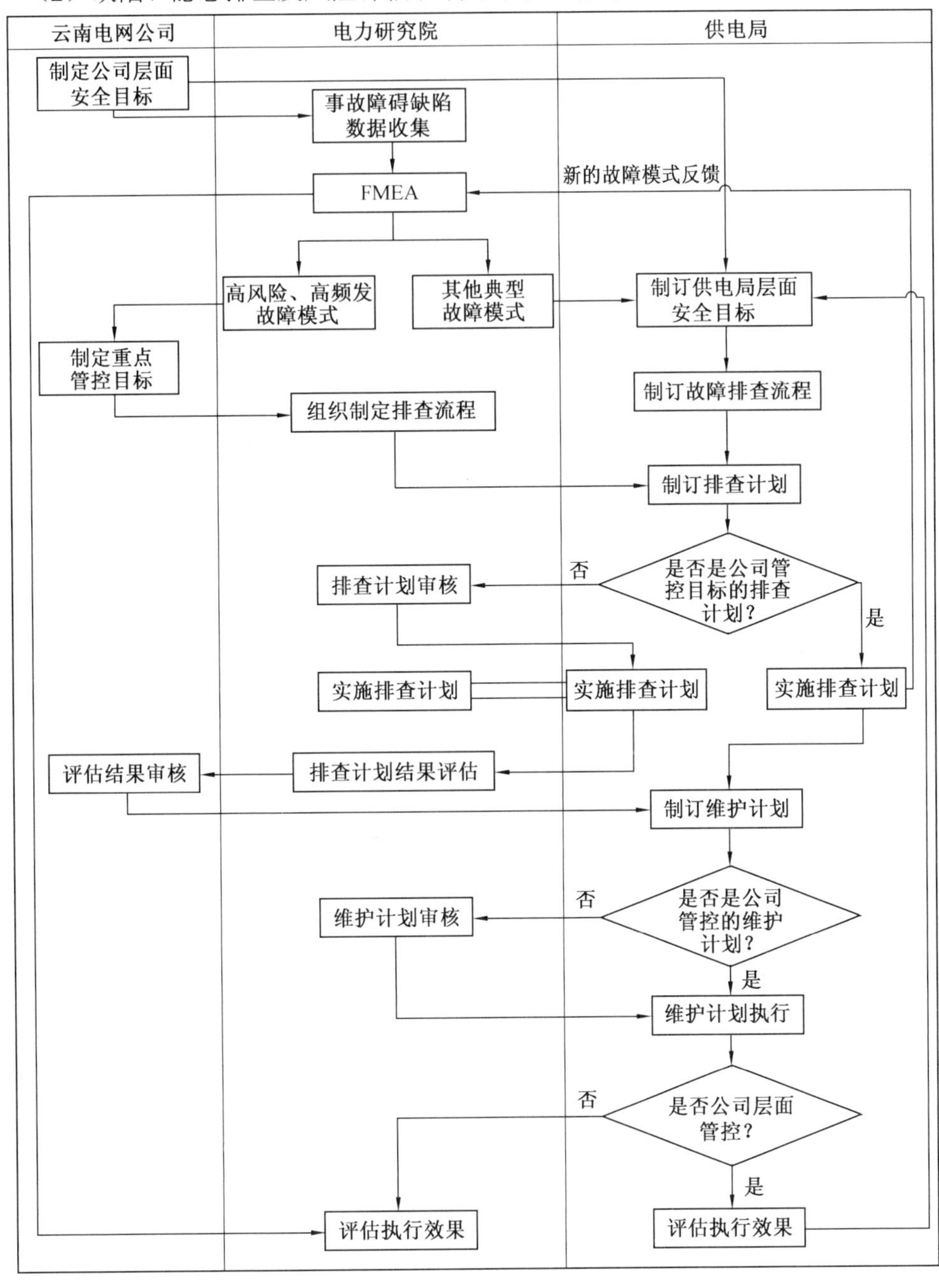

图 5.8　缺陷、隐患排查及风险评估和制订维护工作计划流程

5.2.2 设备基于状态评估的风险防范

1. 系统原理

基于电网状态评估的风险防范管理体系（CBRM）以独有的对设备老化过程的数学模型的分析技术来评估设备未来状态和风险的变化情况，从而实现其他同类体系实现不了的功能，其评估过程分为状态评估和风险评估两个阶段。

（1）状态评估阶段。

通过综合分析设备基础信息、油气分析、负荷情况、运行环境、试验记录和故障缺陷记录等方面的数据，以一个 0～10 连续变化并与时间相关的单一数值——健康指数（HI）来反映每一台具体设备的状态；以设备的老化过程为基础，建立设备状态随时间变化的数学模型，计算设备在未来任何一年的健康指数和剩余使用寿命，从而辅助客户全面掌握电网设备的整体状态；通过匹配实际故障发生概率与健康指数分布建立设备故障发生概率（POF）模型，计算设备在当前和未来状态下的故障发生概率及整体的故障概率（FR）。

（2）风险评估阶段。

在计算得到设备故障发生概率的基础上，以量化的形式综合考虑电力企业所关心的各类电网设备故障后果（如电网性能、修复成本、人身安全和环境影响等方面），建立风险模型，并计算出与故障发生概率和故障后果相关的各类风险值（Risk），直观地描述电网在当前和未来所面临的可能由设备故障导致的损失。

CBRM 的系统框架包括以下三个方面。

（1）评估基础。

CBRM 的评估以工程学理论和大量的设备信息为依据，应用数理统计原理对电网设备基础技术参数、试验数据和故障缺陷等数据进行综合分析判断，同时运用电力设备的材料老化原理，结合现场工程师的实际运行经验对设备的状态和风险进行评估。

（2）评估过程。

CBRM 量化设备当前和未来的状态和性能，预测电网设备未来的故障发生概率，量化设备在故障发生情况下面临的各类风险。

通过应用 CBRM 的评估结果，用户可以得到：

① 单台设备在当前和未来的健康指数、故障发生概率和风险值。

② 设备组在当前和未来的综合健康指数、故障发生概率和总风险值。

③ 按健康指数或风险值排序的设备清单，反映同组设备的状态优劣顺序。

④ 评估电网设备在未来预期采取的更新维护方案所能达到的预期效果。

⑤ 提供建立设备资产全生命周期管理系统的技术支撑和依据。

（3）评估结果的应用。

通过 CBRM 的评估结果，资产决策者可以从宏观的角度直接了解和掌握各类设备的整体状态，并利用评估结果来指导设备的大修、技改等设备资产管理策略的制订，得出合理、明确、优化的投资调整方案。评估结果也可作为对已执行的设备大修、技改方案效果的评估和验证。同时，设备资产管理者可以从微观的角度，细致地了解每一个设备资产的状态和风险的发展趋势，从经济的角度确定每台设备采取措施的最佳年限，做到有针对性的技改策略的实施和实施效果的验证。

2. 技术指标

基于电网状态评估的风险防范管理体系（CBRM）的评估涉及以下几个技术指标，用于对设备状态进行评估：

（1）健康指数（HI）。

（2）故障发生概率（POF）。

（3）剩余使用寿命（EOL）。

（4）风险值（Risk）。

3. 评估信息

实施基于电网状态评估的风险防范管理体系（CBRM）需要对设备的各类信息进行全面分析，包括：

（1）基础数据。

所属变电站、设备名称、运行位置、电压等级、制造厂家、型号规格、出厂日期（年）、投运日期（年）和容量（MV·A）等。

（2）试验数据。

预防性试验不合格项目并注明是否已修复和最近两次油试验项目的具体结果，包括油质试验（酸值、击穿电压和微水）、油色谱试验（H_2、CH_4、C_2H_6、C_2H_4 和

C_2H_2）和糠醛试验等。

（3）运行数据。

变压器负荷情况、变压器所在环境空气污秽情况和变压器外观状况（主箱体、冷却器/管道系统、调压开关和其他辅助机构/单元）等。

（4）故障、缺陷历史记录。

可获取的所有故障、缺陷历史记录。

（5）设备使用经验。

电网公司各供电局的设备运行维护管理人员和专工通过会议交流的形式提供的设备使用经验，如平均寿命、家族性缺陷和常见故障等。

根据不同的设备种类，建立 CBRM 评估模型所需要的数据也稍有区别，例如电抗器运行数据不需要主变的负载率，却需要运行油温数据等。项目实施中所获取的信息量越大、越全面、越准确，则模型计算出的评价结果也就越准确。

4. 评估的内容和方法

（1）主要内容。

CBRM 的建立和研究，包括设备资产状态和风险评估方法、辅助决策方法及相关软件系统的研究与开发等几个部分，因此项目主要内容包括以下方面。

① 状态评估。

➢ 评估过程。

CBRM 风险防范管理体系的状态评估过程具体可以分为以下四个步骤：

a. 收集所需的数据资料，制定参数量化标准，建立健康指数评估模型。

b. 校正健康指数计算结果，利用当前实际故障发生概率与理论故障发生概率相匹配的原则，校准设备故障发生概率计算模型，计算设备故障发生概率。

c. 依据设备老化原理，建立设备状态随时间变化的数学模型，评估设备未来健康状态及故障发生概率。

d. 根据已定的大修技改方案，模拟评估其对设备健康状态和故障发生概率的影响效果。

➢ 评估结果。

针对单个设备，可以得到以下结果：

a. 当前和未来的健康指数（HI）。

b. 当前和未来的故障发生概率（POF）。

c. 设备的剩余使用寿命（EOL）。

针对由同类设备构成的设备组，可以得到以下结果：

a. 设备组当前、未来健康指数柱状图。

b. 已定大修技改模拟措施后未来的健康指数柱状图。

c. 设备组未来故障发生概率及其变化趋势。

② 风险评估。

➢ 风险的定义。

电力系统中的风险是指系统发生事故并造成的损失的期望值，为了衡量事故所造成的后果，需要以下信息：

a. 确定所有在电网中由设备故障所可能引发的事件（故障或事故）。

b. 确定事故发生的可能性。

c. 评估由事故所引起的后果。

在 CBRM 中，依据电网故障或事故所造成后果的不同，结合云南电网实际情况评估各个方面的风险，包括以下四个典型的风险单元：

a. 电网性能。从电网故障或事故对电网供电持续性和负荷损失数影响的角度来衡量事件的后果。

b. 修复成本。从电网发生故障后修复该故障所需投入的资金量进行考虑，具体包括修复故障时所需的设备成本和人工成本。

c. 人身安全。从人身安全的角度出发，评估发生故障或事故后可能造成的人身伤亡事故。

d. 环境影响。从电网发生故障或事故后对环境可能造成的各方面影响角度出发，评估可能造成的各类损失，如油泄漏、SF6 气体泄漏、火灾事故、产生固体垃圾及其他环境干扰等。

➢ 评估过程。

CBRM 整个风险评估过程具体可以分为以下四个步骤：

a. 定义和量化故障后果。构建一个统一量化标准，对电网性能、修复成本、人身安全及环境影响等风险单元的风险后果进行定义和量化。

b. 建立风险模型。结合设备的故障发生概率和故障后果对风险单元进行量化。每一类风险单元与有形的资产参量（如货币单位）相结合，设备的总风险为各类子风险之和。

c. 依据设备老化原理，建立风险随时间变化的数学模型，评估其未来风险变化趋势。

d. 根据已定的大修技改方案，模拟评估其对未来风险值的影响。

➢ 评估结果。

风险评估可以得到以下评估结果：

a. 单个设备当前、未来风险值及其风险变化趋势。

b. 设备组在已定技改措施下的未来风险变化情况。

c. 净现值（Net Present Value，NPV）计算。

③ 净现值的定义。

NPV 是指在项目计算期内，按行业基准折现率或其他设定的折现率计算的各年净现金流量现值的代数和。净现值是指投资方案所产生的现金净流量以资金成本为贴现率折现之后与原始投资额现值的差额。

④ 计算过程。

风险被定义和量化成货币值后，各种不同的投资方案的优劣可以根据净现值的原理进行分析，通过考虑投资费用和风险变化的现值来制订更换计划。其计算过程如下：

a. 投资费用。按一定的折现率对未来的更换费用进行计算，而得出未来任何年的现值，即投资现值。

b. 累积风险。风险下降幅度是指某设备在未来某年风险与一台全新设备的风险的差值，然后把未来 t 年间的每一年的风险下降幅度按照一定的折现率折算后累加则得出累积风险。

c. 总成本。总成本由所需的投资费用和累积风险相加而得出。可以通过曲线的最低点来判断出哪一年为最佳更换年限。

⑤ 预期结果。

通过净现值的计算可以得到：

a. 每台设备的投资风险曲线。

b. 每台设备的建议最佳更换时间。

c. 未来每年设备的更换数量及分布图。

（2）资产管理辅助决策方法的建立。

资产管理辅助决策主要包括检修工作建议的辅助决策和技改规划建议的辅助决策。

① 对检修工作建议的辅助决策。

对检修工作建议的辅助决策主要包括建议检修范围、建议检修顺序、建议检修程度和资金需求四个步骤。

a. 建议检修范围。

目的：根据 CBRM 评估结果，给出需要检修的设备对象，即检修范围。

方案一：依据健康指数和风险阈值选取检修对象。

方案二：同时考虑设备评估结果和中间环节的特征参数来选取检修对象。

b. 建议检修顺序。

目的：当根据前述方法挑选出来的对象数量较多时，由于受检修资源（人力、财力和物力）的限制，有时需要对检修顺序进行排序，优先检修部分设备。

方案：根据风险和故障发生概率来决定检修顺序。

c. 建议检修程度。

目的：根据 CBRM 评估结果，给出设备所需检修程度的建议（小修、大修、技术改造或更换）。

方案：参数展开法，即根据评估过程中的子参数、评估结果及设备实际使用年限共同决定。

d. 资金需求。

目的：根据检修计划（检修对象及检修程度）计算所需投入的资金量。

方案：基于对以往检修历史的统计，根据每类设备执行不同检修程度所需的平均费用，设定各类设备实施不同程度检修所需的资金，并综合检修计划中的检修数量和检修程度计算得出该计划所需的资金总量。

② 对技改规划建议的辅助决策。

CBRM 对设备未来状态变化情况的预测计算可以有效地分析技改规划方案实施后的效果，也可以根据电力公司的要求，通过适当调整辅助决策分析计算中的参数，计算规划方案的资金投入和方案实施后预期的风险下降幅度，为优化的技改方案的制订给出建议。

CBRM 可实现当存在多个可行方案同时满足客户在技术指标方面的要求时，分析在不同的投资方案下电网设备状态性能指标的改善程度，为决策者在设备可靠性和资金投入之间找到平衡点提供科学依据。

a. 已有规划方案的评价。

模拟方案实施下，每年每台设备状态、风险情况。

计算每年的资金需求。

计算投入产出比。

b. 优化规划建议。

净现值（NPV）法。

根据未来每年的设备状态和风险预测计算结果，按照检修建议方案计算需要大修和更换的设备。

5. CBRM 软件系统

CBRM 软件系统将与云南电网公司技术监督数据管理平台对接，实现基础数据的自动获取、自动计算和结果的自动反馈，并可自动探测数据更新，从而实时更新计算结果。CBRM 软件系统框架如图 5.9 所示。

（1）评估方法。

基于电网状态评估的风险防范管理体系（CBRM）以当前所有可利用的设备信息为基础，结合设备现场实际运行工况，为其所辖电网中设备目前和未来的状态、性能和风险提供简洁、准确的评估。“基于电网状态评估的风险防范管理体系研究”项目的实施过程中，为了能够对设备的状态、性能和风险做出准确的评估，项目组首先对各类设备的状况进行了解，包括制造工艺、设计原理、质量、生产厂家以及在当地运行条件下老化和故障的情况；其次是对现有的用于设备评估的可用信息进行收集和鉴别。另外，项目组就各类设备实际运行和维护经验进行了细致的讨论，包括设备原始规格和质量、巡检和测试项目、运行状况、处理一般故障的经验、环境的状况和老化的过程，这些内容对于鉴别和判定可用信息的有效性提供了依据。

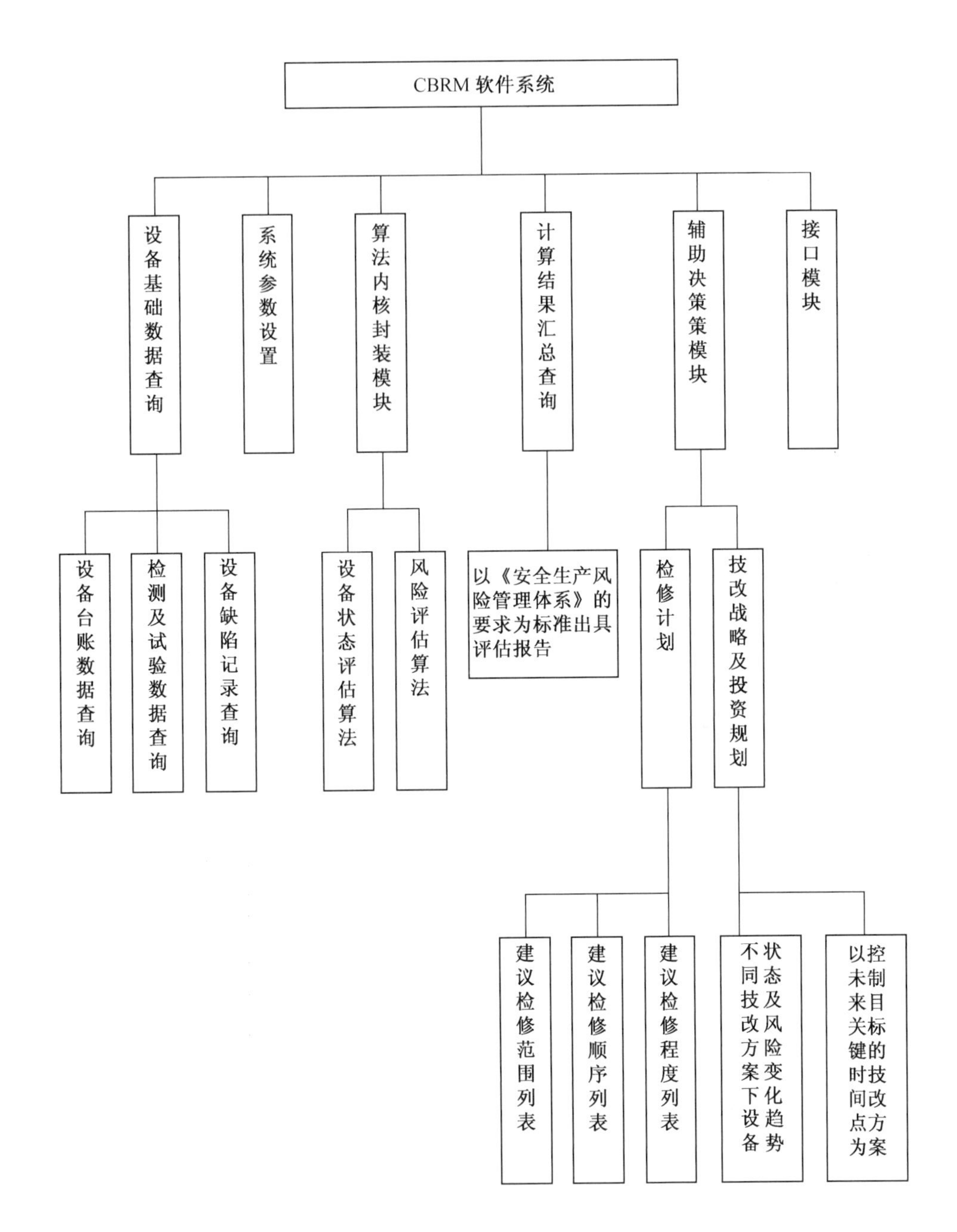

图 5.9　CBRM 软件系统结构框架

（2）风险防范管理体系输出项。

① 输出方式。

CBRM 软件系统将与云南电网公司“技术监督数据管理平台”对接，CBRM 软件系统所需的基础数据将从“技术监督数据管理平台”中直接获取，输出结果也将直接发布到“技术监督数据管理平台”，与其他生产、技术和管理等方面的数据一起为管理层提供决策依据。

② 设备状态评估输出项。

设备状态评估的输出项包括针对单台设备的输出项和针对设备组的输出项。

➢ 针对单台设备的输出项。

a. 当前和未来的健康指数（HI）（0～10 之间）。

b. 当前和未来的故障发生概率（POF）。

c. 设备的剩余使用寿命（EOL）。

➢ 针对设备组的输出项。

a. 设备组当前、未来健康指数柱状图。

b. 模拟已定大修技改措施后未来健康指数柱状图。

c. 设备组未来故障发生概率及其变化趋势。

➢ 风险评估输出项。

a. 单个设备当前、未来风险值及其风险变化趋势。

b. 设备组在已定技改措施下的未来风险变化情况。

➢ 资产管理辅助决策功能输出项。

a. 待检修设备列表。

b. 设备检修顺序表。

c. 设备检修程度表。

d. 资金需求表。

e. 每年建议更换的设备数量分布图。

f. 不同技改方案下的设备状态变化趋势。

6. 辅助决策

通过对 CBRM 计算结果的分析，辅助企业管理层、决策层从宏观层面直观地掌握电网设备在当前和未来的整体情况，分析应该采取的措施；对技改方案的实施效果（如方案实施后的电网整体风险值和故障发生概率变化情况等）进行评估和比较，为企业制订最优化的技改战略提供科学依据。

（1）对检修工作的辅助决策分析。

对检修工作的辅助决策分析包括四个方面：对检修范围的分析、对检修顺序的分析、对检修程度的分析及对检修资金需求的分析。

➢ 变压器。

● 建议检修范围。

① 健康指数选取法。

根据健康指数的物理意义，设置 HI=4 和 HI=7 两个阈值，以此作为检索检修对象的判据。即：

a. 健康指数为 0～4——可以降低关注程度的设备。

b. 健康指数为 4～7——加强关注但不列入检修计划的设备。

c. 健康指数大于 7——需要列入检修计划的设备。

② 风险值选取法。

由于风险的概念是相对的，比如说某一台断路器的风险很高，其参照物是同一电压等级的其他断路器，而如果与同一电压等级或更高电压等级的变压器相比，即使变压器的健康状态比断路器好很多，其风险值仍然可能比断路器高。因此，在利用风险值选取检修对象的时候，使用的是组合判断方式，具体判据如下：

a. 风险值大于某一设定阈值 $Risk_c$ 的设备。

b. 风险值排在前 N 位的设备（N 为人为初始设定值，比如“10”等）。

c. 以同组设备最大风险值为参考点，设为 $Risk_{max}$，选取设备风险值 $Risk > 0.8Risk_{max}$ 的设备。

③ 依据评估结果和中间环节选择的设备。

a. 子健康指数 HI_{2a}、HI_{2b} 和 HI_{2c} 超过某一阈值的设备。

根据 CBRM 的计算原理，如果这三个子健康指数超过某一特定阈值，则说明设备的油试验存在明显且较为严重的不合格项目（针对充油设备）。判断条件如下所示：

$HI_{2a}>3$ 且 $f_1>0.7$，油色谱偏高，且呈显著增长趋势；

$HI_{2a}>3$ 且 $f_1<0.7$、$f_2=1$（f_1 为油色谱变化趋势；f_2 为是否有安装在线监测装置系数），油色谱偏高，保持稳定，但没有安装在线监测装置；

$HI_{2b}>0.8$，根据国家电网有限责任公司技术导则对 500 kV 变压器微水、酸值和击穿电压设定的注意值/警示值来确定；

$HI_{2c}>0.6$，油中糠醛含量严重超标，表明绝缘油老化严重。

b. 修正系数 f_P、f_C 和 f_H 等修正系数超过某一阈值的设备。

根据 CBRM 的计算原理，如果修正系数超过某一特定阈值，则说明设备存在诸如多项预防性试验不合格、外观状态非常差或存在影响设备安全运行的缺陷等。判断条件如下所示：

$f_C>1.2$，外观状况恶化，存在一个或多个部件锈蚀现象，或者出现渗漏油现象；

$f_P>1.2$，存在多项预防性试验项目不合格；

$f_H>1.2$，存在影响设备安全运行的故障；

$f_D>1.2$，存在影响设备安全运行的缺陷；

$f_T>1.2$，调压开关存在外观锈蚀或者预防性试验不合格；

$f_B>1.2$，套管存在预防性试验项目不合格。

c. 在检修编制计划时间内，设备未来的健康指数增长过快的设备。

CBRM 对设备未来状况的评估一定程度上反映了设备在未来一定时间内的老化过程，如果设备在未来一定时间内（如 3 年、5 年等）的健康指数或风险增长较快，则说明了该设备在未来几年内呈加速老化或状态急剧恶化的状态。因此，可以根据当前的人力、物力状况决定是否对该设备提前进行检修，以达到减缓其老化或提前消除其状态恶化的效果。判断标准如下：

健康指数增长速率过快，其实是指快于正常速度，即大于理想状态的老化速度。实际设备当前健康指数增长速率为

$$v=(\mathrm{HI}\times e^{B'\times t})'=\mathrm{HI}\times B'\times e^{B'\times t_0} \tag{5.1}$$

由于 $t_0 = 0$，于是 $v = \mathrm{HI} \times B'$，式中 HI 为当前健康指数，是老化健康指数与油试验健康指数的综合。

设备理论健康指数增长速率为

$$v_0 = (0.5 \times \mathrm{e}^{B \times t})' = 0.5 \times \mathrm{e}^{B \times t_1} \times B \tag{5.2}$$

式中，t_1 为设备投运至今的年限。

可以认为，设备健康指数增长率既然已经大到需要进行检修，该增长率应与设备理论老化到设计寿命终点时的增长率相近，即 $v > v_0$，即

$$\mathrm{HI} \times B' > 0.5 \times \mathrm{e}^{30B} \times B = 5.5B = 5.5 \times \frac{\ln \frac{5.5}{0.5}}{30} = 0.44 \tag{5.3}$$

亦即 $v>0.44$。

● 检修顺序。

当需要检修的设备数量较多，而根据现有检修资源无法及时安排检修时，可以根据设备的 CBRM 评估结果，以风险值 Risk 和健康指数 HI 为依据，结合检修范围，把需要检修的设备分为五档，具体如下：

第一档为 HI>7 且 Risk>0.8Risk_{max} 的设备，它们是高风险、高故障发生概率的设备，因此这部分设备的优先级最高；

第二档为 7≥HI>4 且 Risk>0.8Risk_{max} 的设备，它们是高风险、低故障发生概率的设备（相对于第一档的设备），虽然这部分设备的故障发生概率相对较低，但由于设备价值较高或故障后果较为严重，因此其优先级仅次于第一档设备，属次优先级设备；

第三档为 HI>7 且 Risk>0.8Risk_{max} 的设备，它们是低风险、高故障发生概率的设备（相对于第一档的设备），虽然这部分设备的故障发生概率较高，但由于其设备价值较低或故障后果不是很严重，优先级别要略低于第二档的设备；

第四档为根据油试验结果选入检修范围的设备，比如油色谱较高可能内部存在故障的设备，但这类设备比较不容易发生故障，因此其优先级别略低于第三档的设备；

第五档为 f_1>1.2 的设备，即根据外观、预防性试验、缺陷等来进行判断，对相应部分进行处理，因此这一部分的优先级别最低。

其检修的优先顺序为：第一档→第二档→第三档→第四档→第五档。

● 检修程度。

对于每一台设备，CBRM 可以根据评估信息和计算结果给出设备所需检修程度的建议（小修、大修、技术改造或更换）。

① 对于 HI>7 且运行年限>$0.8T_{EXP}$（T_{EXP} 为设备的平均使用寿命）的设备，建议予以更换。

HI>7 且运行年限>$0.8T_{EXP}$，说明设备投运时间已超过或接近其设计使用寿命，而评估结果也表明设备确实处于严重老化状态，应当在适当的时候安排对设备进行更换。

② 对于 HI>7 但运行年限<$0.8T_{EXP}$ 的设备，建议予以大修或进行必要的技术改造。

HI>7 但运行年限<$0.8T_{EXP}$，说明设备的投运时间虽未达到其设计的使用年限，但评估结果表明其老化过程比较严重，这时一般存在某一项或多项导致设备加速老化的因素，如变压器的重负荷、重要试验项目不合格等。因此，需要对设备进行相应的大修或技术改造，以减缓设备的老化过程，延长设备使用寿命。

③ 根据设备评估过程中的中间参量，建议予以大修或小修。

对于这一类设备，其入选检修范围的原因一般为“检修范围的确定”中的方案二所述的一些中间量，概括起来有：风险值偏高，子健康指数 HI_{2a}、HI_{2b} 和 HI_{2c} 偏高，f_P、f_C、f_H 等修正系数偏高及 HI 增长率偏高等。因此，需要对设备进行相应的检修、技术改造或大修，以减缓设备的老化过程，延长设备使用寿命。判断条件如下所示：

$HI_{2a}>3$ 且 $f_1>0.7$，油色谱偏高，且呈显著增长趋势，建议予以大修；

$HI_{2a}>3$ 且 $f_1<0.7$ 且 $f_2=1$，油色谱偏高，保持稳定，但没有安装在线监测装置，建议予以大修；

$HI_{2b}>0.8$，意味着微水、酸值和击穿电压至少有一项不合格，按照国家电网有限责任公司技术导则要求，应进行油处理或换油，建议予以大修；

$HI_{2c}>0.6$，油中糠醛含量严重超标，绝缘油老化严重，建议予以大修；

$f_1>1.2$，外观、预防性试验等修正系数超过 1.2，说明设备存在锈蚀或者渗漏油、预防性试验不合格等情况，建议予以小修；

v>0.44，健康指数增长速率超过该值，则根据实际情况予以大修或小修。

● 资金需求。

根据以往设备大修技改的财务信息，统计每类设备执行不同检修程度所需的平均费用，依此设定各类设备不同检修程度所需的资金。

➢ 电抗器。

● 建议检修范围。

① 健康指数选取法。

根据健康指数的物理意义，设置 HI=4 和 HI=7 两个阈值，以此作为检索检修对象的判据。即：

a. 健康指数为 0～4——可以降低关注程度的设备。

b. 健康指数为 4～7——加强关注但不列入检修计划的设备。

c. 健康指数大于 7——需要列入检修计划的设备。

② 风险值选取法。

由于风险的概念是相对的，比如说某一台断路器的风险很高，其参照物是同一电压等级的其他断路器，而如果与同一电压等级或更高电压等级的电抗器相比，即使电抗器的健康状态比断路器好很多，其风险值仍然可能比断路器高。因此，在利用风险值选取检修对象的时候，使用的是组合判断方式，具体判据如下：

a. 风险值大于某一设定阈值 $Risk_c$ 的设备。

b. 风险值排在前 N 位的设备（N 为人为初始设定值，比如“10”等）。

c. 以同组设备最大风险值为参考点，设为 $Risk_{max}$，选取设备风险值 $Risk > 0.8Risk_{max}$ 的设备。

③ 依据评估结果和中间环节选择的设备。

a. 子健康指数 HI_{2a}、HI_{2b} 和 HI_{2c} 超过某一阈值的设备。

根据 CBRM 的计算原理，如果这三个子健康指数超过某一特定阈值，则说明设备的油试验存在明显且较为严重的不合格项目（针对充油设备）。判断条件如下所示：

$HI_{2a} > 3$ 且 $f_1 > 0.7$，油色谱偏高，且呈显著增长趋势；

$HI_{2a} > 3$ 且 $f_1 < 0.7$、$f_2 = 1$，油色谱偏高，保持稳定，但没有安装在线监测装置；

$HI_{2b} > 0.8$，根据国家电网有限责任公司技术导则对 500 kV 变压器微水、酸值和击穿电压设定的注意值/警示值来确定；

$HI_{2c}>0.6$，油中糠醛含量严重超标，表明绝缘油老化严重。

b. 修正系数f_P、f_C、f_H等修正系数超过某一阈值的设备。

根据CBRM的计算原理，如果修正系数超过某一特定阈值，则说明设备存在诸如多项预防性试验不合格、外观状态非常差或存在影响设备安全运行的缺陷等。判断条件如下所示：

$f_C>1.2$，外观状况恶化，存在一个或多个部件锈蚀、出现渗漏油或者异响现象；

$f_P>1.2$，存在多项预防性试验项目不合格；

$f_H>1.2$，存在影响设备安全运行的故障；

$f_D>1.2$，存在影响设备安全运行的缺陷；

$f_B>1.2$，套管存在预防性试验项目不合格。

c. 在检修编制计划时间内，设备未来的健康指数增长过快的设备。

CBRM对设备未来状况的评估一定程度上反映了设备在未来一定时间内的老化过程，如果设备在未来一定时间内（如3年、5年等）的健康指数或风险增长较快，则说明了该设备在未来几年内呈加速老化或状态急剧恶化的状态。因此，可以根据当前的人力、物力状况决定是否对该设备提前进行检修，以达到减缓其老化或提前消除其状态恶化的效果。判断标准如下：

健康指数增长速率过快，其实是指快于正常速度，即大于理想状态的老化速度。实际设备当前健康指数增长速率为

$$v=(\mathrm{HI}\times \mathrm{e}^{B'\times t})'=\mathrm{HI}\times B'\times \mathrm{e}^{B'\times t_0} \tag{5.4}$$

由于$t_0=0$，于是$v=\mathrm{HI}\times B'$，式中HI为当前健康指数，是老化健康指数与油试验健康指数的综合。

设备理论健康指数增长速率为

$$v_0=(0.5\times \mathrm{e}^{B\times t})'=0.5\times \mathrm{e}^{B\times t_1}\times B \tag{5.5}$$

式中，t_1为设备投运至今的年限。

可以认为，设备健康指数增长率既然已经大到需要进行检修，该增长率应与设备理论老化到设计寿命终点时的增长率相近，即$v>v_0$，即

$$\mathrm{HI}\times B' > 0.5\times \mathrm{e}^{30B}\times B = 5.5B = 5.5\times \frac{\ln\frac{5.5}{0.5}}{30} = 0.44 \tag{5.6}$$

亦即 v >0.44。

● 检修顺序。

当需要检修的设备数量较多，而根据现有检修资源无法及时安排检修时，可以根据设备的 CBRM 评估结果，以风险值 Risk 和健康指数 HI 为依据，结合检修范围，把需要检修的设备分为五档，具体如下：

第一档为 HI > 7 且 Risk > 0.8$\mathrm{Risk}_{\max}$ 的设备，它们是高风险、高故障发生概率的设备，因此这部分设备的优先级最高；

第二档为 7≥HI >4 且 Risk > 0.8$\mathrm{Risk}_{\max}$ 的设备，它们是高风险、低故障发生概率的设备（相对于第一档的设备），虽然这部分设备的故障发生概率相对较低，但由于设备价值较高或故障后果较为严重，因此其优先级仅次于第一档设备，属次优先级设备；

第三档为 HI > 7 且 Risk > 0.8$\mathrm{Risk}_{\max}$ 的设备，它们是低风险、高故障发生概率的设备（相对于第一档的设备），虽然这部分设备的故障发生概率较高，但由于其设备价值较低或故障后果不是很严重，相对的优先级别要略低于第二档的设备；

第四档为根据油试验结果选入检修范围的设备，比如油色谱较高可能内部存在故障的设备，但这类设备比较不容易发生故障，因此其优先级别略低于第三档的设备；

第五档为 f_1 >1.2 的设备，即根据外观、预防性试验、缺陷等来进行判断，对相应部分进行处理，因此这一部分的优先级别最低。

其检修的优先顺序为：第一档→第二档→第三档→第四档→第五档。

● 检修程度。

对于每一台设备，CBRM 可以根据评估信息和计算结果给出设备所需检修程度的建议（小修、大修、技术改造或更换）。

① 对于 HI > 7 且运行年限>0.8T_{EXP}（T_{EXP} 为设备的平均使用寿命）的设备，建议予以更换。

HI > 7 且运行年限>0.8T_{EXP}，说明设备投运时间已超过或接近其设计使用寿命，而评估结果也表明设备确实处于严重老化状态，应当在适当的时候安排对设备进行更换。

② 对于 HI > 7 但运行年限<$0.8T_{EXP}$的设备，建议予以大修或进行必要的技术改造。

HI > 7 但运行年限<$0.8T_{EXP}$，说明设备的投运时间虽未达到其设计的使用年限，但评估结果表明其老化过程比较严重，这时一般存在某一项或多项导致设备加速老化的因素，如重要试验项目不合格等。因此，需要对设备进行相应的大修或技术改造，以减缓设备的老化过程，延长设备使用寿命。

③ 根据设备评估过程中的中间参量，建议予以大修或小修。

对于这一类设备，其入选检修范围的原因一般为“检修范围的确定”中的方案二所述的一些中间量，概括起来有：风险值偏高，子健康指数 HI_{2a}、HI_{2b}和 HI_{2c}偏高，f_P、f_C和f_H等修正系数偏高及 HI 增长率偏高等。因此，需要对设备进行相应的检修、技术改造或大修，以减缓设备的老化过程，延长设备使用寿命。判断条件如下所示：

HI_{2a} >3 且 $f_1 > 0.7$，油色谱偏高，且呈显著增长趋势，建议予以大修；

HI_{2a} >3 且 $f_1 < 0.7$ 且 $f_2 = 1$，油色谱偏高，保持稳定，但没有安装在线监测装置，建议予以大修；

HI_{2b}>0.8，意味着微水、酸值和击穿电压至少有一项不合格，按照国家电网有限责任公司技术导则要求，应进行油处理或换油，建议予以大修；

HI_{2c}>0.6，油中糠醛含量严重超标，绝缘油老化严重，建议予以大修；

f_1>1.2，外观、预防性试验等修正系数超过 1.2，说明设备存在锈蚀或者渗漏油、预防性试验不合格等情况，建议予以小修；

v >0.44，健康指数增长速率超过该值，则根据实际情况予以大修或小修。

● 资金需求。

根据以往设备大修技改的财务信息，统计每类设备执行不同检修程度所需的平均费用，依此设定各类设备不同检修程度的所需资金。

➢ 断路器。

● 建议检修范围。

① 健康指数选取法。

根据健康指数的物理意义，设置 HI=4 和 HI=7 两个阈值，以此作为检索检修对象的判据。即：

a. 健康指数为 0～4——可以降低关注程度的设备。

b. 健康指数为 4～7——加强关注但不列入检修计划的设备。

c. 健康指数大于 7——需要列入检修计划的设备。

② 风险值选取法。

由于断路器存在拒动，因此其风险相对来说是比较高的，在计算风险的时候已经把拒动考虑进去了，故根据风险值选取检修对象的时候，仍然采用组合判断方式，具体判据如下：

a. 风险值大于某一设定阈值 $Risk_c$ 的设备。

b. 风险值排在前 N 位的设备（N 为人为初始设定值，比如“10”等）。

c. 以同组设备最大风险值为参考点，设为 $Risk_{max}$，选取设备风险值 $Risk > 0.8Risk_{max}$ 的设备。

③ 依据评估结果和中间环节选择的设备。

a. f_P、f_C、f_H 等修正系数超过某一阈值的设备。

根据 CBRM 的计算原理，如果修正系数超过某一特定阈值，则说明设备存在诸如多项预防性试验不合格、外观状态非常差或存在影响设备安全运行的缺陷等。判断条件如下所示：

$f_C > 1.2$，外观状况恶化，存在一个或多个部件锈蚀现象；

$f_P > 1.2$，存在多项预防性试验项目不合格；

$f_H > 1.2$，存在影响设备安全运行的故障；

$f_D > 1.2$，存在影响设备安全运行的缺陷；

$f_{trip} > 1.1$，平均每年的故障跳闸次数超过 1，该类设备需增加关注度而不需列入检修范围内。

b. 在检修编制计划时间内，设备未来的健康指数增长过快的设备。

CBRM 对设备未来状况的评估一定程度上反映了设备在未来一定时间内的老化过程，如果设备在未来一定时间内（如 3 年、5 年等）的健康指数或风险增长较快，则说明了该设备在未来几年内呈加速老化或状态急剧恶化的状态。因此，可以根据

当前的人力、物力状况决定是否对该设备提前进行检修，以达到减缓其老化或提前消除其状态恶化的效果。判断标准如下：

健康指数增长速率过快，其实是指快于正常速度，即大于理想状态的老化速度。实际设备当前健康指数增长速率为

$$v=(\mathrm{HI}\times \mathrm{e}^{B'\times t})'=\mathrm{HI}\times B'\times \mathrm{e}^{B'\times t_0} \tag{5.7}$$

由于 $t_0=0$，于是 $v=\mathrm{HI}\times B'$，式中 HI 为当前健康指数，是老化健康指数与油试验健康指数的综合。

设备理论健康指数增长速率为

$$v_0=(0.5\times \mathrm{e}^{B\times t})'=0.5\times \mathrm{e}^{B\times t_1}\times B \tag{5.8}$$

式中，t_1 为设备投运至今的年限。

可以认为，设备健康指数增长率既然已经大到需要进行检修，该增长率应与设备理论老化到设计寿命终点时的增长率相近，即 $v>v_0$，即

$$\mathrm{HI}\times B'>0.5\times \mathrm{e}^{30B}\times B=5.5B=5.5\times \frac{\ln\frac{5.5}{0.5}}{30}=0.44 \tag{5.9}$$

亦即 $v>0.44$。

● 检修顺序。

当需要检修的设备数量较多，而根据现有检修资源无法及时安排检修时，可以根据设备的 CBRM 评估结果，以风险值 Risk 和健康指数 HI 为依据，结合检修范围，把需要检修的设备分为四档，具体如下：

第一档为 $\mathrm{HI}>7$ 且 $\mathrm{Risk}>0.8\mathrm{Risk}_{max}$ 的设备，它们是高风险、高故障发生概率的设备，因此这部分设备的优先级最高；

第二档为 $7\geqslant\mathrm{HI}>4$ 且 $\mathrm{Risk}>0.8\mathrm{Risk}_{max}$ 的设备，它们是高风险、低故障发生概率的设备（相对于第一档的设备），虽然这部分设备的故障发生概率相对较低，但由于设备价值较高或故障后果较为严重，因此其优先级仅次于第一档设备，属次优先级设备；

第三档为 HI > 7 且 Risk < 0.8$Risk_{max}$ 的设备，它们是低风险、高故障发生概率的设备（相对于第一档的设备），虽然这部分设备的故障发生概率较高，但由于其设备价值较低或故障后果不是很严重，相对的优先级别要略低于第二档的设备；

第四档为 f_I >1.2 的设备，即根据外观、预防性试验、缺陷等来进行判断，对相应部分进行处理，因此这一部分的优先级别最低。

其检修的优先顺序为：第一档→第二档→第三档→第四档。

● 检修程度。

对于每一台设备，CBRM 可以根据评估信息和计算结果给出设备所需检修程度的建议（小修、大修、技术改造或更换）。

① 对于 HI > 7 且运行年限>0.8T_{EXP}（T_{EXP} 为设备的平均使用寿命）的设备，建议予以更换。

HI > 7 且运行年限>0.8T_{EXP}，说明设备投运时间已超过或接近其设计使用寿命，而评估结果也表明设备确实处于严重老化状态，应当在适当的时候安排对设备进行更换。

② 对于 HI > 7 但运行年限<0.8T_{EXP} 的设备，建议予以大修或进行必要的技术改造。

HI > 7 但运行年限<0.8T_{EXP}，说明设备的投运时间虽未达到其设计使用年限，但评估结果表明其老化过程比较严重，这时一般存在某一项或多项导致设备加速老化的因素，如重要试验项目不合格等。因此，需要对设备进行相应的大修或技术改造，以减缓设备的老化过程，延长设备使用寿命。

③ 根据设备评估过程中的中间参量，建议予以大修或小修。

对于这一类设备，其入选检修范围的原因一般为“检修范围的确定”中的方案二所述的一些中间量，概括起来有：风险值偏高，f_P、f_C、f_H 等修正系数偏高及 HI 增长率偏高等。因此，需要对设备进行相应的检修、技术改造或大修，以减缓设备的老化过程，延长设备使用寿命。判断条件如下所示：

f_I>1.2，外观、预防性试验等修正系数超过 1.2，说明设备存在锈蚀或者渗漏油、预防性试验不合格等情况，建议予以小修；

v >0.44，健康指数增长速率超过该值，则根据实际情况予以大修或小修。

● 资金需求。

根据以往设备大修技改的财务信息，统计每类设备执行不同检修程度所需的平均费用，依此设定各类设备不同检修程度的所需资金。

➢ 电流互感器。

● 建议检修范围。

① 健康指数选取法。

根据健康指数的物理意义，设置 HI=4 和 HI=7 两个阈值，以此作为检索检修对象的判据。即：

a. 健康指数为 0～4——可以降低关注程度的设备。

b. 健康指数为 4～7——加强关注但不列入检修计划的设备。

c. 健康指数大于 7——需要列入检修计划的设备。

② 风险值选取法。

由于风险的概念是相对的，因此，在利用风险值选取检修对象的时候，使用的是组合判断方式，具体判据如下：

a. 风险值大于某一设定阈值 $Risk_c$ 的设备。

b. 风险值排在前 N 位的设备（N 为人为初始设定值，比如“10”等）。

c. 以同组设备最大风险值为参考点，设为 $Risk_{max}$，选取设备风险值 $Risk > 0.8Risk_{max}$ 的设备。

③ 依据评估结果和中间环节选择的设备。

a. f_P、f_C、f_H 等修正系数超过某一阈值的设备。

根据 CBRM 的计算原理，如果修正系数超过某一特定阈值，则说明设备存在诸如多项预防性试验不合格、外观状态非常差或存在影响设备安全运行的缺陷等。判断条件如下所示：

$f_C > 1.2$，外观状况恶化，存在一个或多个部件锈蚀、气体泄漏等现象；

$f_P > 1.2$，存在多项预防性试验项目不合格；

$f_H > 1.2$，存在影响设备安全运行的故障；

$f_D > 1.2$，存在影响设备安全运行的缺陷。

b. 在检修编制计划时间内，设备未来的健康指数增长过快的设备。

CBRM 对设备未来状况的评估一定程度上反映了设备在未来一定时间内的老化过程，如果设备在未来一定时间内（如 3 年、5 年等）的健康指数或风险增长较快，则说明了该设备在未来几年内呈加速老化或状态急剧恶化的状态。因此，可以根据

当前的人力、物力状况决定是否对该设备提前进行检修，以达到减缓其老化或提前消除其状态恶化的效果。判断标准如下：

健康指数增长速率过快，其实是指快于正常速度，即大于理想状态的老化速度。实际设备当前健康指数增长速率为

$$v = (\mathrm{HI} \times \mathrm{e}^{B' \times t})' = \mathrm{HI} \times B' \times \mathrm{e}^{B' \times t_0} \tag{5.10}$$

由于 $t_0 = 0$，于是 $v = \mathrm{HI} \times B'$，式中 HI 为当前健康指数，是老化健康指数与油试验健康指数的综合。

设备理论健康指数增长速率为

$$v_0 = (0.5 \times \mathrm{e}^{B \times t})' = 0.5 \times \mathrm{e}^{B \times t_1} \times B \tag{5.11}$$

式中，t_1 为设备投运至今的年限。

可以认为，设备健康指数增长率既然已经大到需要进行检修，该增长率应与设备理论老化到设计寿命终点时的增长率相近，即 $v > v_0$，即

$$\mathrm{HI} \times B' > 0.5 \times \mathrm{e}^{30B} \times B = 5.5B = 5.5 \times \frac{\ln \frac{5.5}{0.5}}{30} = 0.44 \tag{5.12}$$

亦即 $v > 0.44$。

● 检修顺序。

当需要检修的设备数量较多，而根据现有检修资源无法及时安排检修时，可以根据设备的 CBRM 评估结果，以风险值 Risk 和健康指数 HI 为依据，结合检修范围，把需要检修的设备分为四档，具体如下：

第一档为 $\mathrm{HI} > 7$ 且 $\mathrm{Risk} > 0.8\mathrm{Risk}_{max}$ 的设备，它们是高风险、高故障发生概率的设备，因此这部分设备的优先级最高；

第二档为 $7 \geqslant \mathrm{HI} > 4$ 且 $\mathrm{Risk} > 0.8\mathrm{Risk}_{max}$ 的设备，它们是高风险、低故障发生概率的设备（相对于第一档的设备），虽然这部分设备的故障发生概率相对较低，但由于设备价值较高或故障后果较为严重，因此其优先级仅次于第一档设备，属次优先级设备；

第三档为 $\mathrm{HI} > 7$ 且 $\mathrm{Risk} < 0.8\mathrm{Risk}_{max}$ 的设备，它们是低风险、高故障发生概率的

设备（相对于第一档的设备），虽然这部分设备的故障发生概率较高，但由于其设备价值较低或故障后果不是很严重，相对的优先级别要略低于第二档的设备；

第四档为 f_I >1.2 的设备，即根据外观、预防性试验、缺陷等来进行判断，对相应部分进行处理，因此这一部分的优先级别最低。

其检修的优先顺序为：第一档→第二档→第三档→第四档。

● 检修程度。

对于每一台设备，CBRM 可以根据评估信息和计算结果给出设备所需检修程度的建议（小修、大修、技术改造或更换）。

① 对于 HI > 7 且运行年限>0.8T_{EXP}（T_{EXP}为设备的平均使用寿命）的设备，建议予以更换。

HI > 7 且运行年限>0.8T_{EXP}，说明设备投运时间已超过或接近其设计使用寿命，而评估结果也表明设备确实处于严重老化状态，应当在适当的时候安排对设备进行更换。

② 对于 HI > 7 但运行年限<0.8T_{EXP}的设备，建议予以大修或进行必要的技术改造。

HI > 7 但运行年限<0.8T_{EXP}，说明设备的投运时间虽未达到其设计使用年限，但评估结果表明其老化过程比较严重，这时一般存在某一项或多项导致设备加速老化的因素，如重要试验项目不合格等。因此，需要对设备进行相应的大修或技术改造，以减缓设备的老化过程，延长设备使用寿命。

③ 根据设备评估过程中的中间参量，建议予以大修或小修。

对于这一类设备，其入选检修范围的原因一般为“检修范围的确定”中的方案二所述的一些中间量，概括起来有：风险值偏高，f_P、f_C、f_H 等修正系数偏高及 HI 增长率偏高等。因此，需要对设备进行相应的检修、技术改造或大修，以减缓设备的老化过程，延长设备使用寿命。判断条件如下所示：

f_I>1.2，外观、预防性试验等修正系数超过 1.2，说明设备存在锈蚀或者渗漏油、预防性试验不合格等情况，建议予以小修；

v >0.44，健康指数增长速率超过该值，则根据实际情况予以大修或小修；

f_{trip}>1.1，根据实际情况予以检查或处理。

● 资金需求。

根据以往设备大修技改的财务信息，统计每类设备执行不同检修程度所需的平均费用，依此设定各类设备不同检修程度的所需资金。

➢ 电压互感器。

● 建议检修范围。

① 健康指数选取法。

根据健康指数的物理意义，设置 HI=4 和 HI=7 两个阈值，以此作为检索检修对象的判据。即：

a. 健康指数为 0～4——可以降低关注程度的设备。

b. 健康指数为 4～7——加强关注但不列入检修计划的设备。

c. 健康指数大于 7——需要列入检修计划的设备。

② 风险值选取法。

由于风险的概念是相对的，因此，在利用风险值选取检修对象的时候，使用的是组合判断方式，具体判据如下：

a. 风险值大于某一设定阈值 $Risk_c$ 的设备。

b. 风险值排在前 *N* 位的设备（*N* 为人为初始设定值，比如“10”等）。

c. 以同组设备最大风险值为参考点，设为 $Risk_{max}$，选取设备风险值 $Risk > 0.8Risk_{max}$ 的设备。

③ 依据评估结果和中间环节选择的设备。

a. f_P、f_C、f_H 等修正系数超过某一阈值的设备。

根据 CBRM 的计算原理，如果修正系数超过某一特定阈值，则说明设备存在诸如多项预防性试验不合格、外观状态非常差或存在影响设备安全运行的缺陷等。判断条件如下所示：

$f_C > 1.2$，外观状况恶化，存在一个或多个部件锈蚀、气体泄漏等现象；

$f_P > 1.2$，存在多项预防性试验项目不合格；

$f_H > 1.2$，存在影响设备安全运行的故障；

$f_D > 1.2$，存在影响设备安全运行的缺陷。

b. 在检修编制计划时间内，设备未来的健康指数增长过快的设备。

CBRM 对设备未来状况的评估一定程度上反映了设备在未来一定时间内的老化过程，如果设备在未来一定时间内（如 3 年、5 年等）的健康指数或风险增长较快，则说明了该设备在未来几年内呈加速老化或状态急剧恶化的状态。因此，可以根据

当前的人力、物力状况决定是否对该设备提前进行检修，以达到减缓其老化或提前消除其状态恶化的效果。判断标准如下：

健康指数增长速率过快，其实是指快于正常速度，即大于理想状态的老化速度。实际设备当前健康指数增长速率为

$$v = (\mathrm{HI} \times \mathrm{e}^{B' \times t})' = \mathrm{HI} \times B' \times \mathrm{e}^{B' \times t_0} \tag{5.13}$$

由于 $t_0 = 0$，于是 $v = \mathrm{HI} \times B'$，式中 HI 为当前健康指数，是老化健康指数与油试验健康指数的综合。

设备理论健康指数增长速率为

$$v_0 = (0.5 \times \mathrm{e}^{B \times t})' = 0.5 \times \mathrm{e}^{B \times t_1} \times B \tag{5.14}$$

式中，t_1 为设备投运至今的年限。

可以认为，设备健康指数增长率既然已经大到需要进行检修，该增长率应与设备理论老化到设计寿命终点时的增长率相近，即 $v > v_0$，即

$$\mathrm{HI} \times B' > 0.5 \times \mathrm{e}^{30B} \times B = 5.5B = 5.5 \times \frac{\ln \frac{5.5}{0.5}}{30} = 0.44 \tag{5.15}$$

亦即 $v > 0.44$。

- 检修顺序。

当需要检修的设备数量较多，而根据现有检修资源无法及时安排检修时，可以根据设备的 CBRM 评估结果，以风险值 Risk 和健康指数 HI 为依据，结合检修范围，把需要检修的设备分为四档，具体如下：

第一档为 $\mathrm{HI} > 7$ 且 $\mathrm{Risk} > 0.8\mathrm{Risk}_{max}$ 的设备，它们是高风险、高故障发生概率的设备，因此这部分设备的优先级最高；

第二档为 $7 > \mathrm{HI} > 4$ 且 $\mathrm{Risk} > 0.8\mathrm{Risk}_{max}$ 的设备，它们是高风险、低故障发生概率的设备（相对于第一档的设备），虽然这部分设备的故障发生概率相对较低，但由于设备价值较高或故障后果较为严重，因此其优先级仅次于第一档设备，属次优先级设备；

第三档为 HI > 7 且 Risk < 0.8$Risk_{max}$ 的设备，它们是低风险、高故障发生概率的设备（相对于第一档的设备），虽然这部分设备的故障发生概率较高，但由于其设备价值较低或故障后果不是很严重，相对的优先级别要略低于第二档的设备；

第四档为 f_I >1.2 的设备，即根据外观、预防性试验、缺陷等来进行判断，对相应部分进行处理，因此这一部分的优先级别最低。

其检修的优先顺序为：第一档→第二档→第三档→第四档。

● 检修程度。

对于每一台设备，CBRM 可以根据评估信息和计算结果给出设备所需检修程度的建议（小修、大修、技术改造或更换）。

① 对于 HI > 7 且运行年限>0.8T_{EXP}（T_{EXP} 为设备的平均使用寿命）的设备，建议予以更换。

HI > 7 且运行年限>0.8T_{EXP}，说明设备投运时间已超过或接近其设计使用寿命，而评估结果也表明设备确实处于严重老化状态，应当在适当的时候安排对设备进行更换。

② 对于 HI > 7 但运行年限<0.8T_{EXP} 的设备，建议予以大修或进行必要的技术改造。

HI > 7 但运行年限<0.8T_{EXP}，说明设备的投运时间虽未达到其设计的使用年限，但评估结果表明其老化过程比较严重，这时一般存在某一项或多项导致设备加速老化的因素，如重要试验项目不合格等。因此，需要对设备进行相应的大修或技术改造，以减缓设备的老化过程，延长设备使用寿命。

③ 根据设备评估过程中的中间参量，建议予以大修或小修。

对于这一类设备，其入选检修范围的原因一般为“检修范围的确定”中的方案二所述的一些中间量，概括起来有：风险值偏高，f_P、f_C、f_H 等修正系数偏高及 HI 增长率偏高等。因此，需要对设备进行相应的检修、技术改造或大修，以减缓设备的老化过程，延长设备使用寿命。

f_I>1.2，外观、预防性试验等修正系数超过 1.2，说明设备存在锈蚀或者渗漏油、预防性试验不合格等情况，建议予以小修；

v >0.44，健康指数增长速率超过该值，则根据实际情况予以大修或小修。

● 资金需求。

根据以往设备大修技改的财务信息，统计每类设备执行不同检修程度所需的平均费用，依此设定各类设备不同检修程度的所需资金。

➢ 架空线路。

➢ 杆塔。

● 检修范围。

目的：根据评估结果，给出需要检修的设备对象（或称检修范围）。

由于杆塔状况主要体现在涂层方面的情况，因此，仅从杆塔的状态评估来确定杆塔的检修范围。具体如下：

① 依据健康指数选取。

a. 当杆塔涂层健康指数 $HI_{paint} \geqslant 7$ 时，此时杆塔部件存在严重的生锈现象。

b. 当 $5.5 \leqslant HI_{paint} < 7$ 时，此时杆塔中度生锈，达到其最佳刷漆时间。

c. 当 $4 < HI_{paint} < 5.5$ 时，此时杆塔部件大部分都存在生锈现象，继续发展可能引起更为严重的生锈现象。

d. 当杆塔本体健康指数 $HI_{age} > 7$ 时，虽然杆塔的健康主要取决于其涂层的健康指数，但是如果杆塔本体的健康指数大于 7，表明杆塔的运行年限超过预期使用寿命，并且状态有可能很差，因此需要进一步判断。

② 依据中间计算参数选取。

a. 杆塔倾斜、横担歪斜、混凝土基座及杆塔支架等级为 4。

b. 杆塔状态系数（即杆塔倾斜、横担歪斜、混凝土基座及杆塔支架）$f_{TC}>1$。

c. 缺陷系数 $f_D > 1.1$，表明设备发生多次缺陷，状态较差。

d. 地质系数 $f_{DZ} > 1.05$，表明此时杆塔周围已经发生滑坡或沉降的情况，如果继续发展可能引起杆塔的不稳定。

● 检修顺序。

目的：根据检修范围，罗列检修顺序。

根据杆塔的涂层及本身的健康指数状态来进行相应的排序，具体如下：

第一档：$HI_{paint} \geqslant 7$，这部分杆塔存在严重的生锈现象，需要马上进行处理，因此优先级最高；

第二档：$HI_{age}>7$，且杆塔倾斜、横担歪斜、混凝土基座或杆塔支架等级为 4，这部分的杆塔部件情况已经非常严峻，若继续运行，可能导致严重的故障后果，因此优先级次高；

第三档：$5.5 \leqslant HI_{paint} < 7$，这部分杆塔的涂层生锈严重了，若继续运行，可能导致线路安全问题或者维护成本的提高，但又可以比第一档设备稍微晚一点处理，因此属于次优先级设备；

第四档：f_I 超过阈值的设备，根据状态、雷击、缺陷等进行判断，对相应部位进行处理，故优先级较低；

第五档：$HI_{age}>7$，除去第一档的设备后剩余的部分，这部分杆塔可能是由于运行年限的原因导致的，根据实际经验，其继续运行不会有较大的故障发生，因此优先级低；

第六档：$4 < HI_{paint} < 5.5$，这部分杆塔继续运行，可能其涂层会锈蚀严重，但是目前状态中等，因此优先级低。

● 检修程度。

目的：根据评估结果，给出杆塔的检修程度建议。

a. $HI_{paint} \geqslant 7$，建议对这部分杆塔相关部件进行更换或刷漆处理。

b. $HI_{age}>7$，且杆塔倾斜、横担歪斜、混凝土基座或杆塔支架等级为 4，建议分别对相应部件进行处理，如跟换或加固等。

c. $5.5 \leqslant HI_{paint} < 7$，建议对这部分杆塔进行刷漆。

d. 杆塔状态系数 $f_{TC}>1$，建议对这部分部件进行调整或加固等措施。

e. 地质系数 $f_{DZ}>1.05$，建议对杆塔周围地质进行加固等措施。

f. 缺陷系数 $f_D>1.1$，杆塔发生多次缺陷，状态较差，建议进行加强关注。

g. $HI_{age}>7$，除去第二档的设备后剩余的部分，建议加强关注。

h. $4 < HI_{paint} < 5.5$，建议加强关注。

➢ 架空导线。

● 检修范围。

① 依据健康指数选取。

$HI \geqslant 7$，此时导线老化较为严重，发生缺陷或故障的也较多。

② 依据风险选取。

a. 500 kV。

风险排在前 10 位。

风险值大于某一设定阈值 $Risk_c$ 的设备。

风险的公式为 Risk=POF×COA×COF，其中 COA 为设备相对重要等级，COF 为设备平均故障后果。为了设定风险阈值 $Risk_c$，需要确定故障发生概率的阈值，而为了确定故障发生概率的阈值首先就需设定健康指数的阈值。

除了外力因素的破坏，导线的评估考虑的是其自身的老化情况。当地线老化健康指数 HI_1=5.5 时，此时导线已经达到其理论老化健康指数，老化严重。因此，健康指数的阈值设定为 5.5。

另外，由于各重要等级系数都有进行一个归一化的处理，因此设定各重要等级系数的基准值为 1，500 kV 线路额定容量的计算基准值设为 750.19 MV·A。

表 5.6　风险阈值

容量/MV·A	风险阈值/元
750.19	55.40
636.53	48.05

注：此处计算的风险是指由状态因素引起的风险。

b. 220 kV。

风险排在前 10 位。

风险值大于某一设定阈值 $Risk_c$ 的设备。

具体分析方法同 500 kV。健康指数阈值为 5.5，重要等级的基准值为 1，220 kV 线路的额定容量的计算基准值为 328.66 MV·A。

表 5.7　风险阈值

容量/MV·A	风险阈值/元
328.66	23.32
278.86	20.10
243.01	17.78

c. 110 kV。

风险排在前 10 位。

风险值大于某一设定阈值 $Risk_c$ 的设备。

具体分析方法同 500 kV。健康指数阈值为 5.5，重要等级的基准值为 1，110 kV 线路的额定容量的计算基准值为 121.50 MV·A。

表 5.8　风险阈值

容量/MV·A	风险阈值/元
121.50	9.61
64.74	5.94
74.69	6.58
98.60	8.13
102.58	8.38
139.43	10.77

③ 依据中间环节选取。

a. $HI_1 \geqslant 5.5$，此时导线已处于快速老化阶段。

b. 导线状态系数 $f_{CC} \geqslant 1.1$，导线存在舞动、鞭击及有泡股现象，甚至有断股等不安全因素存在，严重影响线路的安全运行。

c. 是否存在接续管/维修点系数 $f_{JW}=1.4$，表明导线存在接续管或者维修点。

d. 缺陷系数 $f_D > 1.15$，表明设备发生多次缺陷，状态较差。

e. 雷击系数 $f_{LT} > 1.1$，表明导线遭受雷击时间较长。

f. 植被系数 $f_V > 1.1$，表明植被已经生长到危及线路安全运行的高度。

● 检修顺序。

第一档：$HI \geqslant 7$，导线严重老化，发生缺陷或故障的情况也较多，继续运行可能引发严重的故障，因此需要马上进行处理，故优先级最高；

第二档：植被系数 $f_V > 1.1$，此时植被与设备之间的距离小于安全距离，危及线路安全运行，故优先级较高；

第三档：$HI \geqslant 5.5$ 且风险超过风险阈值并排在前 10 位，这部分设备状态较差，并且风险较高，需要优先考虑，故优先级较高；

第四档：HI_1≥5.5，运行年限较长，老化较为严重，故优先级较高；

第五档：f_I超过阈值的设备，根据雷击、缺陷等进行判断，对相应部位进行处理，故优先级最低。

● 检修程度。

目的：根据评估结果，给出检修程度建议。

a. HI≥7，此时导线老化非常严重，建议进行更换。

b. 植被系数f_V > 1.1，此时植被与导线的安全距离不符合《电业安全工作规程 第1部分：热力和机械》（GB 26164.1—2010），危及线路安全运行，因此建议对植被进行砍伐等处理。

c. HI≥5.5且风险超过风险阈值并排在前10位，这部分设备的风险较高，建议加强关注。

d. HI_1≥5.5，此时导线老化严重，建议进行加强关注。

e. f_I超过阈值，主要是指一些修正系数偏高，因此需要对设备进行相应的检修：

导线状态系数f_{CC}≥1.1，导线存在舞动、鞭击、有泡股现象，甚至有断股等不安全因素存在，严重影响线路的安全运行，建议加强关注并做一些适当措施，比如加强杆塔和金具的机械强度或相间绝缘间隔棒等；

是否存在接续管/维修点系数f_{JW} = 1.4，表明导线存在接续管或者维修点，建议加强关注；

缺陷系数 f_D > 1.15，表明设备发生较严重的缺陷或者发生多次缺陷，因此，建议加强关注；

雷击系数f_{LT} > 1.15，表明地线遭受雷击时间较长，状态较差，因此，建议进行跟踪。

➢ 架空地线。

● 检修范围。

① 依据健康指数选取。

HI≥7，此时地线老化较为严重，发生缺陷或故障的也较多。

② 依据风险选取。

a. 500 kV。

风险排在前10位。

风险值大于某一设定阈值 $Risk_c$ 的设备。

风险的公式为 Risk=POF×COA×COF，为了设定风险阈值 $Risk_c$，需要确定故障发生概率的阈值，而为了确定故障发生概率的阈值首先就需设定健康指数的阈值。

除了外力因素的破坏，导线的评估考虑的是其自身的老化情况。当地线老化健康指数 HI_1=5.5 时，此时地线已经达到其理论老化健康指数，老化严重。因此，健康指数的阈值设定为 5.5。

另外，由于各重要等级系数都有进行一个归一化的处理，因此，我们设定各重要等级系数的基准值为 1，500 kV 线路额定容量的计算基准值设为 750.19 MV·A。

表 5.9　风险阈值

容量/MV·A	风险阈值/元
750.19	33.63
636.53	28.74

注：此处计算的风险是指由状态因素引起的风险。

b. 220 kV。

风险排在前 10 位。

风险值大于某一设定阈值 $Risk_c$ 的设备。

具体分析方法同 500 kV。健康指数阈值为 5.5，重要等级的基准值为 1，220 kV 线路的额定容量的计算基准值为 328.66 MV·A。

表 5.10　风险阈值

容量/MV·A	风险阈值/元
328.66	15.14
278.86	13.00
243.01	11.45

c. 110 kV。

风险排在前 10 位。

风险值大于某一设定阈值 $Risk_c$ 的设备。

具体分析方法同 500 kV。健康指数阈值为 5.5，重要等级的基准值为 1，110 kV 线路的额定容量的计算基准值为 121.50 MV·A。

表 5.11 风险阈值

容量/MV·A	风险阈值/元
121.50	6.08
64.74	3.64
74.69	4.07
98.60	5.10
102.58	5.27
139.43	6.86

③ 依据中间环节选取。

a. HI_1≥5.5，此时地线已处于快速老化阶段。

b. 缺陷系数 $f_D > 1.15$，表明设备发生多次缺陷，状态较差。

c. 雷击系数 $f_{LT} > 1.1$，表明地线遭受雷击时间较长。（注：雷击系数是根据遭受雷击的小时数来计算的）。

d. 植被系数 $f_V > 1.1$，表明植被已经生长到危及线路安全运行的高度。

● 检修顺序。

第一档：HI≥7，地线严重老化，发生缺陷或故障的情况也较多，继续运行可能引发严重的故障，因此需要马上进行处理，故优先级最高；

第二档：植被系数 $f_V > 1.1$，此时植被与设备之间的距离小于安全距离，危及线路安全运行，故优先级较高；

第三档：HI≥5.5 且风险超过风险阈值并排在前 10 位，这部分设备状态较差，并且风险较高，需要优先考虑，故优先级较高；

第四档：HI_1≥5.5，地线运行年限较长，老化较为严重，故优先级较高；

第五档：f_1 超过阈值的设备，根据雷击、缺陷等进行判断，对相应部位进行处理，故优先级最低。

● 检修程度。

a. HI≥7，此时地线老化非常严重，建议进行更换。

b. 植被系数 $f_V > 1.1$，此时植被与导线的安全距离不符合 GB 26164.1—2010，危及线路安全运行，因此建议对植被进行砍伐等处理。

c. HI≥5.5 且风险超过风险阈值并排在前 10 位，这部分设备的风险较高，建议加强关注。

d. HI_1≥5.5，此时地线老化严重，建议进行加强关注。

e. f_I 超过阈值，主要是指一些修正系数偏高，因此，需要对设备进行相应的检修：

缺陷系数 $f_D > 1.15$，表明设备发生较严重的缺陷或者发生多次缺陷，因此，建议加强关注；

雷击系数 $f_{LT} > 1.15$，表明地线遭受雷击时间较长，状态较差，因此，建议进行跟踪。

➢ 金具。

● 检修范围。

① 依据健康指数选取。

a. HI≥7.5 时，此时金具存在严重磨损或者损坏等情况，可能引发潜在的故障；

b. 5.5≤HI <7.5 时，此时金具存在严重的生锈或中度磨损等情况。

② 依据风险选取。

a. 500 kV。

风险排在前 10 位。

风险大于某一设定阈值 $Risk_c$ 的设备。

风险的公式为 Risk=POF×COA×COF，为了设定风险阈值 $Risk_c$，需要确定故障发生概率的阈值，而为了确定故障发生概率的阈值首先就需设定健康指数的阈值。

金具主要考虑的是绝缘子电气特性、绝缘子机械特性、招弧角、跳线线夹、防震锤、U 形螺丝、挂环、悬垂线夹和耐张线夹的状况以及本身的老化情况。

当绝缘子电气特性、绝缘子机械特性、招弧角、跳线线夹、防震锤、U 形螺丝、挂环、悬垂线夹和耐张线夹的状况存在等级 3 时，HI（a）=5.5，HI（b）的取值范围为[1.83，7.33]。

另外，HI（c）是根据理论老化原理计算得到的健康指数，因此，当 HI（c）=5.5 时，表明此时金具已经达到了其理论老化健康指数。

通过上面的分析可以得到，此时健康指数的阈值可以设定为 5.5。

另外，由于各重要等级系数都有进行一个归一化的处理，因此，设定各重要等级系数的基准值为 1，500 kV 线路额定容量的计算基准值设为 750.19 MV·A。

表 5.12　风险阈值

容量/MV·A	风险阈值/元
750.19	52.63
636.53	45.29

注：此处计算的风险是指由自身状态因素引起的风险。

b. 220 kV。

风险排在前 10 位。

风险值大于某一设定阈值 $Risk_c$ 的设备。

具体分析方法同 500 kV。健康指数阈值为 5.5，重要等级的基准值为 1，220 kV 线路的额定容量的计算基准值为 328.66 MV·A。

表 5.13　风险阈值

容量/MV·A	风险阈值/元
328.66	22.98
278.86	19.76
243.01	17.44

c. 110 kV。

风险排在前 10 位。

风险值大于某一设定阈值 $Risk_c$ 的设备。

具体分析方法同 500 kV。健康指数阈值为 5.5，重要等级的基准值为 1，110 kV 线路的额定容量的计算基准值为 121.50 MV·A。

表 5.14　风险阈值

容量/MV·A	风险阈值/元
121.50	9.43
64.74	5.76
74.69	6.41
98.60	7.95
102.58	8.21
139.43	10.59

③ 依据中间环节选取。

a. 缺陷系数 $f_D > 1.15$，表明设备发生多次缺陷，状态较差。

b. 雷击系数 $f_{LT} > 1.15$，表明金具遭受雷击时间较长。

c. 植被系数 $f_V > 1.1$，表明植被已经生长到危及线路安全运行的高度。

● 检修顺序。

第一档：HI≥5.5，个别或者多个金具严重磨损或损坏，继续运行可能引发故障，因此需要马上进行处理，故优先级最高；

第二档：植被系数 $f_V > 1.1$，此时植被与设备之间的距离小于安全距离，危及线路安全运行，故优先级较高；

第三档：5.5≤HI <7.5，个别或多个金具生锈或磨损较为严重，故优先级次高；

第四档：HI≥5.5 且风险超过风险阈值并排在前 10 位，这部分设备状态较差，并且风险较高，需要优先考虑，故优先级较高；

第五档：f_I 超过阈值的设备，根据雷击、缺陷等进行判断，对相应部位进行处理，故优先级最低。

● 检修程度。

a. HI≥7.5，此时金具严重磨损、生锈或损坏，可能引发潜在的故障，建议进行更换。

b. 植被系数 $f_V > 1.1$，此时植被与导线的安全距离不符合 GB 26164.1—2010，危及线路安全运行，因此建议对植被进行砍伐等处理。

c. 5.5≤HI <7.5，此时地线金具中度磨损或严重生锈，建议进行维护。

d. f_I 超过阈值，主要是指一些修正系数偏高，因此，需要对设备进行相应的检修：

缺陷系数 f_D > 1.15，表明设备发生较严重的缺陷或者发生多次缺陷，因此，建议加强关注；

雷击系数 f_{LT} >1.15，表明地线金具遭受雷击时间较长，状态较差，因此，建议进行跟踪。

➢ 地线金具。

● 检修范围。

① 依据健康指数选取。

a. HI≥7.5 时，此时金具存在严重磨损或者损坏等情况，可能引发潜在的故障。

b. 5.5≤HI <7.5 时，此时金具存在严重的生锈或中度磨损等情况。

② 依据风险选取。

a. 500 kV。

风险排在前 10 位。

风险值大于某一设定阈值 $Risk_c$ 的设备。

风险的公式为 Risk=POF×COA×COF，为了设定风险阈值 $Risk_c$，需要确定故障发生概率的阈值，而为了确定故障发生概率的阈值首先就需设定健康指数的阈值。

地线金具主要考虑的是 U 形螺丝、挂环、悬垂线夹、耐张线夹、跳线线夹和防震锤的状况以及本身的老化情况。

当 U 形螺丝、挂环和悬垂线夹的状况存在等级 3 时，HI（a）=5.5，HI（b）的取值范围为[1.83，7]。那么，此时该档距内的地线金具的 HI 应该大于等于 5.5。

当 U 形螺丝、挂环和悬垂线夹的状况等级小于 3，而悬垂线夹、耐张线夹、跳线线夹和防震锤的状况存在等级 3 时，HI（a）=4.625，HI（b）的取值范围为[1.54，6.17]。那么，此时该档距内的地线金具的 HI 应该大于等于 4.625。

另外，HI（c）是根据理论老化原理计算得到的健康指数，因此，当 HI（c）=5.5 时，表明此时地线金具已经达到了其理论老化健康指数。

通过上面的分析可以得到，此时健康指数的阈值可以设定为 4.625。

另外，由于各重要等级系数都有进行一个归一化的处理，因此设定各重要等级系数的基准值为 1，500 kV 线路额定容量的计算基准值设为 750.19 MV·A。

表 5.15　风险阈值

容量/MV·A	风险阈值/元
750.19	5.84
636.53	4.98

注：此处计算的风险是指由自身状态因素引起的风险。

b. 220 kV。

风险排在前 10 位。

风险值大于某一设定阈值 $Risk_c$ 的设备。

具体分析方法同 500 kV。健康指数阈值为 4.625，重要等级的基准值为 1，220 kV 线路的额定容量的计算基准值为 328.66 MV·A。

表 5.16　风险阈值

容量/MV·A	风险阈值/元
328.66	2.57
278.86	2.20
243.01	1.92

c. 110 kV。

风险排在前 10 位。

风险值大于某一设定阈值 $Risk_c$ 的设备。

具体分析方法同 500 kV。健康指数阈值为 4.625，重要等级的基准值为 1，110 kV 线路的额定容量的计算基准值为 121.50 MV·A。

表 5.17　风险阈值

容量/MV·A	风险阈值/元
121.50	1.00
64.74	0.57
74.69	0.64
98.60	0.82

③ 依据中间环节选取。

a. HI（a）> 4.6 且 HI（b）> 4.1，此时地线金具存在中度生锈/轻微磨损及以上情况。

b. 缺陷系数 $f_D > 1.15$，表明设备发生多次缺陷，状态较差。

c. 雷击系数 $f_{LT} > 1.1$，表明地线金具遭受雷击时间较长。（注：雷击系数是根据遭受雷击的小时数来计算的）。

d. 植被系数 $f_V > 1.1$，表明植被已经生长到危及线路安全运行的高度。

● 检修顺序。

第一档：HI≥7.5，个别或者多个地线金具严重磨损或损坏，继续运行可能引发故障，因此需要马上进行处理，故优先级最高；

第二档：植被系数 $f_V > 1.1$，此时植被与设备之间的距离小于安全距离，危及线路安全运行，故优先级较高；

第三档：5.5≤HI <7.5，个别或多个地线金具生锈或磨损较为严重，故优先级次高；

第四档：HI≥4.625 且风险超过风险阈值并排在前 10 位，这部分设备状态较差，并且风险较高，需要优先考虑，故优先级较高；

第五档：HI（a）> 4.6 且 HI（b）> 4.1，大部分地线金具都存在轻微及以上生锈等情况，但不影响继续运行，故优先级低；

第六档：f_I 超过阈值的设备，根据雷击、缺陷等进行判断，对相应部位进行处理，故优先级最低。

● 检修程度。

a. HI≥7.5，此时地线金具严重磨损、生锈或损坏，可能引发潜在的故障，建议进行更换。

b. 植被系数 $f_V > 1.1$，此时植被与导线的安全距离不符合 GB 26164.1—2010，危及线路安全运行，因此建议对植被进行砍伐等处理。

c. 5.5≤HI <7.5，此时地线金具中度磨损或严重生锈，建议进行维护。

d. HI≥4.625 且风险超过风险阈值并排在前 10 位，这部分设备的风险较高，建议加强关注。

e. HI（a）> 4.6 且 HI（b）> 4.1，建议加强关注。

f. f_I超过阈值，主要是指一些修正系数偏高，因此，需要对设备进行相应的检修：

缺陷系数 $f_D > 1.15$，表明设备发生较严重的缺陷或者发生多次缺陷，因此，建议加强关注；

雷击系数$f_{LT} > 1.1$，表明地线金具遭受雷击时间较长，状态较差，因此，建议进行跟踪。

（2）对技改规划的辅助决策分析。

CBRM 可实现当存在多个可行方案同时满足客户在技术指标方面的要求时，分析在不同的投资方案下，电网设备状态性能指标的改善程度，为决策者在设备可靠性和资金投入之间找到平衡点提供科学依据。

CBRM 对设备未来状态变化情况的预测计算可以有效地分析技改规划方案实施后的效果，也可以根据电力公司的要求，通过适当调整辅助决策分析计算中的参数，计算规划方案的资金投入和方案实施后预期的风险下降幅度，为优化的技改方案的制订给出建议。

① 已有规划方案的评价。

a. 模拟方案实施下，每年每台设备状态、风险情况。

以已有规划方案为依据，比如第一年做哪些技改、第二年做哪些技改，依此类推，把这些设备引入到评估模型当中的相应模拟部分进行模拟评估，可以得到实施技改措施后各个设备的状态和风险的变化情况，从而查看该实施效果是否满足要求。

b. 计算年每年资金需求。

根据规划当中每年进行大修或者更换所需的平均费用，引入评估模型当中相应的模拟部分，从而得出每年的资金需求。

c. 计算投入产出比。

通过每年的资金需求以及投入情况，并且根据模拟方案的实施，得到各设备的状态和风险变化情况。由此可以看到健康指数和故障发生概率的下降情况，而对于风险则可以通过风险下降幅度来判断。通过前后对比就可以看出其投入产出比。因此，通过判断计算出的设备健康指数、故障发生概率或风险值是否符合用户为电网设备所设定的阈值，综合分析技改方案中每年资金需求量的变化情况，即可对技改方案的实施效果进行判断，从而评价其优劣。

② 优化规划建议。

根据 NPV 计算结果计算每年需要更换的设备数量和资金需求。

NPV 计算表格是从最经济的角度来综合考虑其资金投入。通过设备更换的费用及设备进行更换后的风险下降幅度，来判断其最佳更换时间。同时，通过 NPV 计算每年需要更换的设备数量，得出每年设备更换的分布情况。

根据未来每年的设备状态和风险预测计算结果，按照检修建议方案计算需要大修和更换的设备。可以通过调整检修建议方案中的阈值来使得故障发生概率和风险控制在规定范围内。

通过在评估模型当中的结果工作表中输入需要预测的年份，比如未来第一年（即明年），得出明年各设备的健康状况、故障发生概率及风险。再根据检修建议方案中列出的明年需要进行大修或者更换的设备，对这些设备进行模拟大修或者更换，得出明年各设备的健康状况、故障发生概率及风险。若进行模拟技改后，所得的结果不符合期望值，可以重新调整检修建议方案中的阈值以重新得到明年需要进行大修或者更换的设备，再进行模拟使得故障发生概率和风险控制在规定范围内。

5.2.3 基于模糊层次分析和模糊概率理论的可靠性评估

1. 评估原理

可靠性是指系统在规定时间内，在规定条件下，完成规定功能的能力。在电气工程领域，可靠性分析目前主要用于电网和发电设备的可靠性评估，有关输变电设备的可靠性评估主要是依据设备的运行统计数据进行相关可靠性指标的分析，其评估结果不能准确反映某台设备的可靠性。而针对单台设备，尤其是电力变压器、断路器，通过对设备自身的结构、功能以及故障模式和影响分析并进行可靠性评估的研究还处于起步阶段。

在 FMEA 的基础上，运用故障树分析方法建立了电力变压器和断路器的故障树模型，考虑到不同事件（故障模式）对顶事件（如变压器故障）的影响程度（重要度），采用模糊层次分析法确定各事件的重要度，改善层次分析法存在的标度差异过大、判断矩阵一致性检验困难等不足，提出结合重要度的基于故障树分析的变压器和断路器可靠性评估方法，实现了对单台变压器和断路器的可靠性评估。

（1）故障树分析原理。

故障树分析方法是一种评价复杂系统可靠性与安全性的重要方法，它是一种基于因果关系的演绎分析方法。这种方法以一个不希望发生的事件为焦点，通过自上而下的逐层分析，逐一找出导致该事件发生的全部直接和间接原因，建立其逻辑关系，画出树状图，并辅以定量分析与计算。故障树分析方法有如下特点：

① FTA 是一种图形演绎方法，逻辑性强。故障树从顶事件（系统故障）开始逐级分析，清晰地用图说明系统的失效原因，是故障事件在一定条件下的逻辑推理方法。

② FTA 把系统的故障与组成系统部件的故障有机地联系在一起，通过 FTA 可以找出系统的全部可能失效状态，即故障树的全部最小割集。

③ 故障树本身是一种形象化的技术资料，当它建成以后，有利于提高不曾参与系统设计的管理和运行人员的技术素质。

故障树分析方法通常包括四个步骤：确定故障树的顶事件、建立故障树、定性分析和定量分析。

① 确定故障树的顶事件。顶事件可以根据研究对象来选取，通常顶事件是指系统不希望发生的故障事件。为了能够进行分析，顶事件必须有明确的定义，能够定量评定，而且能进一步分析出它发生的原因。一个系统可能有多个不希望发生的事件，因此可以建立几棵故障树，但一棵故障树只能从一个不希望事件开始分析，这就要选择与设计、分析目的最相关的事件作为建树的起始事件，即顶事件。

② 建立故障树。建立故障树是故障树分析中最重要的工作。在顶事件确定以后，由顶事件开始，首先找出导致顶事件发生的所有可能直接原因，作为第一级顶事件的中间事件。依此类推，逐级向下分析，找出各级的中间事件，直至找出引起顶事件发生的全部底事件，将各级事件用适当的逻辑门连接，这样就完成了故障树的建立。在建立故障树时要合理地选择建树流程并处理好系统的边界条件。

③ 定性分析。定性分析的目的是为了找出导致顶事件发生的所有可能的故障模式，即系统出现故障时，其成因有多少种可能的组合，以便进行故障诊断，发现系统的最薄弱环节。

如果故障树的某几个事件同时存在，将引起顶事件（系统故障）的发生，这些底事件组成的集合就称为割集。在故障树的割集中，如任意去掉其中一个底事件后，就不再是割集，则这个割集称为最小割集。最小割集的意义就在于描绘出了处于故障状态的系统所必须要修复的底事件，指出了系统最薄弱的环节，所以定性分析的主要任务就是根据所建故障树求出它的最小割集。

④ 定量分析。进行故障树的定量分析，就是要求出故障树顶事件发生的概率及其相关的可靠性指标，对系统的可靠性、安全性进行定量的评估。故障树定量分析通常是在各底事件的失效概率已知的条件下进行的，通过底事件和失效概率求出顶事件的失效参数与失效概率。

（2）FMEA 原理。

故障模式及影响分析是分析系统中每一个产品所有可能产生的故障模式及其对系统造成的所有可能的影响，并按每一种故障模式的发生频度、影响严重程度及检测难易程度予以分类的一种归纳分析方法。它适用于方案制订、设计、生产和使用等产品的全生命周期，以产品的元件、零件或系统为分析对象，通过人员的逻辑思维分析，预测结构元件或零件生产装配中可能发生的问题及潜在的故障，研究问题及故障的原因，以及对产品质量影响的严重程度提出可能采取的预防改进措施，以提高产品质量和可靠性。

FMEA 的一般步骤如图 5.10 所示。

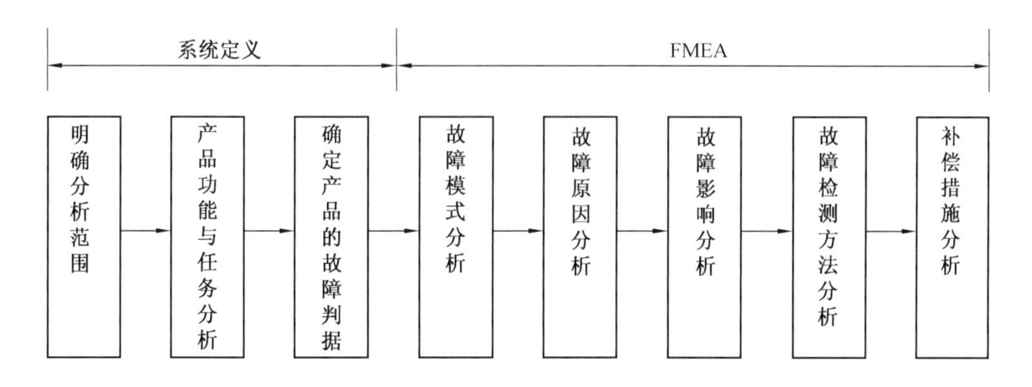

图 5.10　FMEA 的一般步骤

① 系统定义。

a. 明确分析范围。根据系统的复杂程度、重要程度、技术成熟性、分析工作的进度和费用约束等，确定系统中进行 FMEA 的产品范围，即规定 FMEA 的产品层次。

b. 产品功能与任务分析。描述产品的功能任务及产品在完成各种功能任务时所处的环境条件，明确产品在完成不同任务时所应具备的功能、工作方式及工作时间等。

c. 确定产品的故障判据。制订与分析判断系统及产品正常与故障的准则，根据分析的目的选择相应的 FMEA 方法，制定 FMEA 的实施步骤及实施规范。

② FMEA。

a. 故障模式分析。故障（失效）是系统或系统的一部分不能或将不能完成预定功能的事件或状态，故障模式是故障的表现形式，如过热、异响、局部放电超标和色谱超标等。故障模式分析是 FMEA 的基础，其主要目的是找出系统中每一个部件（或功能、生产要素、工艺流程及生产设备等）所有可能出现的故障模式。在进行故障模式分析时，应注意区分两类不同性质的故障，即功能故障和潜在故障：功能故障是指产品或产品的一部分不能完成预定功能的事件或状态，即系统或系统的一部分突然、彻底地丧失了规定的功能；潜在故障是指系统或系统的一部分将不能完成预定功能的事件或状态，是一种指示功能故障将要发生的一种可鉴别(人工观察或仪器检测)的状态。

b. 故障原因分析。故障原因分析的主要目的是分析产生每一种故障模式的所有可能原因，一般从两个方面着手：一方面是导致产品功能故障或潜在故障的产品自身的那些物理、化学或生物变化过程等直接原因；另一方面是由于其他产品的故障、环境因素和人为因素等引起的间接故障原因。

c. 故障影响分析。故障影响是指产品的每一种故障模式对系统部件自身或其他部件的使用、功能和状态的影响。故障影响分析是按约定层次结构找出系统中每一种可能故障模式所产生的影响，并按这些影响的严重程度进行分类，即不仅要分析该故障模式在该部件所在层次造成的影响，还要分析该故障模式在对该部件所在层次的更高层次造成的影响：局部影响是指某产品的故障模式对该产品自身和与该产品所在约定层次相同的其他产品的使用、功能或状态的影响；高一层次影响是指某产品的故障模式对该产品所在约定层次的高一层次产品的使用、功能或状态的影响；最终影响是指系统中某产品的故障模式对初始约定层次产品的使用、功能或状态的影响。

d. 故障检测方法分析。故障检测方法分析的目的是分析每一种失效模式是否存在特定的发现该失效模式的检测方法，从而为系统的失效检测与隔离设计提供依据。故障检测方法一般包括目视检查、离线检测和在线监测等手段。故障检测一般分为事前检测与事后检测两类，对于潜在故障模式，应尽可能采用事前检测方法。

e. 补偿措施分析。补偿措施分析是针对每个故障模式的原因、影响，提出可能的补偿措施，是关系到能否有效提高产品可靠性的重要环节，分析人员应提出并评价那些能够用来消除或减轻故障影响的补偿措施。补偿措施分为设计上的补偿措施和操作人员的应急补偿措施。设计补偿措施通常包括：产品发生故障时，能继续工作的冗余设备；安全或保险装置（如监控及报警装置）；可替换的工作方式（如备用或辅助设备）；可以消除或减轻故障影响的设计或工艺改进（如优选元器件、热设计、降额设计、环境应力筛选和工艺改进等）四大类。操作人员补偿措施主要包括：特殊的使用和维护规程，尽量避免或预防故障的发生；一旦出现某故障后操作人员应采取的最恰当的补救措施等。

（3）层级分析法原理。

层次分析法（Analytic Hierarchy Process，AHP）是定量分析与定性分析相结合的多目标决策分析方法，其基本原理是：将待评价系统的有关替代方案的各种要素分解成若干层次，并以同一层次的各种要素按照上一层要素为准则，进行两两判断比较并计算出各要素的权重。

层次分析法将数学处理与人的经验和主观判断相结合，能有效地综合测度评价决策者的判断和比较。采用基于模糊矩阵的层级分析方法确定权重系数，而不直接由专家给出权重系数，合理性在于基于模糊矩阵的层级分析方法是通过两两比较的方法，确定重要度，对于专家来说，更易于给出比较合理的值，因此最终得到的权重系数，更具有合理性。

一般来说，采用层级分析法确定权重有两种方法，常规的可采用 1/9～9 标度，也可以采用 0.1～0.9 标度，原理是一样的，但是如果重要度的差异较大，适合采用第一种方案。通常情况下采用 0.1～0.9 标度。

层级分析法的一般步骤如下。

① 构建模糊矩阵 $\boldsymbol{A}=(a_{ij})_{n\times n}$（$n$ 为要确定权重的要素的个数）。通过元素间的两两比较构造模糊互补判断矩阵（简称模糊判断矩阵）$\boldsymbol{A}=(a_{ij})_{n\times n}$，表示针对上层某准则，本层与之有关元素之间的相对重要性程度。

当 $a_{ij}=0.5$ 时，u_i 和 u_j 同等重要；当 $a_{ij}>0.5$ 时，u_i 比 u_j 重要；当 $a_{ij}<0.5$ 时，u_j 比 u_i 重要，模糊判断矩阵见表 5.18。

表 5.18 模糊判断矩阵

含义	标度	含义
后者比前者重要	0.1	后者比前者极端重要
	0.2	后者比前者强烈重要
	0.3	后者比前者明显重要
	0.4	后者比前者稍重要
两者同等重要	0.5	两者同样重要
前者比后者重要	0.6	前者比后者稍重要
	0.7	前者比后者明显重要
	0.8	前者比后者强烈重要
	0.9	前者比后者极端重要

假设有 m 个专家，这样可以得到 m 个模糊矩阵，记为 $\boldsymbol{A}^{(m)}$。

② 求取模糊一致矩阵 $\boldsymbol{R}$。模糊矩阵 $\boldsymbol{R}=(r_{ij})_{n\times n}$，其中

$$r_i=\sum_{k=1}^{n}a_{ik}\quad(i=1,2,\cdots,n)$$

$$r_j=\sum_{k=1}^{n}a_{jk}\quad(j=1,2,\cdots,n)$$

$$r_{ij}=\frac{r_i-r_j}{2n}+0.5\tag{5.16}$$

对 m 个模糊矩阵 $\boldsymbol{A}$，记为 $\boldsymbol{A}^{(m)}$，可以得到 m 个模糊互补矩阵 $\boldsymbol{R}$，记为 $\boldsymbol{R}^{(m)}$。

③ 求模糊一致矩阵的聚合矩阵 $\tilde{\boldsymbol{R}}=(\tilde{r}_{ij})_{n\times n}$。假设每位专家地位相等（如果不等根据专家意见的重要度给出该专家加权因子），由此可以得到

$$\tilde{\boldsymbol{R}}=\frac{1}{m}\sum\boldsymbol{R}^{(m)}\tag{5.17}$$

④ 求取权重 $W=(w_1, w_2,\cdots, w_n)$ 。对权重矩阵有

$$w_i=\frac{1}{n}-\frac{1}{2a}+\frac{1}{na}\sum_{k=1}^{n}\tilde{r}_{ik}$$

其中

$$\begin{cases} \alpha = \dfrac{n}{2} - \beta + \xi \\ \beta = \min\left\{\sum_{k=1}^{n} \tilde{r}_{ik}\right\} \\ 0 < \xi < \beta - 0.5 \\ r_i = \sum_{k=1}^{n} \alpha_{ik} \quad (i = 1, 2, \cdots, n) \end{cases} \tag{5.18}$$

（4）基于模糊隶属度的故障发生概率的评定。

隶属函数（或从属函数）是模糊数学中最基本、最重要的概念，是描述模糊集合的特征函数，取值范围从集合{0,1}扩大到在[0,1]连续取值，隶属函数示意图如图 5.11 所示。

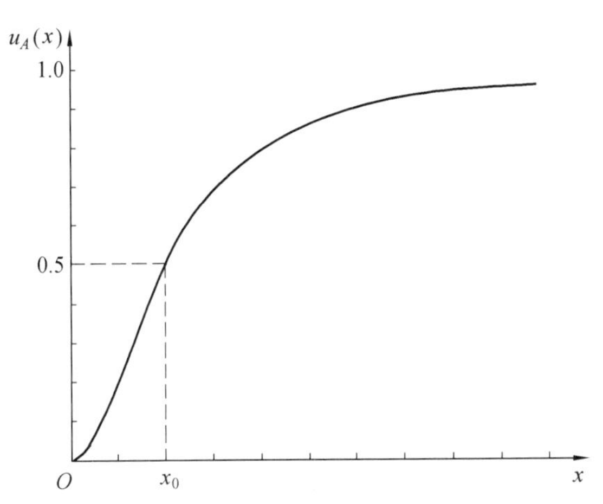

图 5.11　隶属函数示意图

图 5.11 中，隶属度 $u_A(x)$的取值表示元素 x 属于模糊集合 A 的程度。当 $x = x_0$ 时，$u_A(x)=0.5$，表现出最大的模糊性，即 x 可能属于模糊集合 A，也可能不属于模糊集合 A，与人们的实际判断情况相符；当 $x > x_0$ 时，$u_A(x)>0.5$，表示 x 属于模糊集合 A 的倾向性增大，且超过程度越大，倾向性越强；当 $u_A(x)<0.5$ 时，表示 x 属于模糊集合 A 的倾向性减小，且 $u_A(x)$越小，倾向性也越小。

我国电力设备的试验及运行规程中，部分特征量都规定有注意值，并在故障判断的过程中采用“是非制”判断标准，其结果只有合格与不合格两种状态，不能考虑等级之间的边界模糊性，也不能给出故障的发生概率。因此，在项目中通过构造相关隶属函数，利用特征参量的检测值计算其隶属度的方法，根据隶属度评定故障的发生概率，即隶属度越高，故障发生的概率就越大。

通过对各故障特征参量的特点进行分析，可将其分为两大类：一类是规定上限注意值的特征参量；另一类是规定下限注意值的特征参量。根据这两类特征参量的特点，通过对常见的上升型和下降型隶属函数进行比较分析，最终构造了以下两种隶属函数。

①规定上限注意值的特征参量隶属函数。

当故障特征参量存在规定的上限注意值 a 时，表示特征参量检测值 x 越大，发生故障的倾向性就越大。因此，构造下式所示的隶属函数，规定上限的隶属度函数如图 5.12 所示。

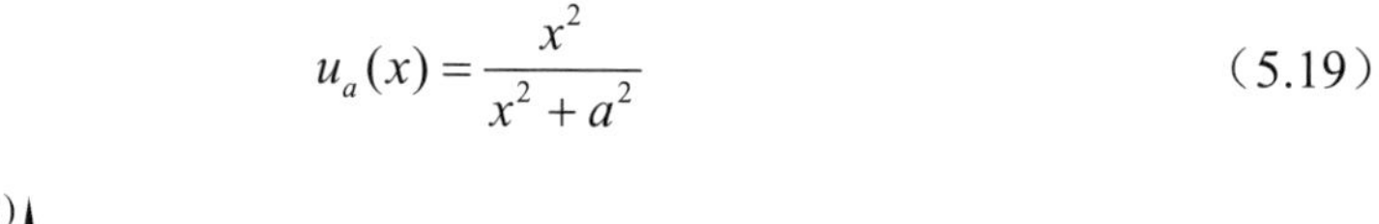

$$u_a(x)=\frac{x^2}{x^2+a^2} \tag{5.19}$$

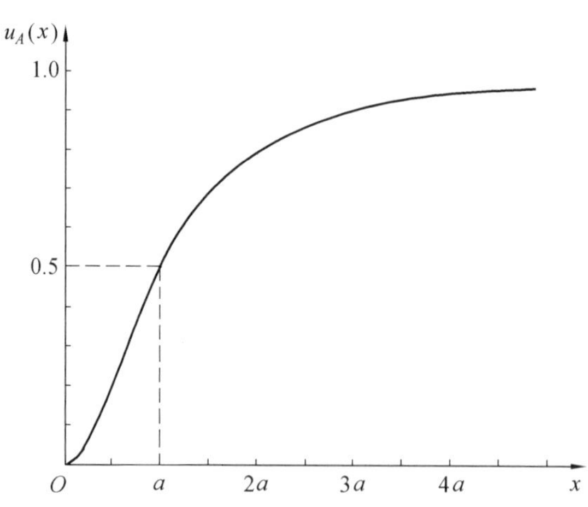

图 5.12　规定上限的隶属度函数

计算检测值 x 的隶属度 $u_A(x)$作为该特征参量对应故障模式的发生概率 P。当检测值 x 小于注意值 a 时，$u_A(x)$迅速下降，表示检测值 x 小于注意值 a 时，一般不会发生故障，故障的发生概率 P 迅速减小；而当检测值 x 大于注意值 a 时，$u_A(x)$逐渐上升，故障的发生概率 P 逐渐增大。

② 规定下限注意值的特征参量隶属函数。

当故障特征参量存在规定的下限注意值 b 时，表示特征参量检测值 x 越小，发生故障的倾向性就越大，情形和上式正好相反。因此，构造下式所示的隶属函数，规定下限的隶属度函数如图 5.13 所示。

$$u_b(x)=0.5-0.5\sin\frac{\pi}{2b}(x-b) \tag{5.20}$$

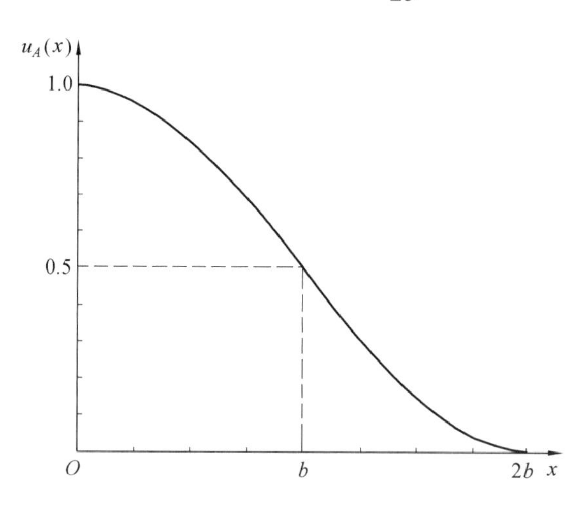

图 5.13　规定下限的隶属度函数

隶属函数的确定是进行模糊评价的关键，直接决定了评价系统的优劣。因此在实际应用过程中，应根据具体情况对隶属函数加以调整和修正，使其更加符合评价对象的客观实际。

2. 评估信息

对设备进行基于故障树的故障模式可靠性分析需要设备的各类数据，主要包括以下内容：

（1）基础数据。

所属变电站、设备名称、运行位置、电压等级、制造厂家、型号规格、出厂日期（年）和投运日期（年）等。

（2）试验和检测数据。

变压器试验和检测数据主要包括：油质试验（酸值、击穿电压和微水）、油色谱试验（H_2、CH_4、C_2H_6、C_2H_4 和 C_2H_2）、油老化试验、绝缘电阻（绕组、铁芯、穿心螺栓、铁轭夹件、绑扎钢带、线圈压环及屏蔽等）、介损检测（绕组、套管、有载洞压变压器（On-Load Tap Channger，OLTC）和本体绝缘油）、铁芯外的引地电流、耐压试验、局部放电试验、套管电容量、空载试验、绕组短路电流、绕组短路阻抗、变比试验及接触电阻试验等。

断路器试验和检测数据主要包括：主回路电阻测量、机械特性试验、耐压试验、分闸线圈电阻、分闸线圈直流电阻、分闸动作电压、额定开断短路电流、累计开断短路电流次数及累次机械操作次数等。

（3）运行数据。

密封检查数据、噪声检测数据、运行巡视记录和仪表指示情况等。

（4）故障、缺陷历史记录。

可获取的所有缺陷、故障历史记录。

（5）设备使用经验。

电网公司各供电局的设备运行维护管理人员和专工通过会议交流的形式提供的设备使用经验，如平均寿命、家族性缺陷和常见故障等。

3. 评估方法及过程

（1）变压器的可靠性评估。

① 建立变压器故障树。

电力变压器可分为九大系统，即器身、绕组、铁芯、有载分接开关、非电量保护、冷却系统、套管、油枕和无励磁分接开关。

根据对变压器各部件故障模式的深入分析，针对电力变压器的结构特点，结合以往对变压器故障信息的收集、整理，将变压器故障 T 分为器身故障 A_1、绕组故障 A_2、铁芯故障 A_3、有载分接开关故障 A_4、非电量保护故障 A_5、冷却系统故障 A_6、套管故障 A_7、油枕 A_8、无励磁分接开关故障 A_9 九大类。其中 T 为故障树的顶事件，$A_i(i=1, 2,\cdots,9)$、$E_k(k=4.1, 4.2, \cdots, 6.5)$为故障树的中间事件，而 $X_j(i=1.1, 1.2, \cdots, 9.7)$则为故障树的底事件。应用故障树原理，对各类故障进行细分并依据其逻辑关系建立故障树，如图 5.14～5.35 所示。

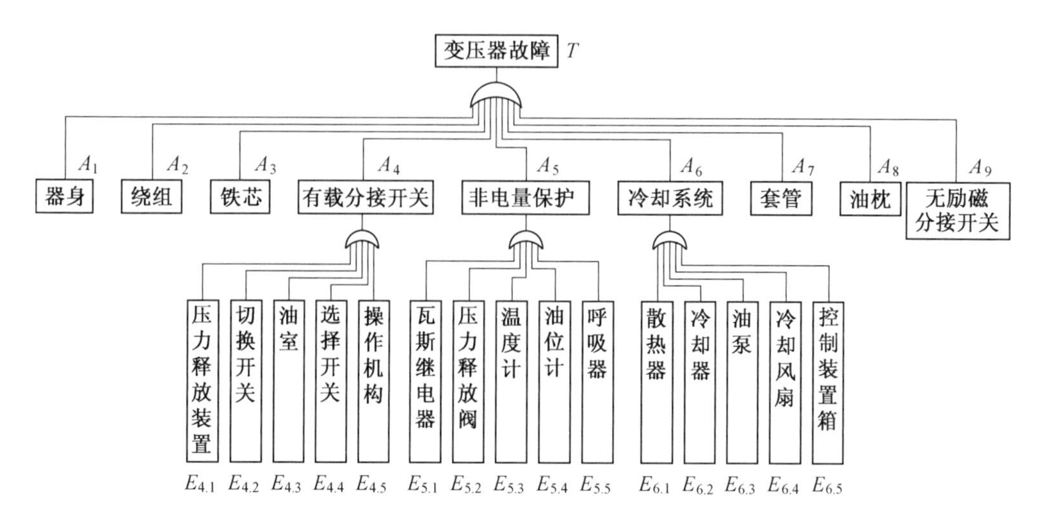

图 5.14　变压器故障树模型

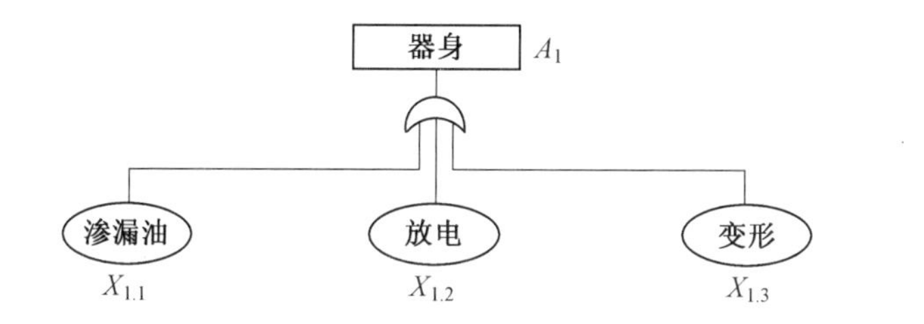

图 5.15　器身故障树模型

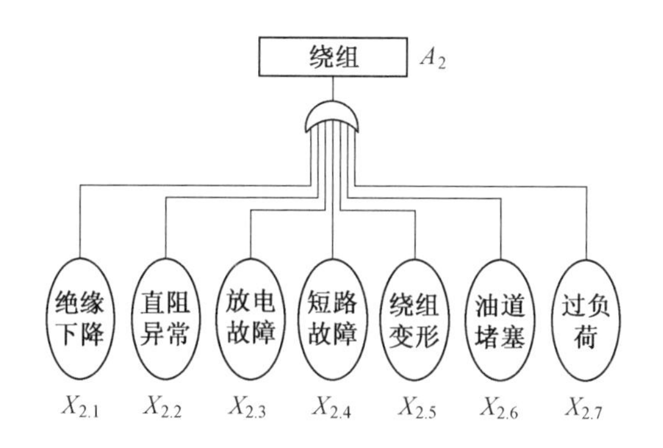

图 5.16　绕组故障树模型

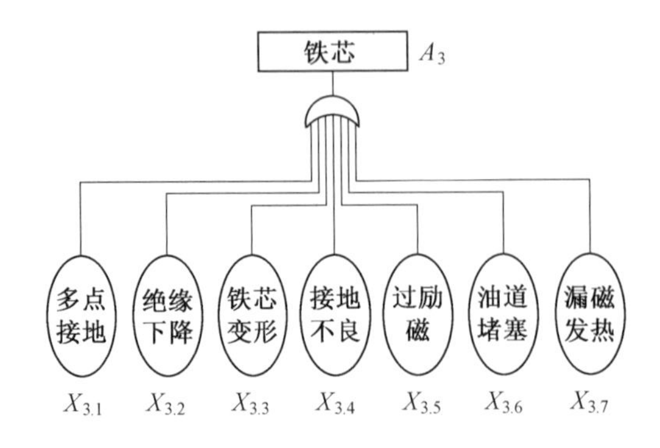

图 5.17　铁芯故障树模型

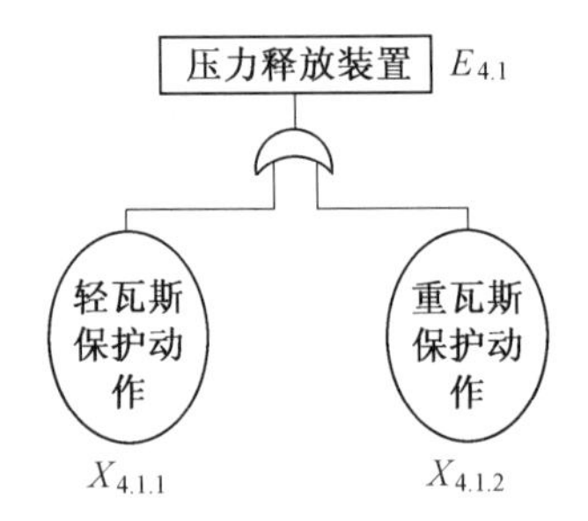

图 5.18　压力释放装置故障树模型

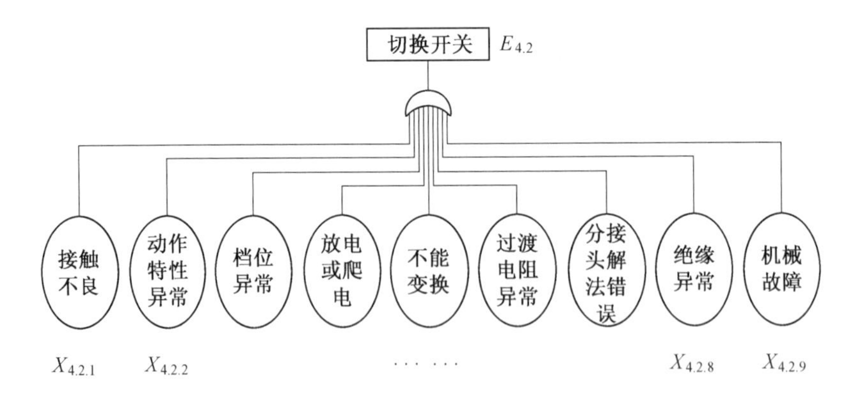

图 5.19　切换开关故障树模型

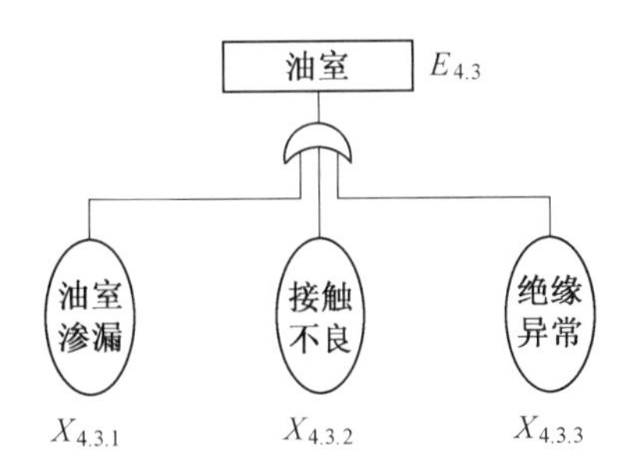

图 5.20　油室故障树模型

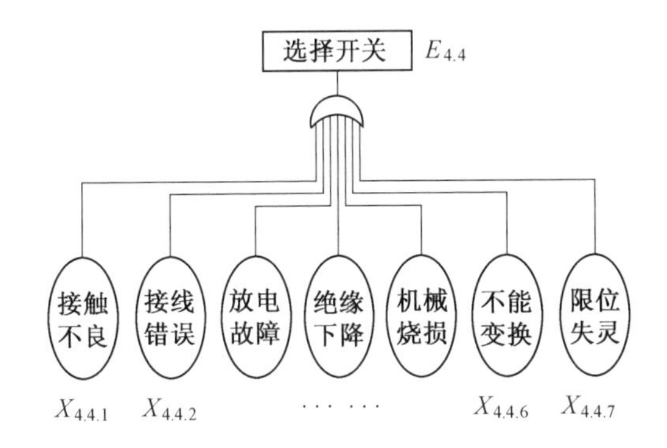

图 5.21　选择开关故障树模型

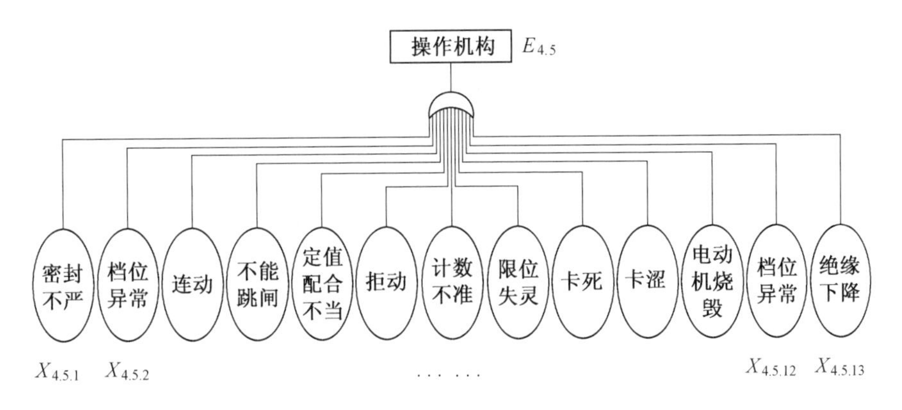

图 5.22　操作机构故障树模型

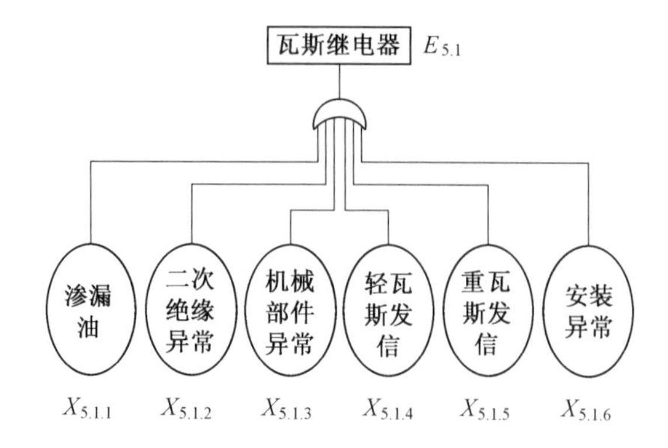

图 5.23 瓦斯继电器故障树模型

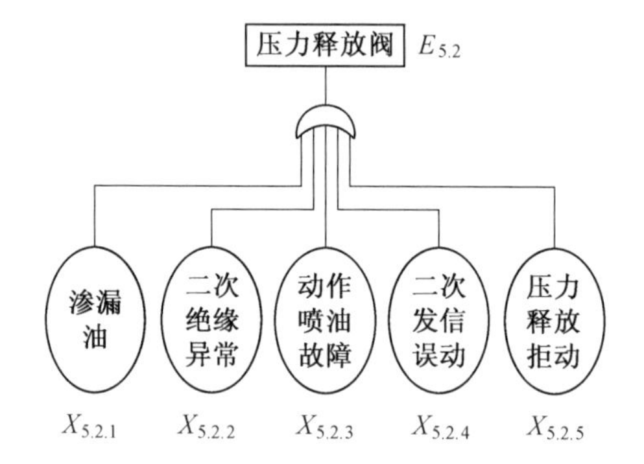

图 5.24 压力释放阀故障树模型

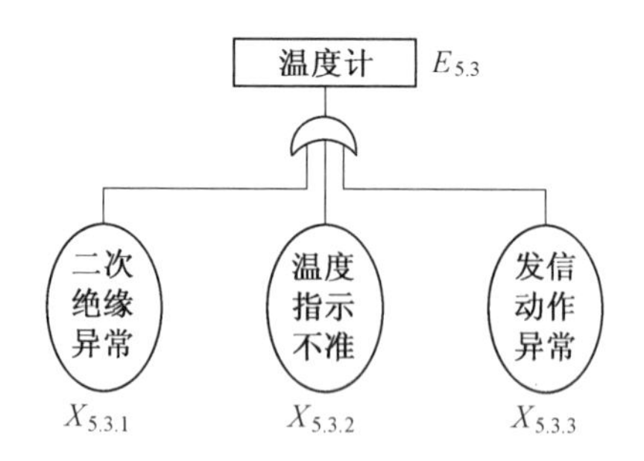

图 5.25 温度计故障树模型

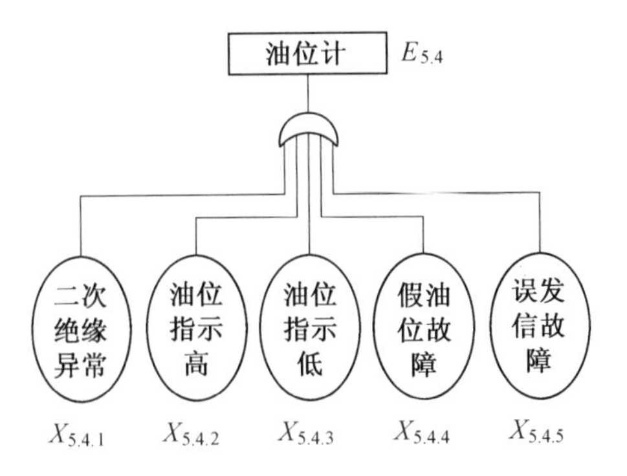

图 5.26　油位计故障树模型

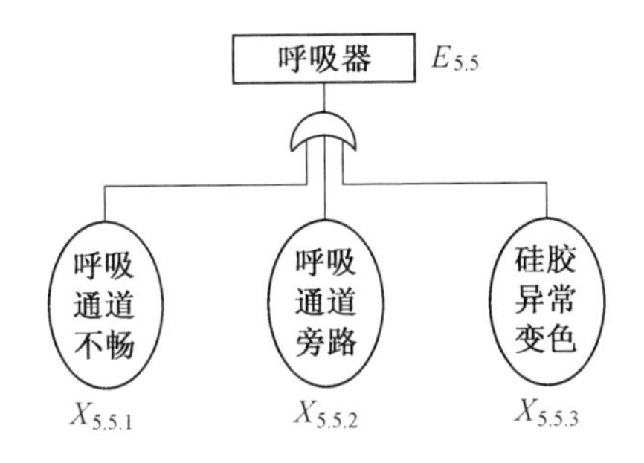

图 5.27　呼吸器故障树模型

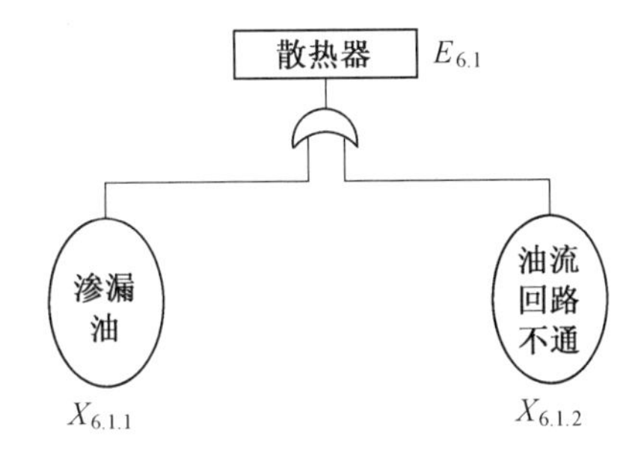

图 5.28　散热器故障树模型

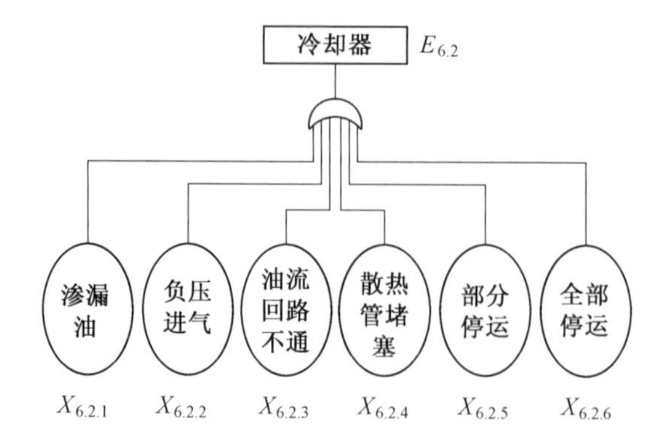

图 5.29　冷却器故障树模型

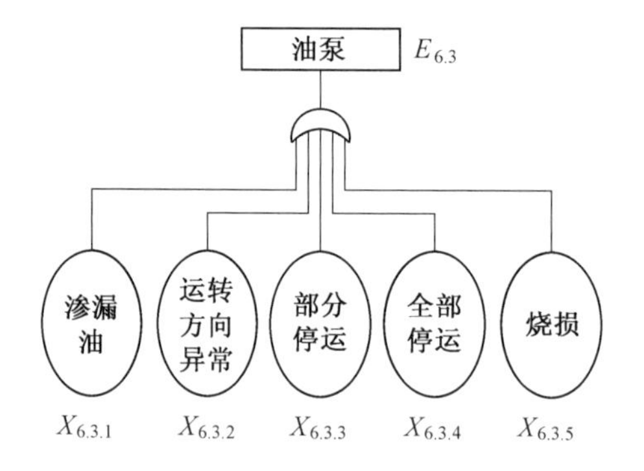

图 5.30　油泵故障树模型

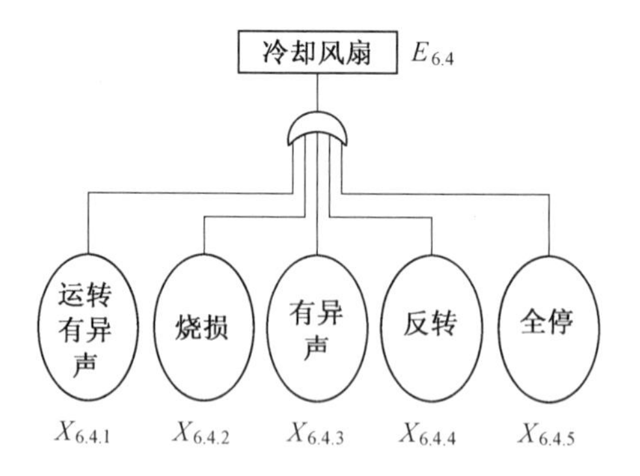

图 5.31　冷却风扇故障树模型

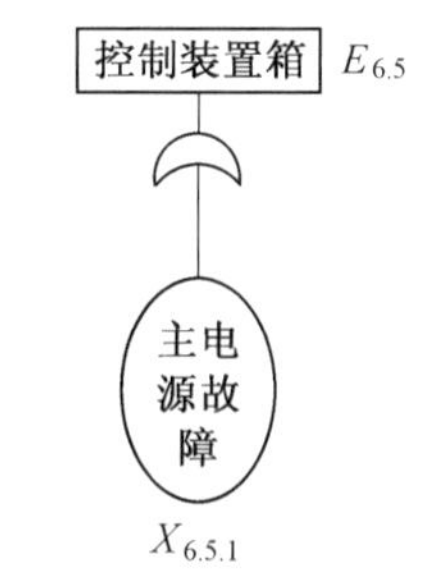

图 5.32　控制箱故障树模型

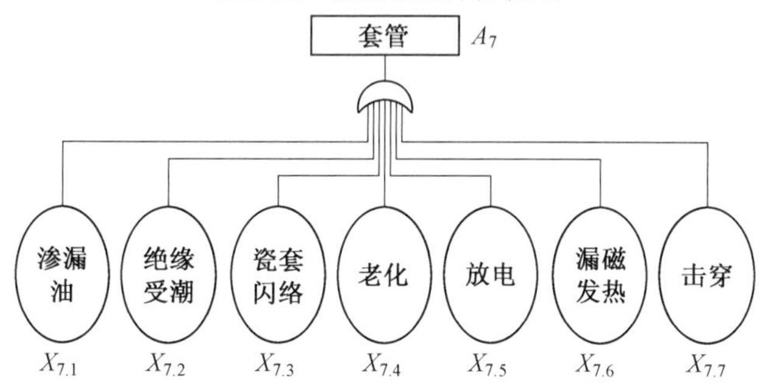

图 5.33　套管故障树模型

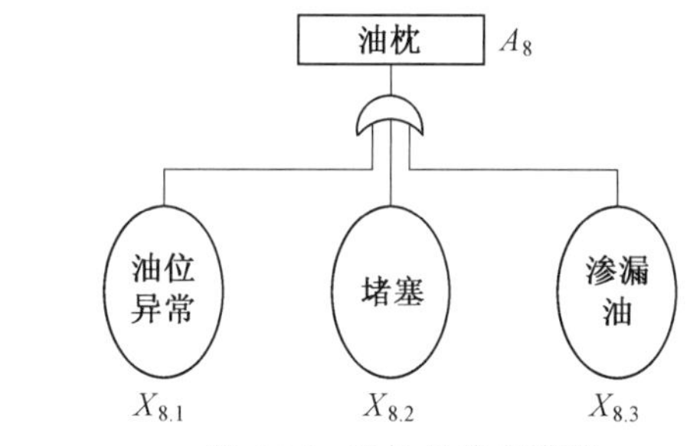

图 5.34　油枕故障树模型

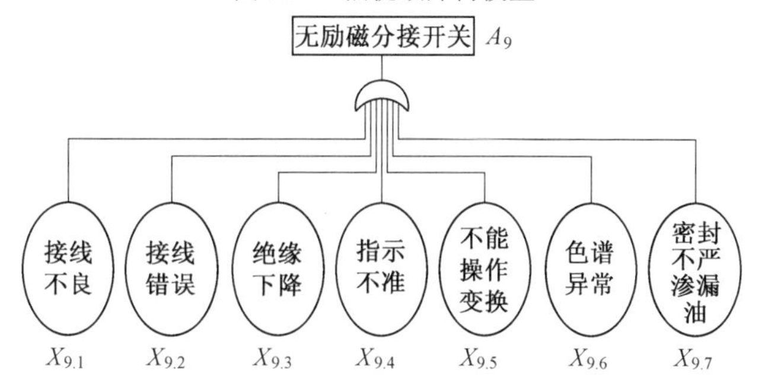

图 5.35　无励磁分接开关故障树模型

② 建立变压器故障模式和特征参量对应表。

本书对变压器进行故障模式及影响分析，对所涉及的故障检测方法进行归纳、整理，将各检测方法所获得的特征参量作为故障特征参量，并对各特征参量依次编码得到故障特征参量集。在此基础上，根据变压器的各故障模式与故障特征参量之间的对应关系，建立各故障模式与故障特征参量之间的对应关系（表 5.19、表 5.20）。

表 5.19　变压器特征参量

<table>
<tr><th>编码</th><th>特征参量</th><th colspan="3">注意值</th><th>备注</th></tr>
<tr><td rowspan="13">Y1</td><td rowspan="13">本体油色谱分析</td><td colspan="3">H_2 不大于 150 μL/L</td><td></td></tr>
<tr><td colspan="3">C_2H_2 不大于 1 μL/L</td><td></td></tr>
<tr><td colspan="3">总烃不大于 150 μL/L</td><td></td></tr>
<tr><td rowspan="10">绝对产气速率 mL/d</td><td rowspan="5">开放式</td><td>H_2 不大于 5 mL/d</td><td></td></tr>
<tr><td>C_2H_2 不大于 0.1 mL/d</td><td></td></tr>
<tr><td>总烃不大于 6 mL/d</td><td></td></tr>
<tr><td>CO 不大于 50 mL/d</td><td></td></tr>
<tr><td>CO_2 不大于 100 mL/d</td><td></td></tr>
<tr><td rowspan="5">隔膜式</td><td>H_2 不大于 10 mL/d</td><td></td></tr>
<tr><td>C_2H_2 不大于 0.2 mL/d</td><td></td></tr>
<tr><td>总烃不大于 12 mL/d</td><td></td></tr>
<tr><td>CO 不大于 100 mL/d</td><td></td></tr>
<tr><td>CO_2 不大于 200 mL/d</td><td></td></tr>
<tr><td rowspan="8">Y2</td><td rowspan="4">套管油色谱分析</td><td colspan="2">相对产气速率</td><td>总烃不大于 10%/月</td><td></td></tr>
<tr><td colspan="3">H_2 不大于 500 μL/L</td><td></td></tr>
<tr><td colspan="3">CH_4 不大于 100 μL/L</td><td></td></tr>
<tr><td colspan="3">C_2H_2 不大于 1 μL/L</td><td></td></tr>
<tr><td rowspan="4">油老化试验</td><td colspan="2">运行 1～5 年</td><td>糠醛质量浓度不大于 0.1 mg/L</td><td></td></tr>
<tr><td colspan="2">运行 5～10 年</td><td>糠醛质量浓度不大于 0.2 mg/L</td><td></td></tr>
<tr><td colspan="2">运行 10～15 年</td><td>糠醛质量浓度不大于 0.4 mg/L</td><td></td></tr>
<tr><td colspan="2">运行 15～20 年</td><td>糠醛质量浓度不大于 0.75 mg/L</td><td></td></tr>
<tr><td>Y3</td><td>吸收比</td><td colspan="3">不小于 1.3</td><td></td></tr>
<tr><td>Y4</td><td>本体油中微量水分</td><td colspan="3">不大于 15 mg/L</td><td></td></tr>
</table>

续表 5.19

编码	特征参量	注意值	备注
Y5	绕组绝缘电阻	各相绕组电阻相互间的差别	
		不大于三相平均值的2%	
		线间差别不应大于三相平均值的1%	
Y6	绕组 tan δ	不大于 0.6% 与上次值比增量小于 30%	20 ℃ 同一温度下
	套管 tan δ	不大于 0.8% 与上次值比增量小于 30%	20 ℃ 同一温度下
Y7	本体局部放电	1.5 倍相电压不大于 500 pc	
		1.3 倍相电压不大于 300 pc	
	套管局部放电	1.5 倍相电压不大于 20 pc	
Y8	套管电容量	与上次试验值偏差小于 5%	
Y9	二次回路绝缘电阻	不小于 1 MΩ	
Y10	铁芯外引接地电流	不大于 0.1 A	
Y11	绕组绝缘电阻	两次测试差异小于 5%	无明显变化
	铁芯绝缘电阻	两次测试差异小于 5%	无明显变化
	穿心螺栓、铁轭夹件、绑扎钢带、铁芯、线圈压环及屏蔽等	不低于 500 MΩ	
Y12	耐压试验		检验是否通过
Y13	空载试验	两次测试差异小于 5%	无明显变化
Y14	绕组泄漏电流	两次测试差异小于 5%	无明显变化
Y15	绕组短路阻抗	两次测试差异小于 5%	无明显变化
Y16	变比试验	与名牌差异小于 5	无明显变化
Y17	变形试验	三相之间差异小于 5%	无明显变化
Y18	瓦斯继电器检查	流速不小于 1.2 m/s	
Y19	触头接触电阻	不大于 500 μΩ	
Y20	操作试验		
Y21	切换特性试验		

续表 5.19

编码	特征参量	注意值	备注
Y22	接触电阻试验	不大于 500 μΩ	
Y23	过渡电阻试验	与厂家值偏差小于 10%	
Y24	圆图试验		
Y25	噪声测试		
Y26	油泵检查		
Y27	检查温度计		
Y28	检测油位计		
Y29	本体气体分析	无限值要求	
	OLTC 气体分析	无限值要求	
Y30	温度		专家评分
Y31	密封检查		专家评分
Y32	运行巡视		
Y33	运行检测		
Y34	保护监控		
Y35	目测		

表 5.20 故障模式与故障特征参量之间的对应关系

部件	代码	故障模式	特征参量
器身	1.1	渗漏油	Y35
	1.2	放电	Y1
	1.3	变形	Y35
绕组	2.1	绝缘下降	Y1、Y2、Y3、Y4、Y6、Y11、Y14
	2.2	直阻异常	Y1、Y5、Y16、Y30
	2.3	放电故障	Y1、Y7
	2.4	短路故障	Y12
	2.5	绕组变形	Y15、Y17
	2.6	油道阻塞	Y30
	2.7	过负荷	Y30、Y34

续表 5.20

部件	代码	故障模式	特征参量
铁芯	3.1	多点接地	Y1、Y10，Y11
	3.2	绝缘下降	Y1，Y10、Y11、Y13、Y29
	3.3	铁芯变形	Y13、Y17、Y25
	3.4	接地不良	Y1、Y11
	3.5	过励磁	Y33
	3.6	油道堵塞	Y30
	3.7	漏磁发热	Y1
有载调压开关	4.1.1	轻瓦斯保护动作	Y29、Y21、Y7
	4.1.2	重瓦斯保护动作	Y34
	4.2.1	接触不良	Y19
	4.2.2	动作特性异常	Y21
	4.2.3	档位异常	Y35
	4.2.4	放电或爬电	Y35
	4.2.5	不能变换	Y20
	4.2.6	过渡电阻异常	Y23
	4.2.7	分接头接法错误	Y16
	4.2.8	绝缘异常	Y11
	4.2.9	机械故障	4.2.9
	4.3.1	油室渗漏	Y1、Y4、Y35
	4.3.2	接触不良	Y5
	4.3.3	绝缘异常	Y11、Y6
	4.4.1	接触不良	Y1、Y4、Y5
	4.4.2	接线错误	Y5、Y16
	4.4.3	放电故障	Y1～Y4、Y5、Y11、Y1、Y21、Y24、Y32
	4.4.4	绝缘下降	Y11
	4.4.5	机械损坏	Y24
	4.4.6	不能变换	Y5
	4.4.7	限位失灵	Y5

续表 5.20

部件	代码	故障模式	特征参量
有载调压开关	4.5.1	密封不严	Y35
	4.5.2	档位异常	Y5
	4.5.3	连动	Y35
	4.5.4	不能跳闸	Y35
	4.5.5	定值配合不当	Y35
	4.5.6	拒动	Y35
	4.5.7	计数不准	Y35
	4.5.8	限位失灵	Y35
	4.5.9	卡死	Y35
	4.5.10	卡涩	Y35
	4.5.11	电动机烧毁	Y35
	4.5.12	档位异常	Y11
	4.5.13	绝缘下降	Y35
瓦斯继电器	5.1.1	渗漏油	Y31、Y35
	5.1.2	二次绝缘异常	Y9、Y31、Y35
	5.1.3	机械部件异常	Y18
	5.1.4	轻瓦斯发信	Y1、Y18、Y29
	5.1.5	重瓦斯发信	Y1、Y2、Y3、Y4、Y9、Y29
	5.1.6	安装异常	Y35
压力释放阀	5.2.1	渗漏油	Y31、Y35
	5.2.2	二次绝缘异常	Y9、Y31、Y35
	5.2.3	动作喷油故障	Y1、Y29、Y35
	5.2.4	二次发信误动	Y9
	5.2.5	压力释放拒动	Y35
温度计	5.3.1	二次绝缘异常	Y9、Y31、Y35
	5.3.2	温度指示不准	Y27
	5.3.3	发信动作异常	Y27

续表 5.20

部件	代码	故障模式	特征参量
油位计	5.4.1	二次绝缘异常	Y9、Y31、Y35
	5.4.2	油位指示高	Y33
	5.4.3	油位指示低	Y33
	5.4.4	假油位故障	Y33
	5.4.5	误发信故障	Y9、Y28
呼吸器	5.5.1	呼吸通道不畅	Y35
	5.5.2	呼吸通道旁路	Y35
	5.5.3	硅胶异常变色	Y35
散热器	6.1.1	渗漏油	Y35
	6.1.2	油流回路不通	Y30
冷却器	6.2.1	渗漏油	Y33、Y35
	6.2.2	负压进气	Y31、Y35
	6.2.3	油流回路不通	Y30
	6.2.4	散热管堵塞	Y34、Y35
	6.2.5	部分停运	Y34、Y35
	6.2.6	全部停运	Y34、Y35
油泵	6.3.1	渗漏油	Y26、Y33
	6.3.2	运转方向异常	Y26、Y33
	6.3.3	部分停运	Y33、Y34
	6.3.4	全部停运	Y33、Y34
	6.3.5	烧损	Y33、Y34
冷却风扇	6.4.1	运转有异声	Y33、Y34
	6.4.2	烧损	Y32、Y34
	6.4.3	反转	Y32、Y34
	6.4.4	有异声	Y32、Y34
	6.4.5	全停	Y32、Y34
控制装置箱	6.5.1	主电源故障	Y32、Y34

续表 5.20

部件	代码	故障模式	特征参量
套管	7.1	渗漏油	Y8、Y35
	7.2	绝缘受潮	Y1、Y4、Y6、Y11
	7.3	瓷套闪络	Y6、Y35
	7.4	老化	Y1、Y6、Y8
	7.5	放电	Y1、Y6、Y7、Y8、Y35
	7.6	漏磁发热	Y30
	7.7	击穿	Y12
油枕	8.1	油位异常	Y6、Y35
	8.2	堵塞	Y35
	8.3	渗漏油	Y35
无励磁分接开关	9.1	接触不良	Y5
	9.2	接线错误	Y5、Y16
	9.3	绝缘下降	Y1、Y2、Y3、Y4、Y11
	9.4	指示不准	Y5
	9.5	不能操作变换	Y20
	9.6	色谱异常	Y1、Y35
	9.7	密封不严渗漏油	Y35

③ 建立特征参量的概率函数。

如果特征参量有两个或两个以上的注意值时，该特征参量的概率通过取大运算给出（∨）。各特征参量的概率函数见表 5.21～5.36。

表 5.21　Y1（产气速率）对应的概率函数

项目	注意值	隶属函数（概率函数）
绝对产气速率	不大于 0.25 mL/d（开放式）	$u_1(x)=\dfrac{x^2}{x^2+0.25^2}$
相对产气速率	不大于 0.5 mL/d（隔膜式）	$u_1(x)=\dfrac{x^2}{x^2+0.5^2}$
	不大于 10%	$u_2(x)=\dfrac{x^2}{x^2+0.1^2}$
$u(x)=u_1(x)\vee u_2(x)$		

表 5.22　Y1（H_2）对应的概率函数

项目	注意值	隶属函数（概率函数）
H_2 体积分数	不大于 150×10^{-6}（体积分数）	$u(x)=\dfrac{x^2}{x^2+(150\times10^{-6})^2}$

表 5.23　Y1（C_2H_2）对应的概率函数

项目	注意值	隶属函数（概率函数）
500 kV 以下	不大于 5×10^{-6}（体积分数）	$u(x)=\dfrac{x^2}{x^2+(5\times10^{-6})^2}$
500 kV 以上	不大于 1×10^{-6}（体积分数）	$u(x)=\dfrac{x^2}{x^2+(1\times10^{-6})^2}$

表 5.24　Y1（总烃）对应的概率函数

项目	注意值	隶属函数（概率函数）
总烃体积分数	不大于 150×10^{-6}（体积分数）	$u(x)=\dfrac{x^2}{x^2+(150\times10^{-6})^2}$

表 5.25 Y2（绝缘油老化试验）的概率函数

运行年限/年	注意值/（$mg\cdot L^{-1}$）	隶属函数（概率函数）
1～5	不大于 0.1	$u(x)=\dfrac{x^2}{x^2+0.1^2}$
5～10	不大于 0.2	$u(x)=\dfrac{x^2}{x^2+0.2^2}$
10～15	不大于 0.4	$u(x)=\dfrac{x^2}{x^2+0.4^2}$
15～20	不大于 0.75	$u(x)=\dfrac{x^2}{x^2+0.75^2}$

表 5.26 Y3（吸收比）的概率函数

项目	注意值	隶属函数（概率函数）
吸收比（10°～30°）	不小于 1.3	$u_1(x)=0.5-0.5\sin\dfrac{\pi}{2\times1.3}(x-1.3)$
极化指数	不小于 1.5	$u_2(x)=0.5-0.5\sin\dfrac{\pi}{2\times1.5}(x-1.5)$
$u(x)=u_1(x)\vee u_2(x)$		

注：由于公式 $\dfrac{1.3U_m}{\sqrt{3}}$ 是周期函数，为使得函数有意义，当吸收比大于 2.6 或极化指数大于 3 时，$u(x)=0$。

表 5.27 Y4（油中微水含量）的概率函数

电压等级/kV	注意值/（$mg\cdot L^{-1}$）	隶属函数（概率函数）
66～110	不大于 35	$u(x)=\dfrac{x^2}{x^2+35^2}$
220	不大于 25	$u(x)=\dfrac{x^2}{x^2+25^2}$
330～500	不大于 15	$u(x)=\dfrac{x^2}{x^2+15^2}$

表 5.28　Y5（绕组直流电阻）的概率函数

项目	注意值	隶属函数（概率函数）
1.6 MV·A 以上	不大于三相平均值的 2%（相间差别）	$u_1(x)=\dfrac{x^2}{x^2+0.02^2}$
	不大于三相平均值的 1%（无中性点引出的绕组，线间差别）	$u_2(x)=\dfrac{x^2}{x^2+0.01^2}$
1.6 MV·A 及以下	不大于三相平均值的 4%（相间差别）	$u_1(x)=\dfrac{x^2}{x^2+0.04^2}$
	不大于三相平均值的 2%（线间差别）	$u_2(x)=\dfrac{x^2}{x^2+0.02^2}$
$u(x)=u_1(x)\vee u_2(x)$		

表 5.29　Y6（绕组介损 tan δ 20 ℃）的概率函数

项目	注意值	隶属函数（概率函数）
330～500 kV	不大于 0.8%	$u_1(x)=\dfrac{x^2}{x^2+0.8^2}$
66～220 kV	不大于 0.6%	$u_1(x)=\dfrac{x^2}{x^2+0.6^2}$
35 kV 及以下	不大于 1.5%	$u_1(x)=\dfrac{x^2}{x^2+1.5^2}$
tan δ 值与历年的数值比较	不大于 30%	$u_2(x)=\dfrac{x^2}{x^2+0.03^2}$
$u(x)=u_1(x)\vee u_2(x)$		

表 5.30　Y6（绝缘油介损 tan δ 20 ℃）的概率函数

电压等级	注意值	隶属函数（概率函数）
300 kV 及以下	不大于 4%（90°）	$u(x)=\dfrac{x^2}{x^2+0.04^2}$
500 kV	不大于 2%（90°）	$u(x)=\dfrac{x^2}{x^2+0.02^2}$

表 5.31　Y6（套管 tan δ 20 ℃）的概率函数

电压等级		20～35 kV		60～110 kV		220～500 kV	
项目		注意值	隶属函数（概率函数）	注意值	隶属函数（概率函数）	注意值	隶属函数（概率函数）
大修后	充油型	不大于3.0	$u(x)=\dfrac{x^2}{x^2+3^2}$	不大于1.5	$u(x)=\dfrac{x^2}{x^2+1.5^2}$	—	—
	油纸电容型	不大于1.0	$u(x)=\dfrac{x^2}{x^2+1^2}$	不大于1.0	$u(x)=\dfrac{x^2}{x^2+1^2}$	不大于0.8	$u(x)=\dfrac{x^2}{x^2+0.8^2}$
	充胶型	不大于3.0	$u(x)=\dfrac{x^2}{x^2+3^2}$	不大于2.0	$u(x)=\dfrac{x^2}{x^2+2^2}$	—	—
	胶纸电容型	不大于2.0	$u(x)=\dfrac{x^2}{x^2+2^2}$	不大于1.5	$u(x)=\dfrac{x^2}{x^2+1.5^2}$	不大于1.0	$u(x)=\dfrac{x^2}{x^2+1^2}$
	胶纸型	不大于2.5	$u(x)=\dfrac{x^2}{x^2+2.5^2}$	不大于2.0	$u(x)=\dfrac{x^2}{x^2+2^2}$	—	—
运行中	充油型	不大于3.5	$u(x)=\dfrac{x^2}{x^2+3.5^2}$	不大于1.5	$u(x)=\dfrac{x^2}{x^2+1.5^2}$	—	—
	油纸电容型	不大于1.0	$u(x)=\dfrac{x^2}{x^2+1^2}$	不大于1.0	$u(x)=\dfrac{x^2}{x^2+1^2}$	不大于0.8	$u(x)=\dfrac{x^2}{x^2+0.8^2}$
	充胶型	不大于3.5	$u(x)=\dfrac{x^2}{x^2+3.5^2}$	不大于2.0	$u(x)=\dfrac{x^2}{x^2+2^2}$	—	—
	胶纸电容型	不大于3.0	$u(x)=\dfrac{x^2}{x^2+3^2}$	不大于1.5	$u(x)=\dfrac{x^2}{x^2+1.5^2}$	不大于1.0	$u(x)=\dfrac{x^2}{x^2+1^2}$
	胶纸型	不大于3.5	$u(x)=\dfrac{x^2}{x^2+3.5^2}$	不大于2.0	$u(x)=\dfrac{x^2}{x^2+2^2}$	—	—

表 5.32　Y7（局部放电）的概率函数

在线端电压	注意值	隶属函数（概率函数）
$\frac{1.3U_{\mathrm{m}}}{\sqrt{3}}$	不大于 500 pC	$u_1(x)=\frac{x^2}{x^2+500^2}$
$\frac{1.3U_{\mathrm{m}}}{\sqrt{3}}$	不大于 300 pC	$u_2(x)=\frac{x^2}{x^2+300^2}$

表 5.33　Y8（套管电容量）的概率函数

项目	注意值	隶属函数（概率函数）
电容量检测	不大于 5%	$u(x)=\frac{x^2}{x^2+0.05^2}$

表 5.34　Y9（二次回路绝缘电阻）的概率函数

项目	注意值	隶属函数（概率函数）
二次回路绝缘电阻	不低于 1 MΩ	$u(x)=0.5-0.5\sin\frac{\pi}{2\times 1}(x-1)$

注：x 大于 2 MΩ时，$u(x)=0$。

表 5.35　Y10（铁芯接地电流）的概率函数

项目	注意值	隶属函数（概率函数）
铁芯接地电流	不大于 100 mA	$u(x)=\frac{x^2}{x^2+100^2}$

表 5.36　Y11（绝缘电阻）的概率函数

项目	注意值	隶属函数（概率函数）
220 kV 及以上变压器的穿心螺栓、铁轭夹件、绑扎钢带铁芯、线圈压环及屏蔽等的绝缘电阻	不小于 500 MΩ	$u(x)=0.5-0.5\sin\frac{\pi}{2\times 500}(x-500)$

注：当 x 大于 1 000 MΩ时，$u(x)=0$。

④ 权重系数的确定。

变压器故障树顶事件权重采用 1/9～9 标度，二级事件、底事件和特征参量的权重采用 0.1～0.9 标度，采用层级分析法进行计算获得。

⑤ 故障树概率的计算。

根据变压器的故障树模型及各事件的逻辑关系，得出该故障树的所有最小割集，即能直接导致顶事件发生的底事件为

$$\{X_{1.1}\},\ \{X_{1.2}\},\ \cdots,\ \{X_{9.7}\}$$

其故障概率分别为

$$\{P_{1.1}\},\ \{P_{1.2}\},\ \cdots,\ \{P_{9.7}\}$$

顶事件与中间事件的逻辑关系为

$$T=\sum_{i=1}^{9}A_i \tag{5.21}$$

中间事件与底事件的逻辑关系为

$$\begin{cases} A_1=\sum_{i=1}^{3}X_{1.i} \\ A_2=\sum_{i=1}^{7}X_{2.i} \\ A_3=\sum_{i=1}^{7}X_{3.i} \\ A_4=\sum_{i=1}^{5}X_{4.i} \\ A_5=\sum_{i=1}^{5}X_{5.i} \\ A_6=\sum_{i=1}^{5}X_{6.i} \\ A_7=\sum_{i=1}^{7}X_{7.i} \\ A_8=\sum_{i=1}^{3}X_{8.i} \\ A_9=\sum_{i=1}^{7}X_{8.i} \end{cases} \tag{5.22}$$

因此，变压器发生故障的概率，即不可靠度 $F(T)$为

$$F(T)=P(T)=\sum_{i=1.1}^{9.7}P(X_i) \tag{5.23}$$

考虑到不同因素对上级的不同影响，即引入权重系数 W，上述三式可以表示为

$$P(T)=\sum_{i=1}^{9}\overline{P}_{A_i}W_{A_i} \tag{5.24}$$

$$\begin{cases}\overline{P}_{A_1}=\sum\limits_{i=1.1}^{1.3}P_{X_i}W_{X_i}\\ \vdots\\ \overline{P}_{A_4}=\left(\sum\limits_{i=4.1.1}^{4.1.2}P_{X_i}W_{X_i}\right)\times W_{E_{4.1}}+\left(\sum\limits_{i=4.2.1}^{4.2.9}P_{X_i}W_{X_i}\right)\times W_{E_{4.2}}+\cdots+\left(\sum\limits_{i=4.5.1}^{4.5.13}P_{X_i}W_{X_i}\right)\times W_{E_{4.5}}\\ \vdots\\ \overline{P}_{A_9}=\sum\limits_{i=9.1}^{9.7}P_{X_i}W_{X_i}\end{cases} \tag{5.25}$$

从而可以得到变压器的可靠度 $R(T)$为

$$R(T)=1-P(T) \tag{5.26}$$

⑥ 部件故障概率的修正。

对于有缺陷的变压器部件，缺陷频发次数等于 2 时，部件可靠度乘以 0.9 的调节系数；缺陷频发次数大于 2 时，可靠度乘以 0.8 的调节系数。

另外，当变压器非电量保护中的压力释放阀任何一个目测项目或油位计任何一个指示项目有问题时，这两个子部件的故障概率强制都设为 0.1。

⑦ 可靠性计算流程。

底事件故障概率计算流程、特征参量概率计算流程和变压器故障概率计算流程分别如图 5.36～5.38 所示。

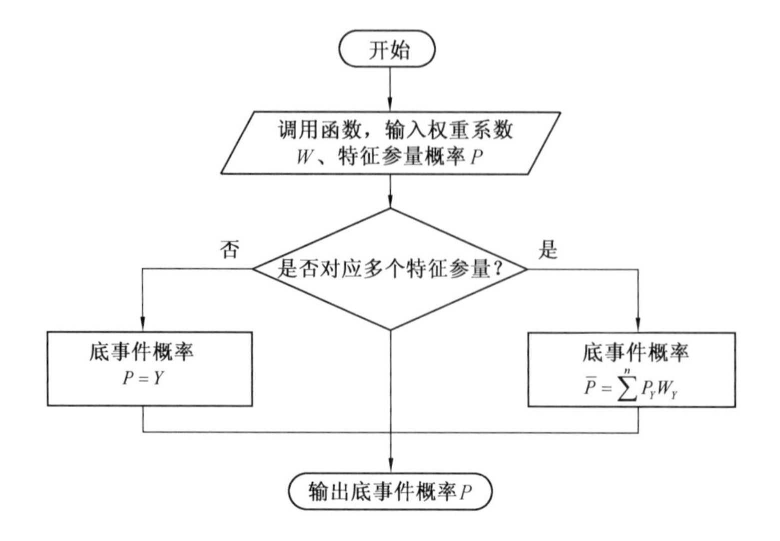

图 5.36　底事件故障概率计算流程

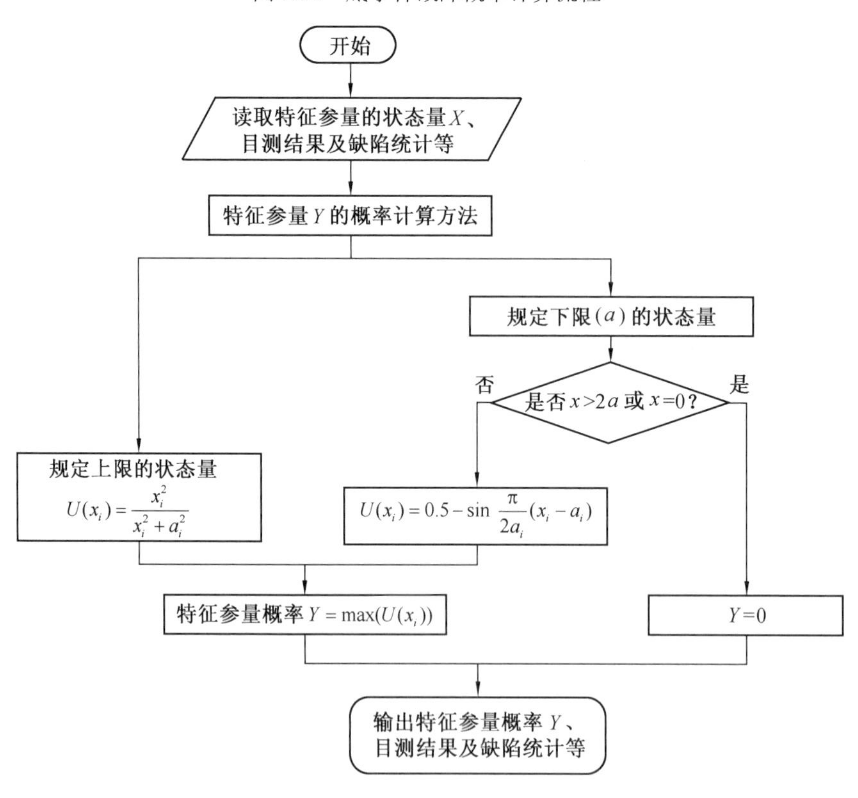

图 5.37　特征参量概率计算流程

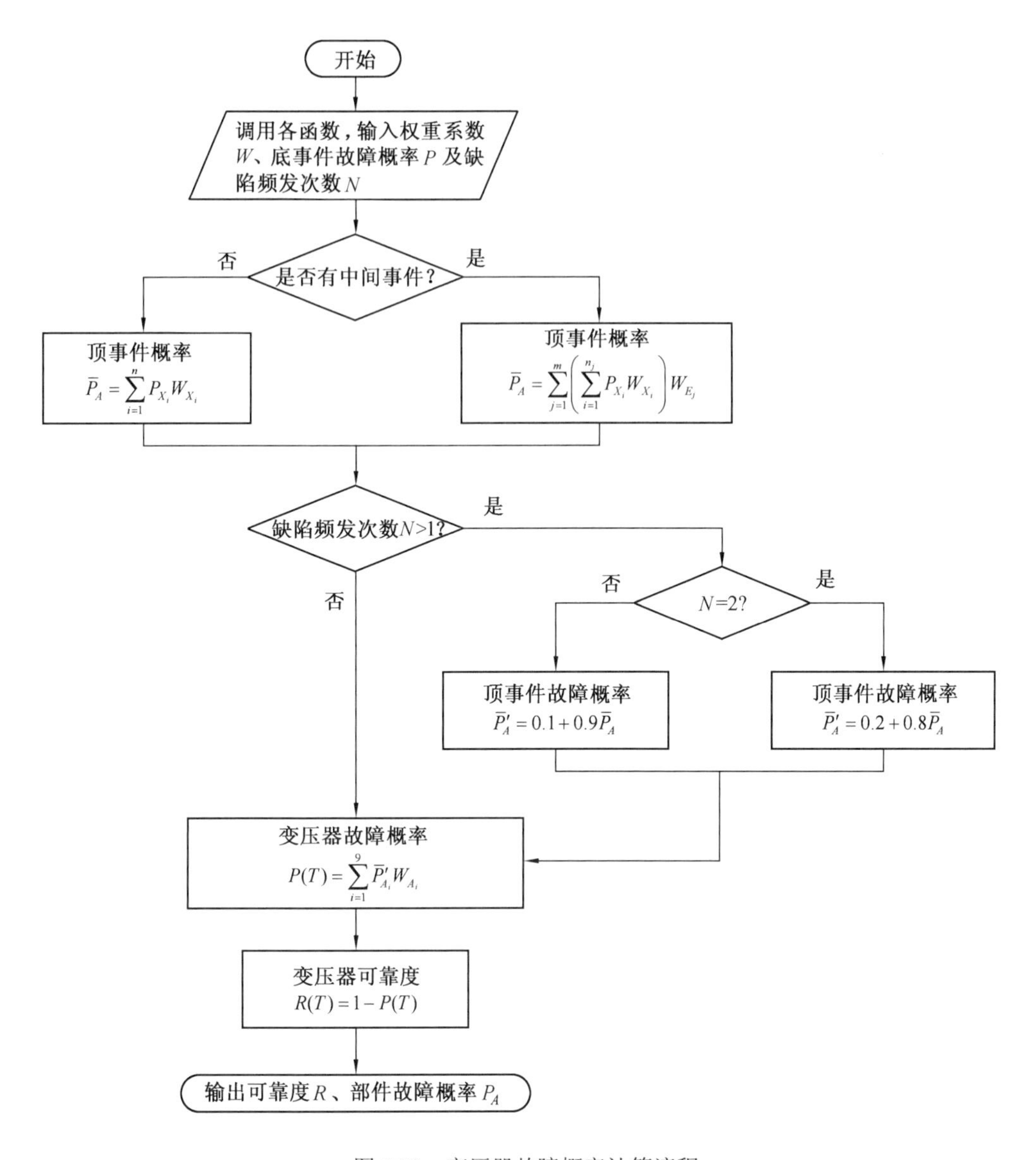

图 5.38　变压器故障概率计算流程

（2）断路器的可靠性评估。

① 建立断路器故障树。

断路器可分为断路器本体、储能机构和传动机构三大部分。根据对断路器各部件故障模式的深入分析，针对断路器的结构特点，结合以往对断路器故障信息的收集、整理，将断路器故障 T 分为本体故障 A_1、储能机构故障 A_2、传动机构故障 A_3 三大类。其中 T 为故障树的顶事件，$A_i(i=1,2,3)$、$E_k(k=1.1,1.2,\cdots,2.35)$为故障树的中间事件，而 $X_j(j=1.1.1,1.1.2,\cdots,3.2)$则为故障树的底事件。应用故障树原理，对各类故障进行细分并依据其逻辑关系建立故障树，如图 5.39～5.41 所示。

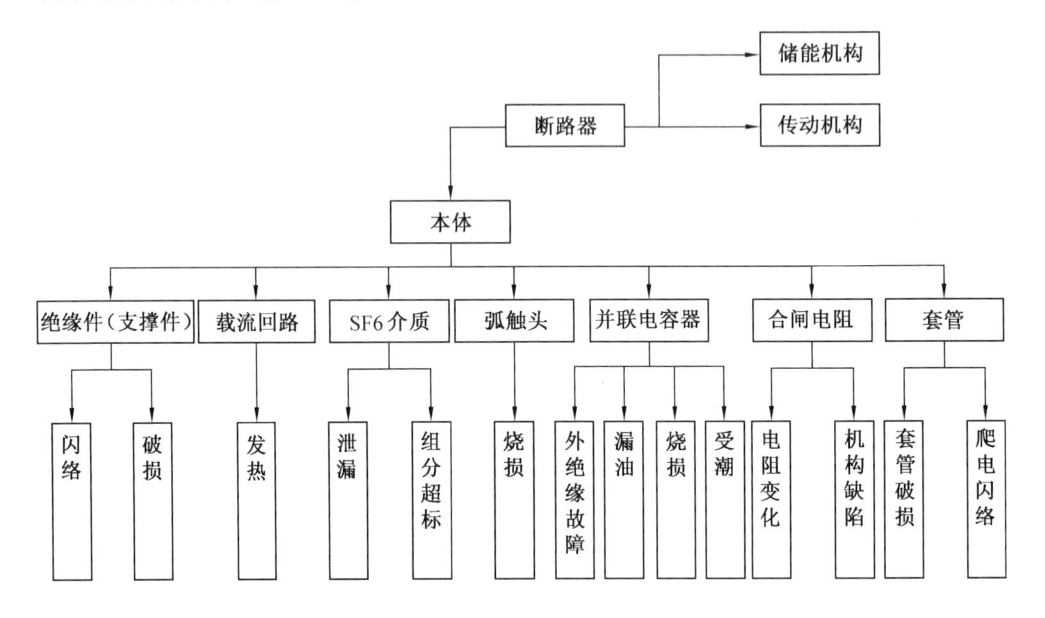

图 5.39　断路器故障树

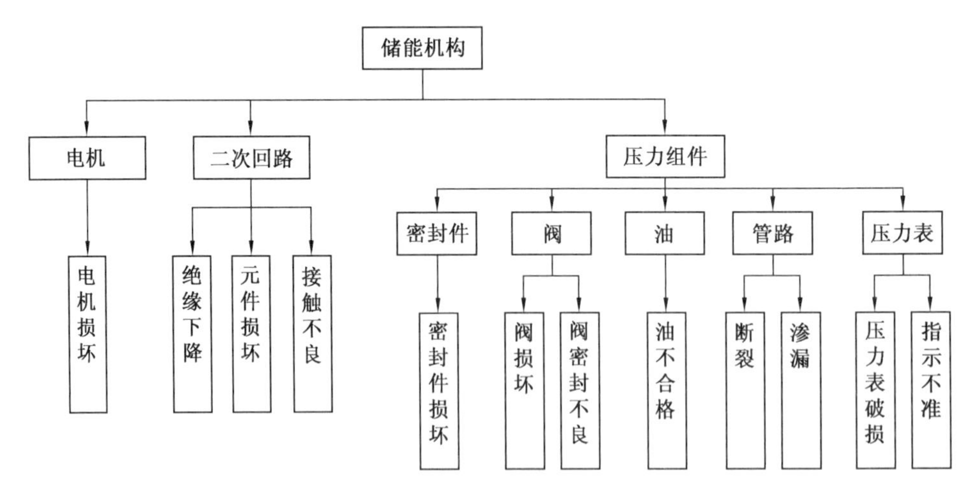

图 5.40　储能机构故障树

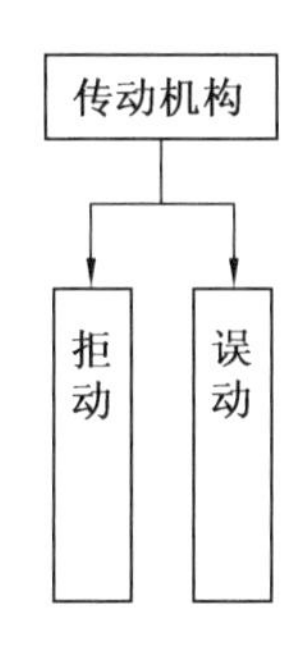

图 5.41　传动机构故障树

③ 建立断路器故障模式和特征参量对应表。

本书对断路器进行故障模式及影响分析，对所涉及的故障检测方法进行归纳、整理，将各检测方法所获得的特征参量作为故障特征参量，并对各特征参量依次编码得到故障特征参量集。在此基础上，根据断路器的各故障模式与故障特征参量之间的对应关系，建立各故障模式与故障特征参量之间的对应关系，见表 5.37。

表 5.37　断路器的特征参量

编码	特征参量	注意值
Y1（巡视）	累计开断短路电流值 Y1LJD	
	累计开断短路电流次数 Y1LJC	
	分合闸位置指示 Y1FH	
	瓷瓶破损 Y1CP	
	相间连杆变形 Y1XJ	
	异常响声 Y1YX	
	异常振动 Y1YZ	
	动作次数 Y1DZ	
	储能电机 Y1CN	
	打压次数 Y1DC	
	打压时间 Y1DS	
	压力表压力 Y1YL（SF6）	
	压力表破损 Y1YP	
	打压不停泵或分闸闭锁、合闸闭锁动作 Y1TB	

续表 5.37

编码	特征参量	注意值
Y1（巡视）	电容器渗漏油 Y1DR	
	压力组件渗漏油 Y1YS	
	机构箱密封 Y1JG	
	端子排锈蚀 Y1DX	
	除湿加热装置 Y1CS	
	报警信号 Y1BJ	
	瓷瓶爬电 Y1CD	
	二次元件损坏 Y1EC	
	分合闸铁芯卡涩 Y1FT	
	其他异常 Y1QT	
Y2（主回路电阻测量）	电阻值	不大于厂家规定的 120%
Y3（触头磨损）		
Y4（SF6 成分分析）	湿度（20 ℃体积分数 uL/L）	大修后不大于 150
	密度（标准状态下 kg/m^3）	运行中不大于 300
	毒性	不小于 6.16
	酸度	不大于 0.3
	空气质量百分数	大修后不大于 0.05%
		运行中不大于 0.1%
	可水解氟化物	不大于 1 μg/g
	矿物油	不大于 10
	纯度	不小于 99.8%
Y5（气体密封性试验）	年漏气率	不大于 0.01
	抽真空检漏	B-A 不大于 133 Pa
	检漏仪检漏	是否正常
Y6（红外测温）	温度	以 DL/T 664—2016 导则判断
Y7（耐压试验）	交流耐压	试验电压为出厂试验电压的 0.8 倍是否通过
Y8（局放试验）	局部放电	有无明显局放信号
Y9（辅助回路绝缘试验）	绝缘电阻	不低于 2 MΩ
Y10（控制回路绝缘试验）	绝缘电阻	不低于 2 MΩ

续表 5.37

编码	特征参量	注意值
Y11（气体密度装置）	动作值	
	返回值	
Y12（辅助回路交流耐压试验）	试验电压	2 kV 是否正常
Y13（控制回路交流耐压试验）	试验电压	2 kV 是否正常
Y14（本体绝缘试验）	绝缘电阻	厂家规定
Y15（断口间并联电容器的绝缘电阻、电容量和 tan δ）	绝缘电阻 Y15R	不小于 5 000 MΩ
	电容量 Y15C	电容值偏差不大于额定值的 0.05
	tan δ Y15T	不大于 0.005
Y16（合闸电阻值）	阻值变化	不大于 0.05
Y17（合闸电阻的投入时间）	时间	厂家规定
Y18（机械特性）	分闸时间	1～1.5 ms
	合闸时间	1.7～2.2 ms
	分闸同期	不大于 5 ms
	合闸同期	不大于 3 ms
Y19（压力表校验）	读数	是否正常
Y20（分合闸动作电压）	动作电压	是否正常
Y21（补压零起打压运转时间）	时间	厂家规定
Y22（分合闸线圈直流电阻）	直流电阻	厂家规定
Y23（家族性缺陷）	绝缘件 Y23J	
	传动机构 Y23C	
	载流回路 Y23Z	
	弧触头 Y23H	
	并联电容器 Y23B	
	合闸电阻 Y23R	
	套管 Y23T	
	电机 Y23D	
	二次回路 Y23E	
	密封件 Y23M	
	阀 Y23F	
	管路 Y23G	
	油 Y23Y	
Y24（污秽等级）		

表 5.38　故障模式与特征参量的对应关系

部件	子部件		代码 X	故障模式	特征参量
本体（A_1）	绝缘件（$E_{1.1}$）		1.1.1	闪络	Y7、Y8、Y14
			1.1.2	破损	Y7、Y8、Y14、Y15R
	载流回路（$E_{1.2}$）		1.2.1	发热	Y2、Y6、Y8
	SF6 介质（$E_{1.3}$）		1.3.1	泄漏	Y5、Y1YL、Y1BJ
			1.3.2	组分超标	Y4
	弧触头（$E_{1.4}$）		1.4.1	烧损	Y1LJD、Y1LJC
	并联电容器（$E_{1.5}$）		1.5.1	漏油	Y1DR
			1.5.2	烧损	Y15C、Y15T
			1.5.3	受潮	Y15T
	合闸电阻（$E_{1.6}$）		1.6.1	电阻变化	Y16
			1.6.2	机构缺陷	Y17
	套管（$E_{1.7}$）		1.7.1	套管破损	Y1CP
			1.7.2	爬电闪络	Y1CD、Y24
储能机构（A_2）	电机（$E_{2.1}$）		2.1.1	电机损坏	Y1CN
	二次回路（$E_{2.2}$）		2.2.1	绝缘下降	Y9、Y10、Y12、Y13
			2.2.2	元件损坏	Y1EC
			2.2.3	接触不良	Y1DX
	压力组件（$E_{2.3}$）	密封件（$E_{2.3.1}$）	2.3.1.1	密封件损坏	Y1YS
		阀（$E_{2.3.2}$）	2.3.2.1	阀损坏	Y1DC、Y1DS
			2.3.2.2	阀密封不良	Y1DC、Y1DS、Y1TB
		油（$E_{2.3.3}$）	2.3.3.1	油不合格	Y1DC、Y1DS
		管路（$E_{2.3.4}$）	2.3.4.1	断裂	Y1TB
			2.3.4.2	渗漏	Y1YL、Y1TB、YIYS
		压力表（$E_{2.3.5}$）	2.3.5.1	压力表破损	Y1YP
			2.3.5.2	指示不准	Y19
传动机构（A_3）			3.1	拒动	Y18、Y20、Y22、Y1XJ、Y1FT、Y1YX、Y1YZ
			3.2	误动	Y18、Y20、Y22、Y1YX、Y1YZ

③ 建立特征参量的概率函数。

断路器特征参量概率函数的建立和变压器一样，值得注意的是，断路器特征参量的限制值很多都是根据不同厂家规定的。

对应有上、下限值的特征参量，可通过下式进行构建。设某特征参量的上限值为 b，下限值为 a，则其概率函数为

$$u(x)=\frac{\left(x-\dfrac{a+b}{2}\right)^2}{\left(x-\dfrac{a+b}{2}\right)^2+\left(\dfrac{a-b}{2}\right)^2} \tag{5.27}$$

④ 权重系数的确定。

断路器故障树顶事件权重采用 1/9～9 标度，二级事件、底事件和特征参量的权重采用 0.1～0.9 标度，采用层级分析法进行计算获得。

⑤ 故障树概率的计算。

根据断路器的故障树模型及各事件的逻辑关系，得出该故障树的所有最小割集，即能直接导致顶事件发生的底事件为

$$\{X_{1.1.1}\}，\{X_{1.1.2}\}，\cdots，\{X_{3.2}\}$$

其故障概率分别为

$$P(X_{1.1.1})，P(X_{1.1.2})，\cdots，P(X_{3.2})$$

从而可以得到中间事件的概率。

其中本体的子部件概率为

$$\begin{cases}P(E_{1.1})=\sum_{i=1}^{2}W_{1.1.i}P(X_{1.1.i})\\P(E_{1.2})=P(X_{1.2.1})\\P(E_{1.3})=\sum_{i=1}^{2}W_{1.3.i}P(X_{1.3.i})\\P(E_{1.4})=P(X_{1.4.1})\\P(E_{1.5})=\sum_{i=1}^{3}W_{1.5.i}P(X_{1.5.i})\\P(E_{1.6})=\sum_{i=1}^{2}W_{1.6.i}P(X_{1.6.i})\\P(E_{1.7})=\sum_{i=1}^{2}W_{1.7.i}P(X_{1.7.i})\end{cases} \tag{5.28}$$

因此，可以得到本体的故障概率为

$$P(A_1)=\sum_{i=1}^{7}W_{E_{1.i}}P(E_{1.i}) \tag{5.29}$$

压力组件子部件的故障概率为

$$\begin{cases}P(E_{2.3.1})=P(X_{2.3.1.1})\\ P(E_{2.3.2})=\sum_{i=1}^{2}W_{2.3.2.i}P(X_{2.3.2.i})\\ P(E_{2.3.3})=P(X_{2.3.3.1})\\ P(E_{2.3.4})=\sum_{i=1}^{2}W_{2.3.4.i}P(X_{2.3.4.i})\\ P(E_{2.3.5})=\sum_{i=1}^{2}W_{2.3.5.i}P(X_{2.3.5.i})\end{cases} \tag{5.30}$$

从而可以得到压力组件的故障概率为

$$P(E_{2.3})=\sum_{i=1}^{5}W_{2.3.i}P(E_{2.3.i}) \tag{5.31}$$

二次回路的故障概率为

$$P(E_{2.2})=\sum_{i=1}^{3}W_{2.2.i}P(X_{2.2.i}) \tag{5.32}$$

电机的故障概率为

$$P(E_{2.1})=P(X_{2.1.1}) \tag{5.33}$$

因此，可以得到储能机构的故障概率为

$$P(A_2)=\sum_{i=1}^{3}W_{E_{2.i}}P(E_{2.i}) \tag{5.34}$$

传动机构的故障概率为

$$P(A_3)=\sum_{i=1}^{2}W_{3.i}P(X_{3.i}) \tag{5.35}$$

由此，可以得到断路器的故障概率为

$$P(T)=\sum_{i=1}^{3}W_{A_i}P(A_i) \tag{5.36}$$

从而可以得到断路器的可靠度为

$$R(T)=1-P(T) \tag{5.37}$$

⑥ 部件故障概率的修正。

对于有缺陷的断路器部件，当缺陷频发次数等于 2 时，部件可靠度乘以 0.9 的调节系数；当缺陷频发次数大于 2 时，可靠度乘以 0.8 的调节系数。

5.3　资产绩效管理技术

资产绩效管理（Asset Performance Management，APM）技术将策略开发、策略管理、状态评估及绩效分析融为一个综合系统，通过该系统可以确定有效资产绩效管理程序的各个方面，提高可靠性及强化生产资产的绩效管理来增加盈利，并达到预期的生产能力。

APM 体系是指连续提高资产绩效、度量驱动的、明确目标方向的业务流程，是以绩效为驱动力、以目标为导向的应用体系，可以提供一个不断完善的平台。APM 系统可为决策人提供有关其企业、装置、资产或设备水平的分析。APM 方案提供了如下可靠性软件和工作程序。

（1）自动进行技术数据分析以识别、预测故障发生及其原因。

（2）从企业及包括 ERP、CMMS/EAM、过程历史记录和状态监测系统在内的当前资源中确定重要的资产绩效。

（3）公开关键的绩效指标，以便于确定改进机会。

（4）遵守风险评估及操作与维护策略的最佳行业惯例。

（5）将策略引入到执行系统中，以形成闭环并不断提高整个企业的资产绩效。

有三个领域拥有 APM，它们分别是策略制订（Strategize）、执行（Execute）和评估（Evaluate）。它们代表的是连续的流程，此流程强调的是在评估阶段流程不会终止。相反，重点应放在最初或以前所采用的策略及连续出现的再制订策略上。

5.3.1 资产绩效管理技术的预期目标

资产绩效管理系统的实施可以为云南电网公司实现如下预期目标。

（1）连续提高资产绩效。

（2）可预测的生产传递。

（3）基于事实对过去故障和成功加以认识。

（4）消除跨部门障碍。

（5）对企业产生影响的信息。

5.3.2 资产绩效管理技术体系结构

资产绩效管理体系主要包括四大模块：策略开发、策略管理、策略执行和策略评估。四个模块构成一个闭环的运行流程，APM 体系的构成如图 5.42 所示。策略开发模块主要包括以可靠性为中心的维修、基于风险的检测、安全仪表系统管理和危害分析；策略管理模块主要包括策略管理、策略实施和策略优化；策略执行模块主要包括校验管理、检验管理、厚度检测、操作工巡检和润滑管理；策略评估模块主要包括计划及积分卡、根原因分析、可靠性分析、发电管理和产能损失管理。

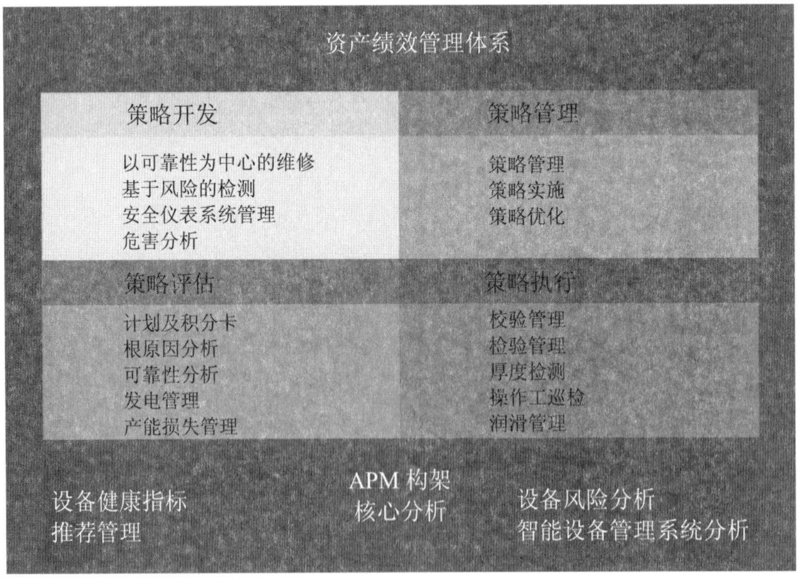

资产绩效管理体系

策略开发
以可靠性为中心的维修
基于风险的检测
安全仪表系统管理
危害分析

策略管理
策略管理
策略实施
策略优化

策略评估
计划及积分卡
根原因分析
可靠性分析
发电管理
产能损失管理

策略执行
校验管理
检验管理
厚度检测
操作工巡检
润滑管理

设备健康指标
推荐管理

APM 构架
核心分析

设备风险分析
智能设备管理系统分析

图 5.42 APM 体系的构成

在 APM 体系中，能够完成如下工作。

1. 建立统一科学的数据管理系统

（1）对电力设备进行分类编码。

建立统一、科学的电力设备的分类，原则是按设备属性从大到小（工厂、区域、单元、位置、设备及事件等因素）进行，保证度量的一致性（可比性）。

（2）确定电力设备的重要等级。

根据设备在电网中的地位、设备的可靠性要求及设备本身的价值三个方面来确定其重要等级；同时根据设备的重要等级，使用不同的缺陷诊断方法。

重要设备：以可靠性为中心的维修（Reliability-Centered Maintenance，RCM）。

次重要设备：故障模式及影响分析（Failure Modes and Effects Analysis，FMEA）。

不重要设备：根本原因分析（Root Cause Analysis，RCA）。

（3）对设备缺陷进行故障分类编码。

结合资产绩效技术（Asset Performance Technology，APT，提供了与定义的失效模型及预防性维修计划，这些模型及计划是基于 1996 年以来由众多相关企业及行业专家通过结构化体系提供的数据汇总而来的），对故障缺陷进行归类统计，形成设备故障集，指导维修策略的制订。

（4）指定需要分析的数据，定义需要收集的数据包括维修记录、停电统计、状态、安全、维修成本及环境因素等。

2. 以数据管理系统为基础建立一个资产绩效管理循环体系

（1）体系目标。

降低风险和成本，保证设备合规，提高设备可靠性、可用性。

（2）长期效益。

降低安全、环境及健康风险，延长设备平均失效间隔，延长设备使用寿命，提高设备可用性，降低（备件）库存。

（3）具体资产绩效管理流程如图 5.43 所示，APM 结构如图 5.44 所示。

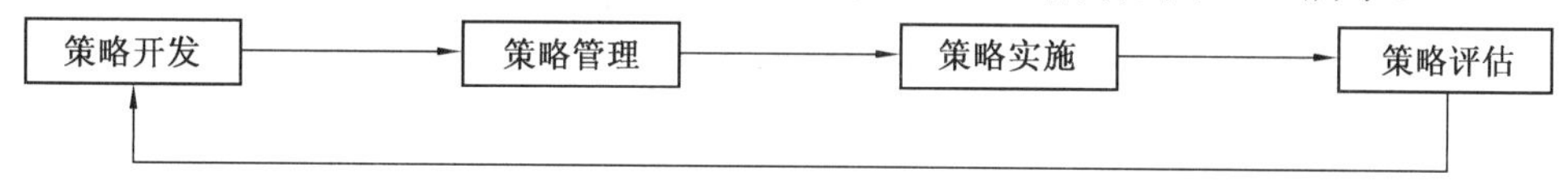

图 5.43　具体资产绩效管理流程

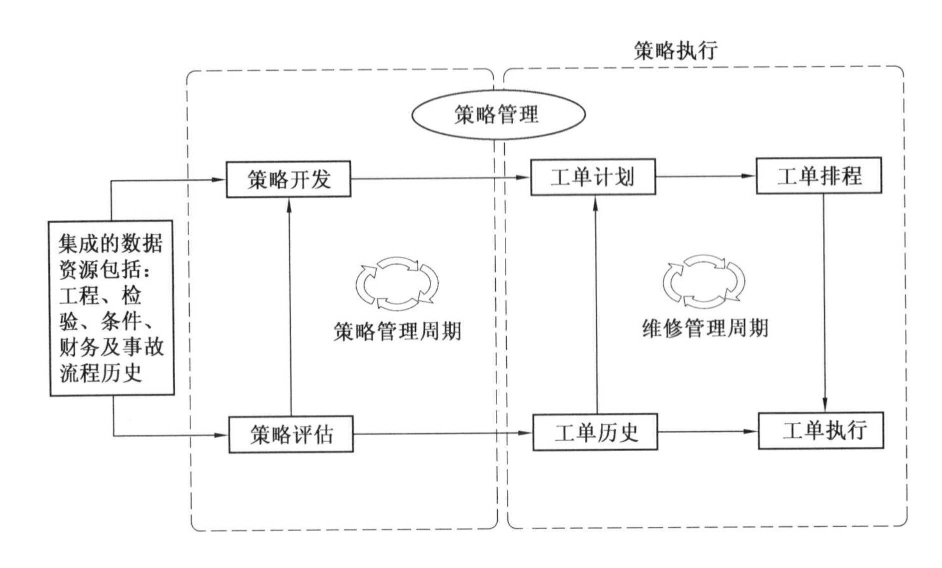

图 5.44　APM 结构

① 策略开发。

a. 需要了解的手段及技术。

设备如何失效。

设备失效后所带来的风险及后果。

需要采取的措施（维修策略）。

b. 利用风险评估矩阵评估故障模式风险，如图 5.45 所示。

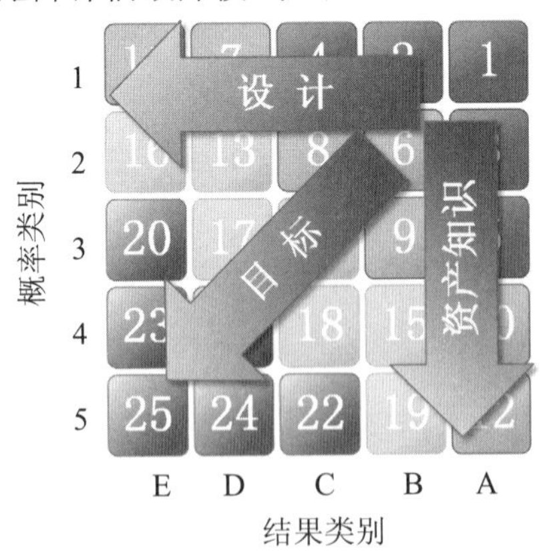

图 5.45　APM 风险矩阵

故障模式风险主要从对人身、系统、环境和经济四个方面的影响来考虑，同时结合故障模式的概率来确定故障模式的风险值。通过对故障模式风险值的评估，能够得到三种风险结果。

接受风险：评价出来的故障模式的风险值是可以接受的，对系统的稳定和损失在接受的范围内。

降低风险：通过实施某种维修策略，故障模式的发生概率及后果都可以得到明显的降低。

传递风险：某一故障模式发生时，不只有该故障模式发生，还会引起其他故障模式的发生，这种故障模式的发生具有很大的风险，对系统的稳定和损失都可能造成很严重的后果，应该引起足够的重视。

c. 根据设备的重要等级确定分析方法（图 5.46）。

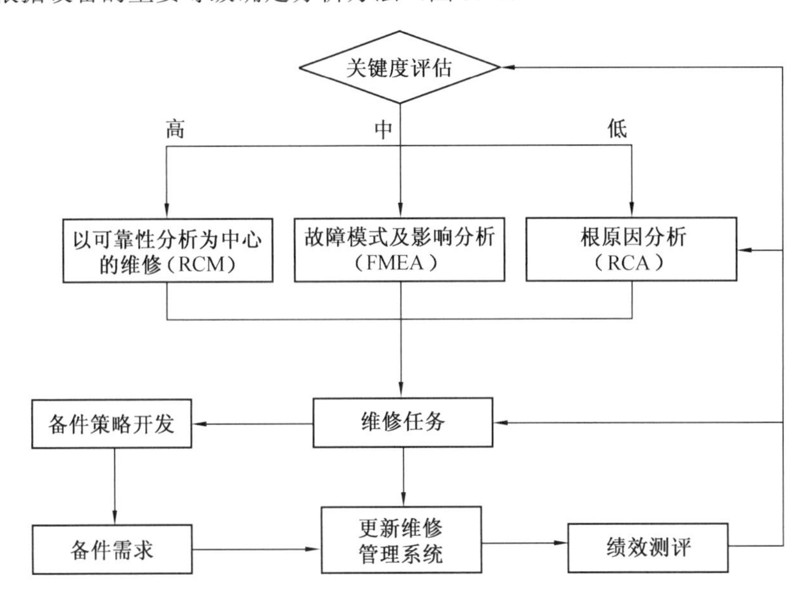

图 5.46　APM 分析方法的确定

这一阶段通过对设备进行诊断，根据此结果制订基于风险结果开发检修策略。

② 策略管理。

策略管理系统提供的功能可将制订的计划直接从 Excel 模板输入到资产策略中，以便进一步审查、分析和改进。通过反复的对检修策略进行优化，最后安排检修计划，形成工单并下达任务。同时提供一个有效的分析工具，其将给出建议的变更对资产总风险策略的影响。通过此评估功能可以很容易地导出资产策略选项的“假如”情况，可对该选项进行评价，在达到“可接受风险等级”的前提下，确定最佳投资回报率。

③ 策略实施。

a. 对策略的实施进行管理。检查检修策略的实施是否按照规定的要求实施（包括检修顺序、检修备件要求和检修人员要求等因素），确保检修过程的合规。

b. 对反映资产性能及状态的数据进行收集。

④ 数据的收集。

a. 收集过程数据包括：维护、生产、条件、安全及环境因素和使用的资源（花费的人力、物力）。

b. 针对单一任务，监督触发重新评估的条件。

c. 生成关键绩效指标（KPI）。

策略实施工作流程如图 5.47 所示。

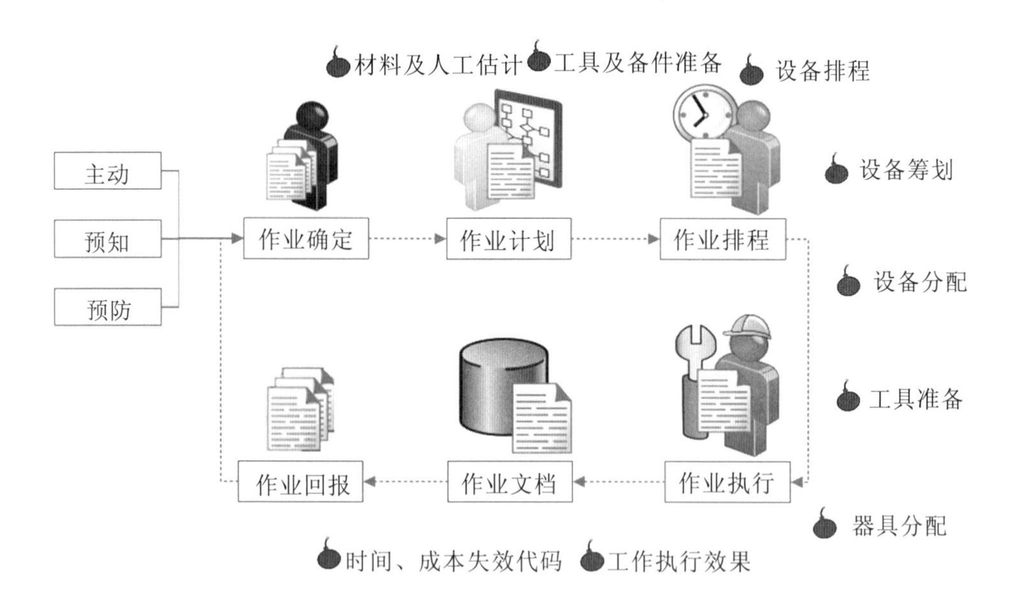

图 5.47　策略实施工作流程

⑤ 策略评估。

a. 评估策略对业务目标的有效性。评估策略有没有按照要求执行、执行有没有达到预定的目标、与预定业务目标（KPI）的差距、成本是否超过预算及生产损失核算。

b. 评估和分析资产的性能。评估策略的执行是否提高了设备的可靠性、是否降低了设备的运营风险，对设备故障进行根原因分析（RCA）。

c. 改进措施的修正与管理。针对策略的实施情况，对没有达到目标的策略进行评估，针对既定目标进行策略的改进。整体流程图如图 5.48 所示。

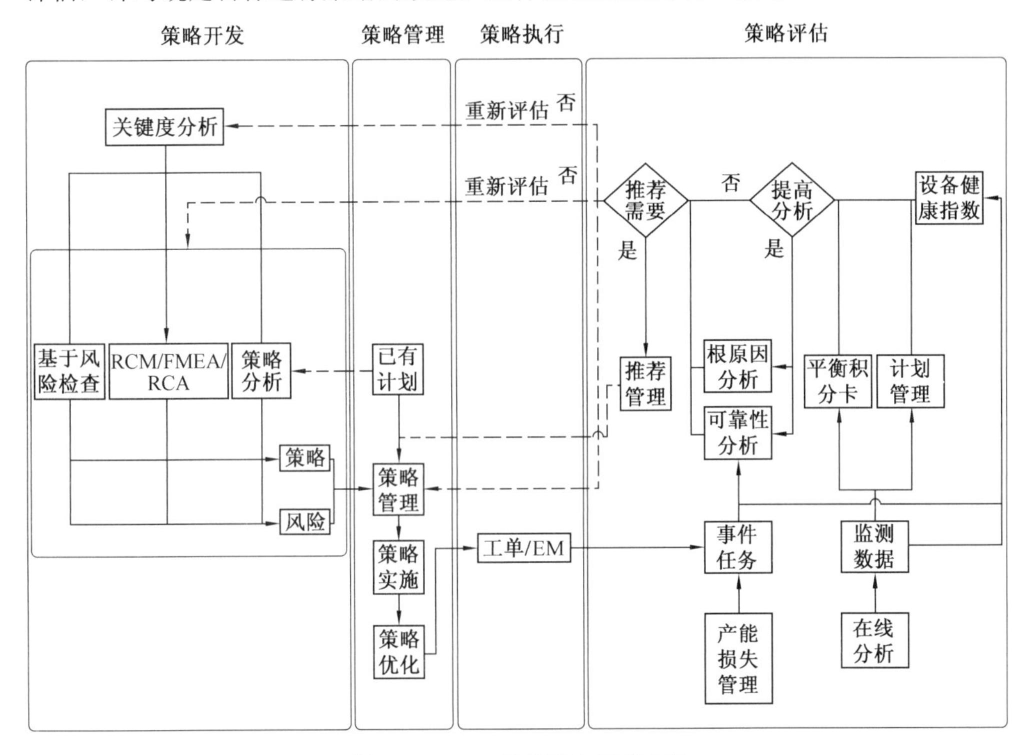

图 5.48　APM 绩效管理系统流程

5.3.3　资产绩效管理技术框架

APM 框架是 APM 方案的技术基础，并为各模块所支持的业务流程提供了基础结构，从而形成了一个完全整合了的 APM 系统。APM 框架包括常用的成套决策支持工具、可扩展性的组态特征、管理应用以及与现有业务系统的企业整合。APM 框架可以使公司的生产资产发挥更大潜能。

1. APM 决策支持工具

APM 框架包括可作为标准作业程序基础的成套核心功能，并提供通过 APM 工作流程对用户进行指导的相兼容的用户接口。在决策支持方面，APM 框架包括可通过模块进行调整的以下工具。

（1）主页。

主页提供了一种基于角色访问 APM 业务流程和功能，通常是执行 APM 内工作的出发点，并成为组织内具体需要或过程的组织者。通过主页，可以访问 APM 所管理的任何信息或工作程序。根据用户的角色和职责，可以将主页设计成单用户或用户群，从而使用户能够快速访问所需信息，显著有效地开展工作。

（2）搜索工具。

搜索工具可使用户以简单的关键词或高级搜索确定 APM 应用程序内的具体数据。搜索工具提供易于使用的接口，从简单到复杂选择条件区域，以便根据标准快速定位任何记录。普通搜索可以保存以便再用，并能与其他 APM 用户共享。

（3）记录管理。

记录管理提供对 APM 内数据进行管理的应用程序，以及通过 APM 系统查看、创建和修改数据的能力。

（4）记录浏览器。

记录浏览器提供层次树视图，并对 APM 系统内的数据进行导航。通过对记录浏览器树的层次进行导航，可以很容易查找、浏览、管理、创建、删除和复制 APM 程序内的数据。

（5）数据表。

数据表将记录保存的所有数据汇编到管理员组态的自定义视图中。创建多个数据表以便为不同用户提供多视图记录。

（6）相关链接。

相关链接提供可定制的超级链接，以调用指定记录的操作和访问功能。

（7）查询工具。

查询工具提供进行特定查询所需的强大平台，以访问 APM 系统内保存的任何信息。用户可以制定标准、分类结果、编组数值及创建具体的计算和表达式以操纵数据。创建的任何查询都可以保存供再次使用，且能与其他用户共享，或作为图表、报告和其他分析文件的依据。

（8）查询生成器。

查询生成器通过创建查询程序指导初学用户一步一步地访问所选择的信息。通过向用户提供有效选项并提示其做出相应选择，查询创建器可在所创建查询之外进行推测工作。

（9）查询设计器。

查询设计器为更多高级用户提供建立查询所需的强大而灵活的工具。利用查询设计器，用户可增加过滤器、表达式和具体标准进行查询，以完善返回的查询结果。

（10）超级链接。

超级链接提供增加查询结果链接的选项，以支持自定义工作流程并扩展查询功能。查询结果中的超级链接可使用户能访问 APM 的任何功能，或将用户指引到查询结果的更详尽信息中。

（11）数据集。

数据集可用于管理和分析未保存在 APM 数据库的信息。从外部文件输入数据或在 APM 中设计数据，即可创建数据集。数据集保存后可生成报告、图表及其他分析文件。

（12）图表。

图表允许用户格式化任何数字数据，以提供数据库中信息的直观表示。APM 支持使用各种图表类型，包括条形图、面积图、分布图、线形图、排列图、饼形图、锥形图及甘特图。利用自定义标签、颜色和效果可以充分对图表进行组态。图表可以保存再用、与其他用户共享以及打印和输出。超级链接可以添加到图表上，以便访问以其他图表形式或查询形式给出的更多详细信息。

（13）报告。

报告可创建数据库内任何数据的自定义格式化视图。APM 通过 crystal 报告和 SQL 服务器报告的服务程序提供报告功能。

（14）目录。

目录提供存储 Meridium 对象（查询、报告、图表等）的中央资料库，以便它们可以再用、与其他用户共享、修改、供其他模块引用及控制。

（15）策略规则。

策略规则提供定义规则的机理，此规则可监控资产设计特征，维护和生产历史、当前绩效以及绩效预测，并且在超过特定的阈值时，可自动生成建议并发出警报。

（16）参考文件。

参考文件提供将电子文件或URL参考文件添加到APM应用程序中所存储的数据中的能力。

（17）可组态的状态管理。

可组态的状态管理提供一种综合状态管理引擎，即其可用于特殊的用户定义的数据路径和批准。

2. APM 组态管理

APM数据组态管理器可提供建立APM系统和对其进行组态所需的所有工具。图5.49给出了DCM的屏幕捕获结果。

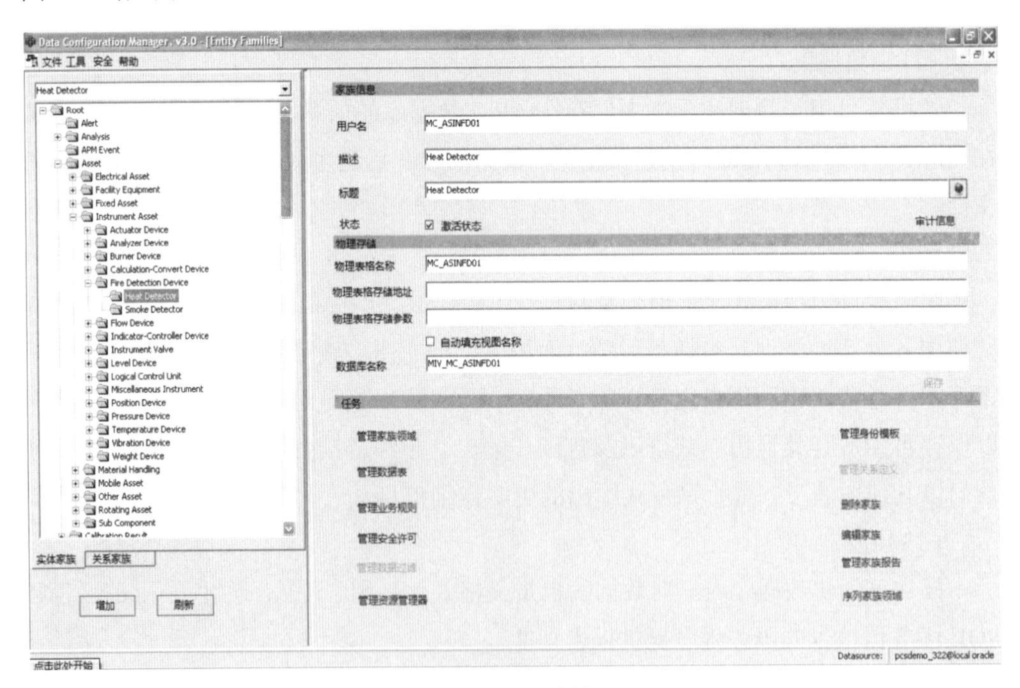

图5.49　APM数据组态管理器DCM

（1）记录族层次。

记录族层次提供可完全组态、多维的数据结构，此结构允许管理员定义资产数据，定位数据和分析数据是如何在系统内确定、保存和管理的。

（2）元数据。

元数据定义 APM 系统内各族的结构。元数据可完全组态，而且用户可以通过它对族和字段的外观和行为进行定制。

（3）数据表。

数据表为数据库中各记录提供创建定制视图的功能。它采用标签结构，并规定各表内可以出现哪些字段，用户可将信息编入“各页”。一族可创建多个数据表，以支持不同的工作流程以满足不同类型的用户。

（4）操作规则。

操作规则允许用户在族和字段级建立定制逻辑，以规定记录和字段是如何生效、计算或格式化数据的。操作规则能提高数据输入效率，保证系统的数据一致且能自动计算和验证数据，从而有助于用户解锁 APM 的功能。例如，创建的操作规则可用于：

① 进行验证检查，以确保数据完全输入且形式一致。

② 防止基于定制标准的用户操作，如防止删除含有特定数值的记录。

③ 利用输入到相关字段中的信息来填充或计算数值。

④ 允许用户将信息输入到一个记录中，然后根据变动更新所有的相关记录。

（5）宏指令。

通过宏指令可制订出定制业务逻辑，可通过调用此逻辑来支持任何定制的工作流程，或在执行系统内特定动作时为用户提供选项。

（6）输入/输出公用程序。

输入/输出公用程序为元数据提供输入和输出功能，有利于多个 APM 数据源之间的元数据传送。输入/输出公用程序有助于促进从测试系统到生产系统的移动过程，还有利于将修改大量元数据的工作流水化。

（7）安全性。

可通过创建受密码保护用户来保障系统的安全，该用户经授权后可完成系统内的特定任务。

3. APM 框架功能

（1）报警。

当存在某些特定条件时由系统人工或自动产生以通过电子邮件通知用户。

（2）超级链接。

链接到任何地方，或通过系统（如主页、查询、图表）将 APM 数据放置到不同地方，以便能立即访问重要数据，并促进定制工作进程。

（3）Microsoft Office 程序的整合。

Microsoft Office 程序的整合可将报告、图表和数据很容易输出到 Microsoft Office 程序（如 Word、PowerPoint、Excel 及 Adobe PDF 格式）中。

（4）电子邮件功能。

与 APM 中任何数据的链接都可通过电子邮件发送，以促进各处内部及之间的协作。

（5）打印功能。

打印功能提供打印各种报告、图纸和数据的功能。

APM 框架是资产绩效管理（APM）方案的基础，它可以与所有 Meridium 模块相连，形成完全整合的综合 APM 系统。APM 框架可提供强有力方案所需的工具和基本功能，此方案支持工作流程并具有所需的灵活性，从而满足不断变化的需求。

5.3.4 RCM 和 FMEA 方法论

实施防止设备故障策略是资产绩效管理方案的重要组成部分。只有在实施的策略确定了设备故障的根本原因时，故障预防才能成功。为实施有效的策略，首先必须了解设备故障是如何出现的。充分了解故障模式后，可评估其影响并给出建议，以预防潜在的故障，避免事故。

APM 系统中的以可靠性为中心的维修（RCM）及故障模式及影响分析（FMEA）模块是策略管理套件的一部分，是整个资产绩效管理（APM）套件的组成部分。RCM 和 FMEA 方案可使客户对个别设备或整个系统进行严格的分析，以确认潜在的故障原因，然后实施策略以预防故障发生。RCM 和 FMEA 可作为深入了解设备功能和故障的有力依据。凭借所了解的情况，可制订出成功的故障预防策略。

1. RCM 方法论

以可靠性为中心的维修（RCM）是一种严格的、科学的方法论，其旨在提前制订实际资产和系统的总维护策略，这些资产和系统将确保功能的整合并对有效性进行优化。根据《以可靠性为中心的维修（RCM）过程评价标准》（SAE JA1011—2009），系统级的 RCM 过程围绕 7 个问题组成，这 7 个问题旨在确认：

① 功能——系统/资产将要做什么。

② 功能故障——如何会出现故障。

③ 故障模式——故障类型。

④ 故障影响——当出现故障时会发生什么。

⑤ 故障后果——为什么我们会担心这样的故障。

⑥ 减轻故障的维护任务——预防或预测故障。

⑦ 如果不存在维护任务我们可以做什么——运行到出现故障或重新设计。

RCM 过程促进了对系统功能的全面了解，并将重点放在确保系统功能方式上。在 RCM 分析中，如果能保持系统的功能，则一个或多个系统部件的故障是可以接受的。通过侧重于系统功能，RCM 方案利于设备功能故障影响策略的制订，对于某些系统而言，此故障对产量和成本的影响可能比简单的机械故障更显著。

2. FMEA 方法论

APM 的 FMEA 方案提供了结构良好、基于设备的分析方案，是（较全面的）RCM 的替代方法。FMEA 方案要求分析小组回答以下有关设备的问题：

① 资产可能经历什么类型的故障？（故障模式）

② 出现各故障时发生了什么？（故障效应）

③ 各故障问题存在的方式是什么？（故障后果）

④ 预测或预防各故障应做些什么？（建议）

⑤ 如果未找到适当的 RCM 任务应做些什么？（默认操作）

通过回答这些问题，分析小组可以确认各设备的故障和影响，然后制订可预防这些故障的行动建议。与侧重于预防功能故障的 RCM 分析不同，FMEA 方案有利于识别并预防最重要的故障模式。

5.3.5 RCM 工作流程

APM 采用一个四阶段流程来确保标准 RCM 程序所有部件都得到及时的确认和确定。这四个简单的阶段分别如下。

（1）准备阶段。

① 系统定义。

② 风险等级（危险程度评估）。

③ 选择方法。根据风险情况选择维护策略方法。

（2）故障模式及影响分析（FMEA）阶段。

（3）策略阶段。

（4）重新评价。

1. 准备阶段

准备阶段是从培训、管理构思、所采用策略的执行、系统定义及风险（危险程度）评估开始的。强大的管理流程可以确保在新措施开始时就能全面定义何时、何地、为何从 RCM 得到的值。综合风险评估可确保在 RCM 的投资将以价值的先后顺序应用到系统和资产中，以产生最大成效和回报。准备阶段的最后两步将确认要分析系统的功能及在什么方式下不能执行其功能。

（1）系统定义。

此步骤涉及怎样能将大的系统或工艺分解成有限数量的功能组，以便每个资产组都成为一个相关的逻辑单元。RCM 分析的特点在于了解系统应执行的功能，这些要求将推动维护需求。操作、工程技术和维护都将用于主工艺和子工艺中且应从所需要的输入、所执行的工艺步骤及结果或输出入手来了解每个功能组。这些组将执行单独的工艺功能，之后通过常见的工艺要求相关联。应给出操作内容以便在工艺结果和控制方面确认每个重要功能组的操作参数。

（2）风险等级。

对于每个功能组，需对因老化、中止和故障引起的风险进行评估。此评估的结果针对的是功能组和功能界区内所有设备的各个方面或危险等级。等级排序方法对于不同的工艺来说可能会不同，对不相似的装置来说可能不同，甚至对相同的工艺来说也可能不同。应保持此等级排序以显示每个系统的等级排序及所获评价的逻辑原因。

（3）选择方法。

一旦对功能系统、其操作内容和风险进行了评估，则可考虑每个系统所需要的分析等级：高风险系统需要逻辑和标准化方法、强大的审计跟踪、每个决定点处所给假设的详细说明。图 5.50 对此过程做了说明。

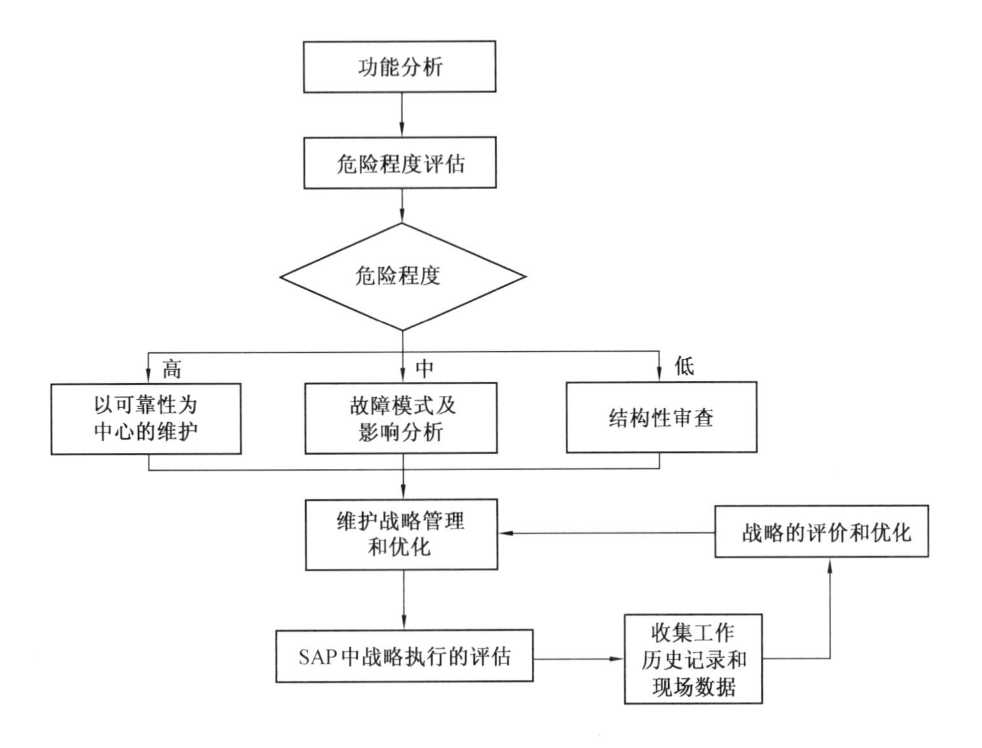

图 5.50　基于风险进行的分析方法选择

对于中等和低等的关键系统，可采用与 RCM 相关的选择维护策略技术（采用模板和最佳维护曲线）。APM 具有灵活的结构以便于采用故障模式及影响分析（FMEA）和预防性维护优化（OPM）（结构性审查）方法。无论采用了怎样的方法，在每个分析结束时，结果（维护策略）在用于 APM 前都将是统一的。

2. FMEA 阶段

FMEA 阶段将确认 RCM 过程的问题③～⑤：每个功能故障的原因、发生了什么及结果是什么。此阶段具有严格的技术性，而且通常应由有经验的、经过多次训练的、充分掌握了解所需知识的团队来完成，并评估系统的性能、可能的原因及其后果。应对每个故障的概率和后果进行调查，以获得风险的评价和确保将重点放在潜在故障及最高风险上。

每个系统的风险等级都将用于确定分析系统的方法。APM 提供的功能性可用于支持各方法的结果中较高等级的详细说明。

由于增加了详细说明，因此可以建立分析单元体系，通过此体系可以很容易地对分析流程进行审查，需要的时候可将审查的详细情留在单独的数据表中。如果通过 7 个 RCM 问题发现这对维护操作来说并不太重要，则可在 APM 中对一般常用设备的 FMEA 模板特点进行定义，之后用这些模板通过模板中的建议确定具体的维护要求。模板可以安装在常用设备组或系统的周围。一旦安装，模板的任何单元都可以拷入 APM 中的新分析内容中，包括整个系统、设备和设备内的部件或故障模式及其相应的任务。

对 RCM 数据表上的字段进行组态，可以反映出业务政策的改变和装置的变化。这意味着工艺或装置组态的不同特点可能需要在工艺功能和故障模式方面收集不同的详细情况。可以对受控的变量进行赋值，以便收集故障和损坏详细情况，同时仍支持标准化的报告和分析。

3. 策略阶段

在策略阶段将制定出减缓行动，以预测/预防每个故障并引入所需要的具体行动和任务。不可预测或预防的潜在故障将被确认出来，包括有冗余、重新设计（包括全部更换、材料或部件升级、操作和维护程序上的变化）及在风险较低时故障所采取的操作。完全执行新的最佳策略后，策略阶段即结束。

（1）策略管理。

一旦确定了系统的维护要求，下一步将对所有的建议进行审查并将它们汇总到任务中。APM 确认了公司的需要以定义、沟通、执行并重新评价有关资产方面行动的整体策略和要减缓的具体风险。行动费用将作为投资纳入到资产中以减缓风险。

不必要的行动或低价值的行动应从策略中去除。同样，在新的或更新的行动中不可接受的安全、环境和生产风险必须通过额外的投资加以确定。

APM 的资产策略管理（Asset Management System，ASM）解决方案利用以风险为主的方法提供了一种较好的管理资产策略的方式。ASM 提供了一个通用的方法论来对行动及其减缓的资产风险进行定义，提供了对具有基本定性风险分析的现有计划或任务进行评价的能力。管理人员可使现有的计划生效或考虑策略选项，以便对计划进行修改并执行管理风险中更有效的计划。

要执行的任务示例包括定期维护、操作人员检查、状态监控任务及重新设计行动。这些稍后的行动包括对程序、政策或资产配置进行重新定义这样的任务，以避免或减缓可行的故障模式。另外在分析结果内，可将进行非定期维护的建议记录在 APM 中，以便在考虑改进时可以审查这些决定。

（2）策略的执行。

一旦风险策略得以定义和确认，则必须对所选择的任务进行汇总并在诸如 SAP PM 这样的执行系统和状态监控系统等系统中执行。资产策略执行经常是多次的，此时 RCM 新措施将消失并没有发挥作用。从历史角度来看，建议可保存在硬拷贝中或独立的数据库中，必须执行的执行系统只进行了少量的整合或根本就不进行整合。考虑到人的可靠性因素，手动输入这些任务单调乏味而且费用很高。随着资产策略的执行，RCM 工作流程从开始到结束呈流线型且为闭环。通过执行工具可专门将多个策略组合在一个常用包内，但要进入各种工作管理系统中执行。ASM 功能性内的执行包可与 ASM 中的任何相关资产策略的修订直接相连，这样可确保对策略的更新进行审查和执行。

（3）执行策略、收集事件和工作历史。

一旦在执行系统中执行了策略（如 SAP PM 中的计划维护任务），就必须在计划的时间框架内执行此行动。通常这些活动为状态监控、操作人员巡视或计划的维护任务。执行此项工作时，无论是怎样的任务，都应将有关是什么、何时、何地、何人和怎样在这些执行系统中收集的数据通过通知和工作单的形式或通过操作人员巡视用的便携式移动设备送入到 SAP PM 中。执行这些任务和收集事件数据的过程对 RCM 过程来说非常关键，此过程可用于评价这些任务的有效性和效率。

（4）SAP 核心连接器。

在 SAP PM 的工作单和通知中收集的数据必须返回 APM 中进行分析。为此，APM 调整了其长期存在的关系，以开发出去往 SAP 数据库的核心连接，这样 APM 就可直接通过接口将这些通知和工作单抽取出来，同时在 SAP PM 内进行审核。在此应记住：此 SAP 连接对 RCM 过程来说至关重要，因为它是 RCM 工作流程的一部分，此 RCM 工作流程可使维护执行和工作分析之间的回路闭合——能给 RCM 提供一个真正“经典的”或动态的方法。

一旦开始在 APM 内，则应在日历期间和装置区内从所得到的通知和工作单记录中收集信息。一旦收集到 APM 中，则可用工作单故障代码来自动计算故障类型、故障概率及其他实际资产的性能。

此信息将保存起来并与手动输入的数据一起送入 APM 中，以便进行所需的分析。因此，可以一同查看实际资产数据和分析假设从而使用分析假设来调节的任务得以简化。

（5）操作人员巡视。

在某些示例中，可通过便携式或移动设备收集现场数据。操作人员的操作可靠性是提高整个设施可靠性的关键。APM 有其自身的操作人员巡视功能和移动平台，从此平台可将在 SAP 中未执行或未收集的这些任务记录下来并将现场数据带回到 APM 中。

4. 重新评价

当工艺中所采用的基础条件或假设发生变化（包括规定的要求）时，应进行重新评价；表明策略的故障可能需要强化或定期（一般为 3 年）重新评价。重新评价可确保策略和行动计划对当前状态（操作内容）来说最佳，而且全部保持最新状态（经典情况）。

在此步骤中，可使预计的故障与实际的资产绩效进行比较。在此也可进行状态监测调查结果与维修维护数据的比较，以确定如果有机会改进监控任务是否会使资产老化和退化管理得以改善。一旦其在 APM 中合并、整合，就会产生很多对数据进行分析的方法。

评价基本策略的有效性、计算性能差距及合格的改进机会尚未考虑假设故障风险、实际故障数据状况及记录形式。此外，还会由于维护建议执行得不充分而产生性能差距。APM 通过强调已赋值的策略来强调这些弱点从而对潜在故障状况进行管理，但仍会出现计划外事件的情况。因此，应强调提高技能或其他维护后勤工作以确定性能的缺点。

APM 提供的触发器可通过自动规则对策略进行重新评估，这样就会对维护和生产数据进行监测。由于需满足性能标准或在资产组或资产区域中会出现具体事件类型，因此当这些规则提示有性能差距时，将自动生成并发送电子邮件，以强调修改或更新具体策略的必要。

5.3.6　支持 RCM 的工作流程——操作人员巡视（OPR）

监视设备状态是检测和预防设备故障和确保非计划停运的关键。虽然分析人员和工程师可通过程序（如 RCM、FMEA）负责设备整体策略的定义，但是操作人员还应该经常了解设备的实际功能和状态。此外，操作人员还应在最佳时机获取评价设备当前状态所需的数据。当操作人员监视实际设备以便发现存在的潜在故障的症状时，最佳的设备策略可能更行之有效。因此，确保操作人员监视关键设备、获取适当数据对于实现设备可靠性至关重要。

通过对以可靠性为中心的维修（RCM）和故障模式及影响分析（FMEA）进行综合，可以很容易地将 RCM 和 FMEA 建议转换到测量位置，以便能作为路径的一部分对其进行监视。在考虑多数建议从而得出 RCM 研究实质性结论时，这一点非常重要，许多建议都应列入操作人员巡视范畴。OPR 还能对 RCM 分析提供再评价，这样可将建议转换到测量位置。通过对趋势的评价，分析人员能确定 RCM 建议是否有效，必要时还应进行调整。在 APM 系统内综合时，所有的 APM 操作人员巡视方案都将成为评定产品支持 APM 策略发展方法论的关键条件，包括以可靠性为中心的维修（RCM）、故障模式及影响分析（FMEA）、以风险为基础的检查以及关键性能指标。

总体来说，整合后的 OPR 解决方法的主要好处如下。

① 消除数据误差。

② 跟踪数据采集。

③ 计算并得出现场数据结果。

④ 自动开始工作，申请内部 SAP PM。

⑤ 提高效率。

⑥ 消除冗余数据输入。

⑦ 对采集的数据进行优化。

5.3.7 关键性能指标 KPI 和 APM 积分卡

任何性能改进方案的基础都是度量系统的确定和实施，这样就可以依照策略目标对实际进程进行跟踪。在资产绩效管理范围内，输出结果、成本、故障概率及合格设备的测定是了解设备如何相对于总策略运行的关键。由于有清楚可见的不良设备性能指标及对应策略，因此设备管理者可以实施、监测并连续改善最佳做法以优化利用率和成本。

APM 的度量和记分卡模块提供了归档和调整资产绩效管理策略的框架，将策略转化为操作任务，并用于评估这些策略的有效性。通过提供直观的措施及绩效度量值，APM 度量和记分卡可确保客户的各层次管理者能容易地采取纠正措施，以推动持续改进。

获得稳定性能增益的关键在于应具有闭环、带有关键性能指标的整合后的可靠性管理系统，且该系统将有助于追踪改进措施和确定需要对综合性能进行改进的焦点区域。简单的导入和 RCM 研究是静态的措施，其将使效能被大大减弱。从执行系统中析取数据并用这些数据推进连续不断的改进以及典型的维护策略是保持性能长期稳定的关键。关键绩效指标可使客户了解如何对策略进行度量标准化并提供阈值和基准点，以指出何时采取校正措施。KPI 归纳了如何开始测定、计算频率及可接受的阈值和目标值；APM 提供了很多选项，以便通过个性化仪表盘（如趋势），在记分卡内或在超出阈值时，以自动电子邮件报警的方式，提起对 KPI 审查。

记分卡提供了用关键绩效指标（该指标可测量组织的绩效）调整公司策略的有效机制。记分卡报告可用作管理工具，以追踪资产绩效目标的进展情况和实现情况。前景、相关目标及相关的 KPI 可以组成基于角色的记分卡，以确保为正确的人员提供正确的信息。记分卡提供了总结多个 KPI 状态的综合视图，以便观察业务的总趋势，可采用诸如当前值、目标值、趋势、频率及最后测定日期这样的详细信息。

1. 开发有效的 KPI

为了开发一套度量标准和记分卡，以支持资产性能管理新措施，下面这些问题很重要。

① 选择有意义且能与公司目标和策略相一致的 KPI。

② 保证 KPI 与所分配的角色和任务有关。

③ 保证 KPI 能有效促进业务活动成果。

④ 促进 KPI 的跨部门标准化，明确许多策略行动度量标准的共享权。

⑤ 定义一套可管理的 KPI。

为了建立起能够提高收益率，增加资产完整性，降低安全、环境或其他事件风险的度量标准和程序，需要这样的 KPI。也就是说 KPI 应该具有如下特点：目标一致性、任务相关性、可统计及量化、标准化、共享性和可管理性。

正确开发的 KPI 应能够测定处理结果，应不仅能显示各功能区的效率，而且还能显示正在哪里进行活动。KPI 还必须能测定出这些活动是否能实现策略意图，而不仅仅是反映出所执行的功能活动。

这些策略指标通常很难定义，因为它们需要各部门之间达成这样的协议，即什么样数据和事件才能驱使决策的制定以及各业务处理活动中价值是什么。这一协议是保证避免引起冲突、保证部门的处理结果能被组织内的其他群组有效使用所不可或缺的。

正确定义 KPI 时，应该对关注什么活动以及该活动是如何促进公司绩效这一问题做出回答。

2. 绘制 KPI 以定义积分卡

评价 KPI 是否能实现预期效果的有效方法包括：绘制商业策略、绘制 KPI 图和绘制整体策略水平示意图。

绘制商业策略或目标与实现目标所需要的活动需要之间的关系图。这样就可使 KPI 得以设定，并使公司人员和风险承担者保持理性。

绘制 KPI 图必须注明策略目标与活动之间的因果关系，如果未能达到结果，应允许工作组调查一下是哪些下一级活动（或其他功能区内的相关活动）需要改进。

整体策略水平示意图有助于显示出与可操作性、可靠性、工作管理及安全/环境前景相关的整体策略目标。KPI 的选择示例见表 5.39。

表 5.39　KPI 的选择示例

管理风险和提高收益率的性能指标 高级目标：装置的管理风险和提高收益率			
操作前景	可靠性前景	工作管理前景	安全和环境前景
目标：降低操作成本和操作风险；输出最大化	目标：正常运转时间最大化；保持装置和资产的完整	目标：矫正作业最小化；恢复资产状态	目标：控制、审计环境安全；审计操作能力
策略 KPI ●装置有效性； ●对 LPO 事件进行编号； ●超出损坏极限的操作时间； ●装置正常运转时间； ●生产目标一致性	策略 KPI ●装置有效性； ●预见性的工作单； ●非常关键系统的紧急作业指令； ●重要损耗机构的改进； ●一致性检查； ●保护装置时间表的一致性； ●量化了的可靠性目标； ●预防性维修的一致性	策略 KPI ●计划一致性； ●完成的工作单（计划成本的 20%以内）； ●预见性的工作单； ●时间进度一致性； ●工作单完成情况的评估； ●量化了的有效性目标	策略 KPI ●事件率； ●安全性能指标； ●PHA/完成情况检查； ●PSM 一致性审计； ●定义/量化了的重要环境问题

续表 5.39

管理风险和提高收益率的性能指标 高级目标：装置的管理风险和提高收益率			
操作前景	可靠性前景	工作管理前景	安全和环境前景
操作 KPI ●程序有效性偏差； ●公用工程偏差； ●产品输送指示器； ●质量偏差； ●实际计数器测量； ●开车指示器； ●停车指示器； ●不合格品； ●废料值； ●库存量	操作 KPI ●通过设备类型和区域确定的 MTBF； ●通过设备类型和区域确定的 MTBR； ●通过设备类型和区域确定的 MTBM； ●MTBF 增长； ●累计的关键资产非有效性； ●计划外维修事件； ●完成的主要故障工作单记录； ●失败行动数量 ●当前机构的利用率； ●机构利用率趋势	操作 KPI ●紧急工作单； ●有效工作单； ●积压工作单； ●超时小时数； ●计划工作单； ●累计的有效指令的维修费用； ●每次维修的平均直接费用； ●计划工作单，数字； ●返工； ●计划 2 天内结束的工作单。	操作 KPI ●月安全检查报告的突出问题； ●E&S A 事件； ●E&S B 事件； ●E&S C 事件； ●由于故障而损失的总天数； ●PHA 活动项。

5.3.8　资产策略管理 ASM 和资产策略实施 ASI

大多数公司的设备资产通常是金融资产价值的 10 倍以上，客户对设备资产策略的重视程度与对金融资产策略及工具的重视程度应等量齐观。设备资产策略必须超越折旧，设备资产策略通常是资本资产管理的基础并侧重于其他关键因素：故障风险（安全、健康、环境及操作/生产）和风险降低。

1. 与资产有关的风险

资产密集型企业面临的巨大压力是保证其设备可靠、有效、安全和产能。对于大多数这样的客户而言，生产损失会导致每天损失数百万美元。降低生产损失的风险包括制订行动计划以确保生产设备处于最佳状态，同时保持系统的完整性和安全性。通常这些行动是在作业管理系统（如企业资产管理（Enterprise Asset Mangemant，EAM）系统（SAP））中进行管理，其主要致力于工作的实施，但并非制订任务的依据。所有客户均有现行的行动计划，这些计划每年都预算。通常，客户对制订这些计划的依据不甚了了。现行计划——通常依据的是原设计假设——通常很不可靠，因为客户需要对预算进行管理或对突发故障做出反应。

2. 资产风险的降低

要对现有的行动计划进行修改或建立新的、更有效的计划，可通过资产策略制订方法（如 RCM、FMEA）进行。但通常并不能完全采纳这些方法，因为它们过度着重于后果或具体的故障机理上。这些方法并不能提供风险排名与各项减轻风险建议成本和产量影响之间的相关性。建议通常提供过多细节，而未提供风险管理的高端概括，包括总成本与总风险的关系。为了获得最终的效益，公司依据这些 RCM 和 FMEA 建议动用上百万美元、耗时费力修改其资产管理计划，但这些建议很少进行成本效益分析、成功度量并纳入整个企业计划。

图 5.51 给出了利用 RCM/FMEA 制订资产策略，然后通过分析，采取行动，并使用 ASM 加以实施的工作流程。一旦依风险对策略进行了评价，则可在执行系统（如 SAP PM 或操作工巡检模组）中打包并执行。

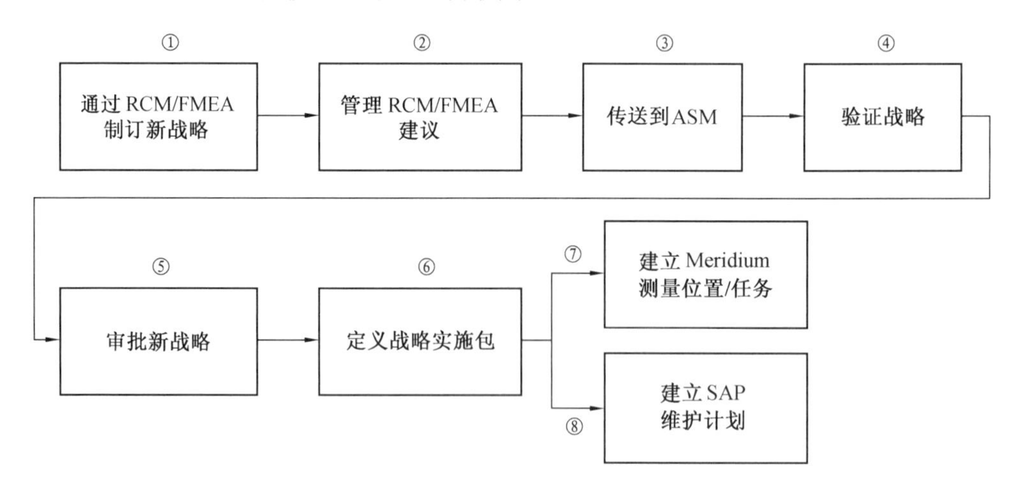

图 5.51　策略从制订到审批和执行的工作流程示例

3. ASM 和 ASI 的特点

（1）输入操作。

现有资产计划通常是在各种工作管理系统中进行管理的，包括 EAM、预知性维修、状态监测及检验管理系统。ASM 提供的功能可将这些计划直接从 Excel 模板输入到资产策略中，以便进一步审查、分析和改进。

（2）标准风险定义。

ASM 提供了采用多层次风险矩阵进行定性风险评估的常用方法。为了对评估的总风险进行排序，风险矩阵可针对众多类别（如安全、环境或经济）加以定义。

（3）风险评估。

ASM 根据资产的潜在故障模式创建故障风险评价，而后根据相关的风险（依降幂）对故障风险采取行动。

（4）风险分析。

ASM 提供一个有效的分析工具，其将给出建议的变更对资产总风险策略的影响。通过此评估功能可以很容易地导出资产策略选项的“假如”情况，可对该选项进行评价，在达到“可接受风险等级”的前提下，确定最佳投资回报率。

（5）变更管理程序和修订历史。

ASM 提供了建立、更新和审批管理策略的工作流程。当策略变更被批准时，ASM 将保留所有变更操作、风险或风险评估的修订历史。

（6）打包和执行。

ASI 提供的功能可将资产策略打包成执行包。在执行包内，根据类似的标准，常见操作可以组合在一起，如执行周期、装置内资产所要求的资源类型及可访问性。此外，为完成详细的规划调度任务，应对执行包进行定义以使其与外部执行系统（如 EAM）规定的数据结构相对应。对于可在 APM 状态评估应用程序中直接管理的活动，如操作工巡检的任务和测量位置，这些内容都可以直接从执行包中更新和创建。

5.4　本章小结

本章首先提出了输变电设备约定层级的故障模式及影响分析技术、基于状态评估的风险防范技术及基于模糊层次分析和模糊概率理论的可靠性评估技术三项靶向控制技术。

其次，本章提出了资产绩效管理技术，分析其结构，详细描述了该技术的实施流程。本章对 APM 绩效管理系统中的以可靠性为中心的维修（RCM）和故障模式及影响分析（FMEA）模块从方法论到工作流程都进行了详尽的介绍。本章还提出了基于靶向递进方法的输变电资产绩效管理 KPI 指标。

最后，本章构建了输变电设备靶控技术-资产绩效管理方法，完成了输变电设备基于特征要素的靶向管控技术研究。

第6章　输变电设备特征要素的靶向管控技术应用

输变电设备特征要素靶向管控技术的研究，自2010开始，以边研究边应用的模式，将相关研究成果应用于公司输变电设备全生命周期管理的决策层、管理层和执行层等各个环节，形成输变电设备特征要素靶向管控技术的应用体系。靶向管控技术应用如图6.1所示。

决策层	设备中长期投资规划				
管理层		设备装备技术原则		差异化运维	剩余寿命及NPV分析
执行层	设备采购技术规范		表单化验收	隐患排查、维护检修手册	
维度	规划设计	物质采购	工程建设	维护检修	退役报废

图6.1　靶向管控技术应用

6.1　中长期投资计划

分析设备状态和电网风险的整体情况及其未来变化趋势，可以为云南电网输变电设备的风险管理和投资决策提供依据，并可用于云南电网公司全生命周期管理体系信息系统建设。

通过评估不同的设备检修、技改及投资方案的实施效果，综合考虑设备资产未来风险和投资的多方面成本，由辅助决策者制订最优的投资方案。

通过分析明确指出电网设备在当前和未来运行中的薄弱点，通过综合考虑风险值的发展变化与企业投资规划，以全生命周期成本最低为优化目标，为企业从战略高度管理技改工作提供依据。

6.2 设备差异化运维

公司为坚守“三大安全底线”，确保公司安全生产目标的实现，加强设备管理，控制设备风险，防止因设备运行维护不当造成的突破公司安全目标的事故发生，从而明确各年度设备管控工作目标，根据对设备状态评估结果，确定设备存在的主要风险，依据“设备管理四原则”，即“四分”管控原则、动态管控原则、差异化巡维原则和预防性维护原则，通过制订每年的设备主要风险及重点维护策略，实现公司设备的差异化运维，连续四年以制订公司主要风险和重点维护策略的形式进行落实。

公司通过实施设备的差异化运维，进一步夯实电网安全运行基础，预控设备运行风险，提高了设备健康水平和使用效率，提升了设备精益化管理水平，实现了风险、效能和成本的综合最优，通过设备运维工作的体系化、制度化和规范化建设，深入推进公司设备全生命周期管理，支撑公司战略目标的实现。

6.3 剩余寿命及 NPV 分析

对 CBRM 计算结果的分析，可以辅助企业管理层、决策层从宏观层面直观地掌握电网设备在当前和未来的整体情况，分析应该采取的措施；对技改方案的实施效果（如方案实施后的电网整体风险值和故障发生概率变化情况等）进行评估和比较，为企业制订最优化的技改战略提供科学依据。

1. 对检修工作的辅助决策分析

对检修工作的辅助决策分析包括四个方面：对检修范围的分析、对检修顺序的分析、对检修程度的分析及对检修资金需求的分析。

2. 对技改规划的辅助决策分析

风险防范管理体系可实现当存在多个可行方案同时满足客户在技术指标方面的

要求时，分析在不同的投资方案下电网设备状态性能指标的改善程度，为决策者在设备可靠性和资金投入之间找到平衡点提供科学依据。

风险防范管理体系对设备未来状态变化情况的预测计算可以有效地分析技改规划方案实施后的效果，也可以根据电力公司的要求，通过适当调整辅助决策分析计算中的参数，计算规划方案的资金投入和方案实施后预期的风险下降幅度，为优化的技改方案的制订给出建议。

（1）已有规划方案的评价。

① 模拟方案实施下，每年每台设备状态、风险情况。以已有规划方案为依据，比如第一年做哪些技改、第二年做哪些技改，依此类推，把这些设备引入评估模型当中的相应模拟部分进行模拟评估，可以得到实施技改措施后各个设备的状态和风险的变化情况，从而查看该实施效果是否满足要求。

② 计算年每年资金需求。根据规划当中每年进行大修或者更换所需的平均费用，引入评估模型当中相应的模拟部分，从而得出每年的资金需求。

③ 计算投入产出比。通过每年的资金需求以及投入情况，并且根据模拟方案的实施，得到各设备的状态和风险变化情况。由此可以看到健康指数和故障概率的下降情况，而对于风险则可以通过风险下降幅度来判断。通过前后对比就可以看出其投入产出比。因此，通过判断计算出的设备健康指数、故障发生概率或风险值是否符合用户为电网设备所设定的阈值，综合分析技改方案中每年资金需求量的变化情况，即可对技改方案的实施效果进行判断，从而评价其优劣。

（2）优化规划建议。

净现值法（NPV）根据 NPV 计算结果计算每年需要更换的设备数量和资金需求。

NPV 计算表格从最经济的角度来综合考虑其资金投入。通过设备更换的费用及设备进行更换后的风险下降幅度，来判断其最佳更换时间。同时，通过 NPV 计算每年需要更换的设备数量，得出每年设备更换的分布情况。

根据未来每年的设备状态和风险预测计算结果，按照检修建议方案计算需要大修和更换的设备。可以通过调整检修建议方案中的阈值来将故障发生概率和风险控制在规定范围内。

通过在评估模型当中的结果工作表中输入需要预测的年份，比如未来第一年（即明年），得出明年各设备的健康状况、故障发生概率以及风险。再根据检修建议方案中列出的明年需要进行大修或者更换的设备，对这些设备进行模拟大修或者更换，得出明年各设备的健康状况、故障发生概率及风险。若进行模拟技改后，所得的结果不符合期望值，可以重新调整检修建议方案中的阈值以重新得到明年需要进行大修或者更换的设备，再进行模拟使得故障发生概率和风险控制在规定范围内。

6.4 维护检修手册

为推进南方电网公司资产全生命周期管理，建立一体化生产运维机制，实现设备精益化管理，指导南方电网公司各单位该型断路器的维护与检修工作，公司依据国家和行业的有关标准、规程和规范及制造厂对设备维护检修的要求，编制了各种类型断路器维护检修手册，提出各类型断路器设备在日常巡视、预防性试验及检修各个环节的技术要求和实施方法。

公司制定了 ABB HPL245B1-BLG1002A、HPL550（T）B2、LTB245E1（3P）-BLG1002A、LTB245E1-BLK222 开关维护检修手册；阿尔斯通 GL314、GL317 开关维护检修手册；西门子 3AP1FG-252、3AP1FI-252、3AP3FI-550 开关维护检修手册；平高 LW10B-252、LW35-252T、LW35S-252 开关维护检修手册；西开 LW15A-550、LW25-252、LW25A-252 开关维护检修手册。

通过“一型一册”的方式，对各种类型断路器制定维护检修手册，实现该类型设备的精益化运维。

6.5 KPI 指标

为科学评价重点设备管控工作效果，找准改进方向，公司提出 2 类共 8 条设备管控 KPI 指标，开展指标分析并提出设备管控改进建议。以下各指标统计凡未明确设备管控级别的，则适用于全口径设备。

（1）过程控制类 KPI。

① Ⅰ、Ⅱ级管控设备特别巡维计划完成率。针对 I、II 级管控设备开展的特别巡维完成数与计划数的比率，包括当月计划完成率和累积计划完成率两个二级指标。

$$特别巡维当月计划完成率=\frac{特别巡维当月完成数}{特别巡维当月计划数}\times 100\%$$

$$特别巡维累积计划完成率=\frac{特别巡维截至本月的累积完成数}{特别巡维截至本月的累积计划数}\times 100\%$$

② 管控措施动态调整未执行次数。未按照公司设备管理动态管控工作要求，在公司发布自然灾害、地震预警，调度部门发布电网风险预警，有重要保供电任务，设备健康状况劣化时动态调整管控措施并实施的次数。

（2）相同缺陷（故障）重复发生次数。

统计期间内，相同缺陷、故障重复发生的次数。该指标分为两个二级指标：一是同台设备相同缺陷、故障重复发生次数；二是同厂同型设备相同缺陷、故障重复发生次数（针对变电设备）和同条线路重复发生污闪、耐张塔线夹发热断线、外力破坏次数（针对输电线路）。

（3）设备缺陷同比下降率。

统计期间内累计至当月的设备缺陷率与去年同期累计至同月的缺陷率相比的下降率。

缺陷同比下降率=去年同期累计缺陷率-今年同同期累计缺陷率。

（4）设备强迫停运率。

统计期间内，累计到当月的设备强迫停运率。该指标包含两个二级指标：一是Ⅰ至Ⅳ级管控设备强迫停运率；二是全口径设备强迫停运率。

（5）备自投动作不成功次数。

统计期间内，累计至当月的备自投动作不成功的次数。

（6）线路跳闸不明原因次数。

统计期间内，累计至当月未查明原因及故障的线路跳闸次数。

（7）线路跳闸重合成功率。

$$线路跳闸重合成功率=\frac{线路跳闸重合成功次数}{线路跳闸应重合次数}\times 100\%$$

6.6 本章小结

通过输变电设备特征要素靶向管控技术面向公司分层分级应用具有以下优点。

(1)通过输变电设备特征要素靶向管控技术在云南电网 110 kV 及以上输变电设备多年持续应用，连续 4 年实现了缺陷、事件/事故双下降，进而验证了其可行性、有效性和普适性。

（2）通过输变电设备特征要素靶向管控技术应用，为云南电网公司建立了符合 PAS 55 规范和安风体系要求的设备管控原则，并为南方电网开展全生命周期管理提供了借鉴。

（3）在云南电网公司形成了输变电设备特征要素靶向管控技术应用体系的闭环管理化模式。

第7章　实例分析——宝峰变电站35 kV并联电抗器剩余寿命评估

7.1　35 kV并联电抗器剩余寿命评估目的

2012年，云南电网公司在运的多台35 kV并联干式空心电抗器（以下简称电抗器）连续发生绝缘击穿和烧损缺陷，其分布情况详见表7.1。截至2010年10月，云南电网公司生产信息管理系统统计到各容量35 kV干式空心电抗器共发生缺陷23起，其中西安中扬公司设备发生缺陷17起，而云南电网共用西安中扬公司的空心电抗器156台，其中BKGKL-20000型有117台，2007年以后生产的有96台，分布范围广。为了寻找电抗器发生故障及烧损的内在原因，及时提出科学合理的解决措施，有必要对在投的典型并联低压电抗器的剩余寿命进行评估，以昆明供电局宝峰变电站C相35 kV干式空心电抗器为例，利用电气绝缘材料使用寿命随温度变化的关系式，给出电抗器绝缘材料在热点温度下的使用寿命，再利用CBRM剩余寿命评估公式和相关修正系数计算出并联电抗器当前的健康指数。另外，本次评估还从CBRM的经济优化角度对电抗器当前健康指数下最优更换年限进行了分析。评估一方面对并联低压电抗器剩余寿命进行探索研究，给出一个典型并联低压电抗器的评估范例，验证方法的合理性；另一方面为制订低压电抗器维护及技改策略提供决策参考的依据。

表 7.1 云南电网公司 35 kV 并联电抗器故障统计表

运行位置	制造厂	型号	出厂日期	投运日期	故障时间	运行年限/年
500 kV 草铺变 1-1-C	西安中扬	BKGKL-10000/35W	2003.1		2001.05.18 04:30	7
500 kV 草铺变Ⅰ-3-C			2003.1	2003	2010.9	7
500 kV 曲靖变 2-A	北京电力设备总厂	BKK-15000/35	2002.8	2003.6	2003.12.13 21:58	0.5
500 kV 曲靖变 2-A			2002.8（2004.1 修后）	2004.1	2004.2.5 10:15	0.1
500 kV 曲靖变 3-A			2002.8	2003.6	2005.6.28 17:33	2
500 kV 曲靖变 3-B			2002.8	2003.6	2006.2.12 22:34:46	2.7
500 kV 曲靖变 1-C			2002.8	2003.6	2006.3.11 4:04:40	2.7
500 kV 曲靖变 2-A			2004.2	2005.8	2007.8.15 18：05	3
500 kV 宝峰 II-1-B	西安中扬电气股份有限责任公司	BKGKL-15000/35W	2000.10	2002.8.16	2007.7	5
500 kV 宝峰 II-1-A			2000.10	2002.8.16	2010.7.14	8
500 kV 宝峰 I-1-A			2000.10	2002.8.16	2010.8	8
500 kV 红河 2-2L-A		BKGKL-20000/33.5W	2006.04	2006.09	2008.10	2
500 kV 红河 2-1L-A			2006.04	2006.09	2010.04.28	4
500 kV 红河 2-1L-B			2006.04	2006.09	2010.04.28	4
500 kV 红河 2-2L-A			2006.04	2006.09	2010.04.28	4
500 kV 德宏 1-2-B		BKGKL-20000/34.5W	2008.05	2008.12	2010.1.12	1.1
500 kV 砚山 1-2-A			2007.12	2008.6	2010.2.23	1.5
500 kV 砚山 1-3-B			2008.01	2008.6	2010.3.1	2
500 kV 砚山 1-2-A			2008.02	2010.3	2010.3.9	0
500 kV 砚山 1-2-B			2008.02	2010.3	2010.3.31	0
500 kV 红河变 1-2L-B		BKGKL-20000/33	2008.02	2008.2	2010.6	2
500 kV 墨江变 II-2-C		BKGKL-20000/34	2008.02	2008.7	2010.6	2
500 kV 多乐变 1-A		BKGKL-20000/33	2008.02	2009.12	2010.7	0.5

7.2　评估时间

2010 年 8 月 5 日—2010 年 9 月 10 日。

7.3　评估设备

本次是对昆明供电局宝峰变 35 kV 干式空心电抗器 C 相进行剩余寿命的评估及最优更换年限分析。

7.4　评估数据要求及获取

由电气绝缘材料与热点温度的关系式 $T=Ae^{-\alpha\theta}$ 可知，决定电气绝缘材料的使用寿命的几个主要因素是绝缘材料等级和使用时的热点温升。根据调研要评估的电抗器为西安中扬公司的 BKGKL-15000/35W 绝缘材料等级是 B 级，那么只需得到电抗器运行时最高热点温升根据公式就可以计算出电抗器绝缘材料的使用寿命。由于现有的红外测温只能得到电抗器外表面和内层表面的热点温度，还无法用于绝缘材料的使用寿命计算。在此根据华东电力试验研究院钱之银等人给出的换算公式来间接估计实际运行中的电抗器热点温度，发给宝峰变现场人员进行测量试验，取得本次评估所要低压电抗器运行时的各点温度、负载电压、负载电流和环境温度等数据，见表 7.2（把此表中测量数据作为基准值）。

表 7.2　35 kV Ⅰ组 1 号电抗器组温度测量记录表

相别	最外层外表面/℃			最内层内表面/℃	环境温度/℃	测量时负载电压/kV	测量时的负载电流/A
	顶部	中部	底部	顶部			
A	70	55	50	103	22	32	732
B	70	55	50	103			
C	70	55	50	103			

根据换算公式得到换算所需的关键测点，制订温度测量试验方案及示意图，如图 7.1 所示。

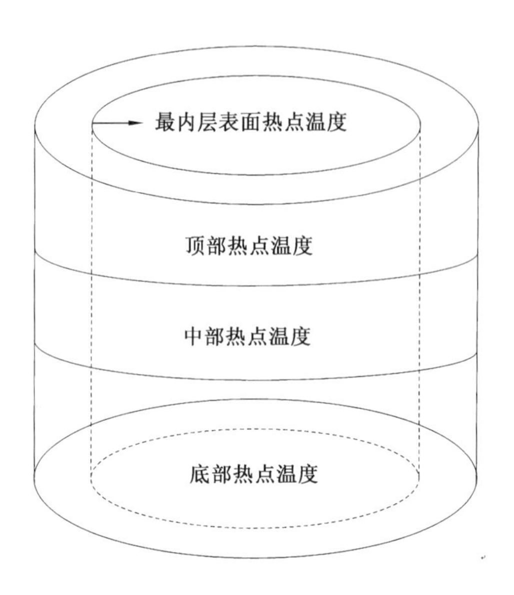

图 7.1　电抗器温度测点位置分布示意图

7.5　评估方法及评估流程

本次评估利用干式空心电抗器绝缘材料使用寿命的经验公式 $T=Ae^{-\alpha\theta}$ 计算得到电抗器的使用寿命；再利用 CBRM 的修正方法和健康指数计算公式得到电抗器当前状态下的健康指数；最后从经济角度对电抗器最佳更换年限进行子分析。

7.5.1　电抗器材料热点温度及使用寿命评估

电抗器的使用寿命由其制造的材料所决定。另外，电抗器运行时，它的使用寿命要受到各种负荷和环境的影响。因此，在保持足够的机械和电气特性下，温度稳定性和热状态均被看作是电抗器设计制造质量的重要指标，温度稳定性和热状态的突出影响是科研人员研究热负荷和寿命之间关系一个重要的原因。为此，国际电工委员会（IEC）和国家标准局制定了电抗器的 IEC 标准和国家标准。表 7.3 为干式空心电抗器国家标准规定的温升值。从表 7.3 中可以看出，各种绝缘材料的耐热温度与相应温升的差值随着绝缘等级的提高而增大。这是因为采用不同耐热等级的绝缘材料制造的电抗器运行时的温升限值是不同的，当温升较高时，电抗器运行时的热流强度就要增大。一般来说，部件中温度的分布随热流强度的增加而趋于不均匀，其平均温度与最热点温差值也增大。

表 7.3　干式空心电抗器国家标准规定的温升限值

绝缘等级	热点温度/℃	温升限值 K（电阻法测得的平均值）
A	105	60
E	120	75
B	130	85
F	155	100
H	180	125
C	220	150

而电抗器绕组绝缘的热寿命和绝缘是否受损应由绕组最热点温升来决定。干式空心电抗器的使用寿命根据蒙特申格尔（Montsinger）的寿命定律来计算。

$$T=Ae^{-\alpha\theta} \tag{7.1}$$

式中，T 为绝缘材料的使用寿命；A 为常数（根据电抗器所用绝缘材料的等级确定）；α 为常数，约为 0.088；θ 为绝缘材料的温度。其中 A 可以令 T=30（预期使用寿命为 30 年）计算得出。而θ值为绕组最热点温升，对于电抗器很难直接测量得到，在此，利用华东电力试验研究院的一篇文献中提供的通过图 7.1 所示的电抗器运行时几点温度测量值换算得到，实际 2010 年 6 月 1 日测得宝峰变 35 kV 干式空心电抗器 C 相 13 点时运行的最高电流为 742 A，通过换算公式、计算热点温度和绕组使用寿命如下：

$$\theta' = (T_{\text{顶点热点}} - T_{\text{环境}}) + (T_{\text{外顶点}} - T_{\text{外底部}}) = (103-22)+(70-50)=101$$

$$\theta'_{\text{最大温升}} = k \times \theta'$$

其中

$$k = k_a k_I$$

环境温度系数为

$$k_a = \frac{225 + 35}{225 + 22} = 1.052\ 6$$

负荷系数为

$$k_I = \left(\frac{742}{732}\right)^2 = 1.027\ 5$$

$$\theta_{最大温升} = 101 \times 1.052\ 6 \times 1.052\ 7 + 35 = 144.24$$

使用寿命为

$$T = A\mathrm{e}^{-\infty\theta} = 2.789 \times 10^6 \times \mathrm{e}^{-0.088 \times 144.24} = 8.571\ 2$$

由计算可知，当前状态下电抗绝缘材料的使用寿命为 8.57 年。

7.5.2 电抗器健康指数评估

绝缘材料的评估只是从热点温升与绝缘材料等级两个方面对电抗器的使用寿命进行了评估，而 CBRM 在评估电气设备的使用寿命时还考虑了设备的生产厂家、使用时缺陷的发生频度及预防试验情况等状态信息，从而能更加全面地反映出设备使用后的健康状态。下面利用 CBRM 健康指数对设备进行进一步的分析。

CBRM 基于对电力设备技术参数、试验数据、负载、环境、外观、故障及缺陷等信息的分析，按照预定的标准对各种信息进行量化，以设备技术参数、环境、试验数据及负载等信息计算出设备健康指数，并以外观、故障和缺陷等信息进行修正，同时运用设备、材料老化的基本规律，结合现场工程师对设备实际运行情况的了解，综合分析各种可能影响设备实际运行状态的因素，最终得出一个单一量化的数值——健康指数 HI（0～10）来表征每台设备在当前的健康状况。

设备健康指数 $HI = HI_0 \times e^{B \times T}$，为了获得设备当前健康状况首先需得到其在预期使用寿命 30 年情况下的初始老化系数 B：

$$B = \left(\frac{LN\dfrac{5.5}{0.5}}{30} \right) = \frac{2.3979}{30} = 0.07993 \tag{7.2}$$

然后利用设备可靠性系数、外观系数、预防性试验系数、缺陷系数、设备容量修正系数和负荷系数对初始老化系数 B 进行修正，最终获得设备在当前情况下的实际老化系数 B'。

1. 可靠性系数

（1）可靠性系数。

如图 7.2 所示，设备生产厂商分为 1～4 级，1 级代表国外独资企业，2 级代表国内合资企业，3 代表国内企业优秀企业，4 代表国内其他企业。由于中扬 35 kV 电抗器在我公司频繁发生事故，因此该台电抗器的可靠性系数取值为 1.5。

可靠性	
分级	修正系数
1	1
2	1.1
3	1.25
4	1.5
Blank	1.1

图 7.2　设备可靠性等级系数图

（2）外观系数。

如图 7.3 所示，目前，该台电抗器在宝峰变运行中无涨鼓、异响情况等出现，所以其值均为 1.0，该台设备的外观系数=1.0×1.0=1.0。

外观修正系数						
项目	0	1	2	3	4	Blank
有无涨鼓	n/a	1	1.2	1.1	n/a	1
有无异响	n/a	1	1.2	1.1	n/a	1

图 7.3　外观修正系数图

（3）预防性试验系数。

该台电抗器无预防性试验，因此其预防性试验系数取值为 1.0。

（4）缺陷系数。

设备缺陷系数根据设备发生每起缺陷的等级按图 7.4（a）缺陷的分数等级得出缺陷的分数，然后对该台设备所有缺陷的分数进行累加，最终根据图 7.4（b）获得该台设备的缺陷修正系数。由于宝峰变该台电抗器存在家族性缺陷，因此其缺陷系数取值为 1.5。

缺陷的分数等级	
1	1
2	1.5
3	2

（a）缺陷的分数等级

缺陷修正系数		
区间下限	区间上限	修正系数
0	0	0.9
0	1	1
1	3	1.1
3	6	1.25
6	20	1.5

（b）缺陷修正系数

图 7.4　缺陷修正系数图

（5）设备容量修正系数。

该台电抗器容量是 20 000 kvar，根据图 7.5 其容量修正系数取值为 1.5。

容量修正系数	
10 000kvar	1
15 000kvar	1.2
20 000kvar	1.5

图 7.5　容量修正系数图

（6）负荷修正系数。

电抗器实测负荷率=732/1 000×100%=73.2%，根据图 7.6 该台设备的负荷修正系数=1.15。

油温重要程度		
区间下限	区间上限	系数
0	30	0.75
30	70	1
70	105	1.15
105	1 000	1.5
Blank		1

图 7.6　负荷修正系数图

2. 实际老化系数 *B′*

B'=B×修正系数

=B×可靠性系数×外观系数×预防性试验系数×缺陷系数×设备容量修正系数×负荷修正系数

=0.079 93×1.5×1.0×1.0×1.5×1.5×1.15=0.310 23

3. 设备当前健康指数

根据 CBRM 理论公式 $\mathrm{HI}=\mathrm{HI}_0\times \mathrm{e}^{B\times T}$，在设备使用寿命及实际老化系数的情况下，得到设备当前健康指数 HI：

$$\mathrm{HI}=0.5\times \mathrm{e}^{0.310\,23\times 8.571\,2}=7.14 \tag{7.3}$$

健康指数（HI）是在对设备各种信息数字转化的基础上，结合现场设备的运行工况，计算出的一个 0～10 之间的单一数值。不同数值代表设备不同的状态，0 代表设备处于最好的状态，10 代表设备处于最差的状态，这些数值也从侧面反映了设备不同的老化程度。

健康指数处于 7～10 之间表明设备处于极差的状态，需要考虑进行更换。在这种情况下，设备故障发生概率很高。健康指数与故障发生概率之间的关系曲线图如图 7.7 所示。

综上所述，本书从技术角度而言，该台电抗器寿命即将接近寿命终点，应该考虑更换。

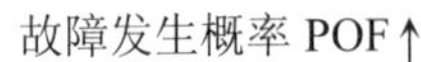

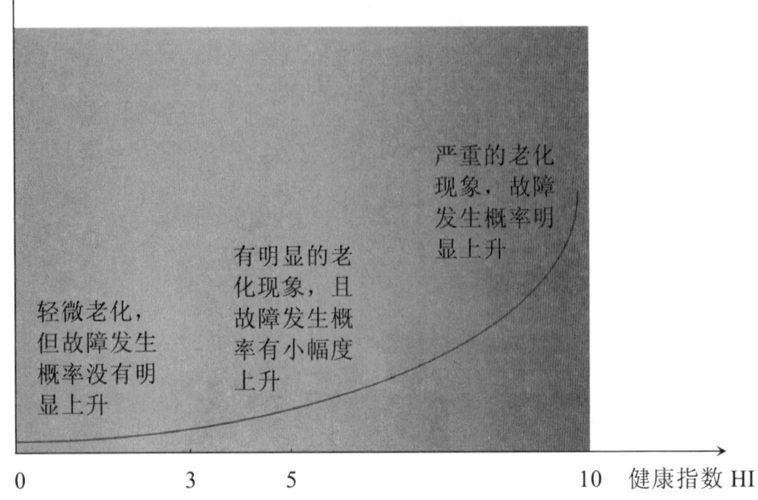

图 7.7　健康指数与故障发生概率之间的关系曲线图

7.5.3　电抗器风险管理的最优化——净现值评估

本书还从经济学的角度出发，对宝峰变 35 kV 干式空心电抗器根据净现值（NPV）原理进行分析并确定该台设备的最佳更换年限，其计算过程如下：

（1）投资费用（Discount Investment）。

按一定的折现率对未来的更换费用进行计算，而得出未来任何年的现值，即投资现值。

（2）累积风险（Discount Delta Risk）。

风险下降幅度是指某设备在未来某年风险与一台全新设备风险的差值，然后把未来 t 年间的每一年风险下降幅度按照一定的折现率折算并进行累加后得出累积风险。

（3）总成本（Total Replacement）。

总成本由所需的投资费用和累积风险相加而得出。可以通过该条曲线的最低点来判断出哪一年为最佳更换年限。

宝峰变 35 kV 干式空心电抗器 NPV 计算结果如图 7.8 所示。

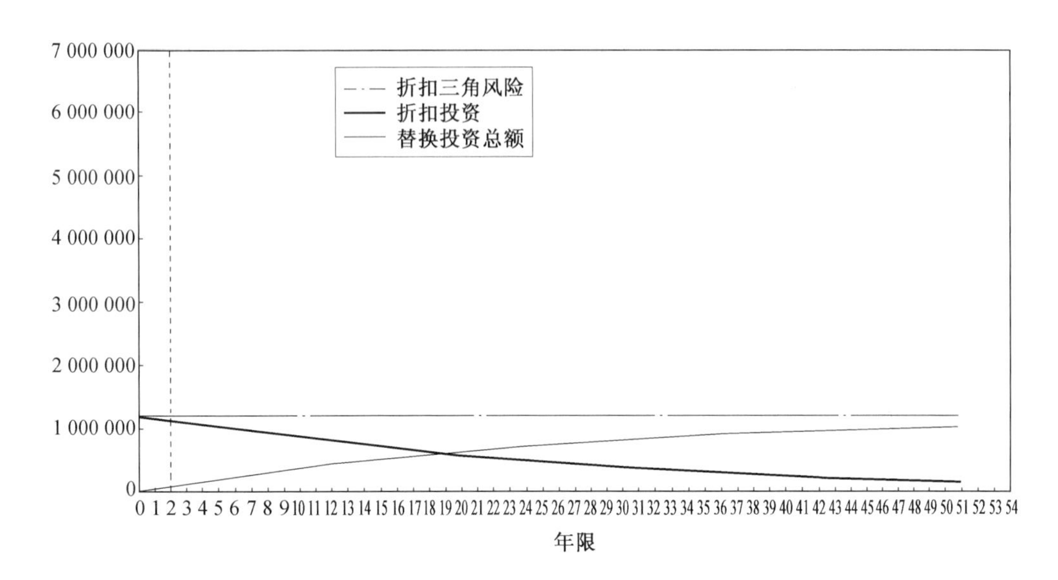

图 7.8　宝峰变 35 kV 干式空心电抗器最佳更换年限

从图 7.8 中可以看出，宝峰变 35 kV 干式空心电抗器从经济学角度出发其最佳更换年限是在 2 年之后，到时进行设备更换投资最优。

7.6　本章小结

为了验证输变电设备靶向管控技术的有效性，本次评估从绝缘材料使用寿命、CBRM 健康指数以及风险管理的经济角度对宝峰变 35 kV 并联电抗器进行了评估，得出如下结论。

（1）根据现场试验数据和绝缘材料与热点温升的关系，得出此电抗器在最高温升下可以使用 8.57 年，宝峰变 500 kV I-1-C 电抗器投运时间为 2002 年 8 月，已投运 8 年，基本接近使用寿命。

（2）根据 CBRM 健康指数计算公式，得到宝峰变 500 kV I-1-C 电抗器当前的健康指数为 7.14，根据 CBRM，建议立即更换。

（3）从风险管理的经济学角度分析结果可以看出，宝峰变 500 kV I–1–C 电抗器最佳更换年限为 2 年。

综上所述，对于宝峰变 500 kV I–1–C 相 35 kV 并联电抗器，建议密切监控电抗器温升数据，采用事后维修的维修策略。

第8章 输变电设备特征要素的靶向管控技术应用及成效

8.1 云南电网公司输变电设备运行情况

云南电网公司是云南省域电网运营和交易的主体，是云南省实施“西电东送”“云电外送”和培育电力支柱产业的重要企业。随着国家“西电东送”战略和云南省培育电力支柱产业战略的推进，云南电网公司进入了快速发展时期，电网规模迅速扩大，电网资产数量激增，大量老旧设备与新投运设备同时运行于电网之中。对这些在性能、技术水平、制造工艺上存在巨大差异的设备进行有效管理，构建符合PAS 55和安风体系理念要求的先进输变电设备管控体系，已成为云南电网的迫切需求。

目前，云南电网公司设备管理采用的是巡视检查和预试定检的方法，基本上处在第二代的设备管理阶段。技术更新改造人为因素过多、公司本身缺乏资产战略和策略，由于电网规模的迅速扩大，设备检修任务和检修人员之间的矛盾日益突出，与现代提倡的经济与可靠并存的设备管理理念有很大的差距。从技术上来说，一是缺乏基于设备状态和可靠性的维修策略；二是缺乏基于状态和风险的设备管理体系，在公司资产战略指导下，对设备管理策略，资产更新、改造、规划及大修技改规划的制订心中无数，给公司带来了极大的风险，对于海量的电网设备，对风险点的分布不清楚，缺乏风险评估和隐患管理的机制；三是没有与标准化作业管理相适应的设备管理保障机制，公司没有明确的资产管理战略和策略、没有完善的设备管理技术支持体系和设备管理指标体系，无法制订标准化的设备作业管理体系和设备保障机制，难以保证云南电网公司现代化设备管理战略目标的实现。总体来说，公司设备资产管理面临如下问题。

（1）设备规模急剧扩张和人员相对不足的矛盾突出。

云南电网公司自2005年以来，整体设备规模急剧扩大，明显处于电网飞速发展期。从变电规模来看，自 2005 年到 2012 年，变电站数增加了 2.3 倍，同时变电容量增加了 3.05 倍；从输电规模来看，自 2005 年到 2012 年，输电线路总长度增加了 2.34 倍，特别是 500 kV 输电线路，增加了 4.94 倍。与之相对是相关的运行管理人员存在结构性缺员：输电线路运检专业缺员 9%、变电检修专业缺员 33%、变电运行专业缺员 20%；学历偏低、技能水平差异大、短板明显：输电运检班组大专及以上学历占比 48.83%，变电运检班组大专及以上学历占比 69%，中级工及以上技能等级员工占比约 25%。

（2）随着社会经济和电网的发展，电网运行安全压力不断增大。

一方面，在电力系统之外，全社会对电网安全生产有了更严格的要求，从国家层面来说，国务院发布第 493 号令和第 599 号令，加强了对电网企业安全生产的监管力度，从用户角度来看，对用电的质量、可靠性的要求越来越高；另一方面，在电力系统之内，南方电网公司对各省公司电网安全可靠运行提出了更高的目标和要求。

（3）公司设备缺陷多发，影响设备稳定运行。

公司输变电设备服役年限低于 30 年，资产效能水平偏低，设备残值率偏高。

（4）设备资产属性对设备管控提出了新的要求。

近年来，设备资产管理已成为国内外管理理论研究的热点课题，众多国内外企业在资产管理中不断引入新理念、新技术和新管理手段，以提升资产管理的综合绩效，这些新的管理方式对传统的资产管理体系带来深刻的变革。因此，建立一套适应现代化企业管理潮流，既符合企业自身管理提升需要，又能满足行业、政府对企业监管要求的资产管理标准就显得尤为重要。

云南电网公司设备管理面临的最大挑战是公司资产经过超常规发展之后，如何追求一种最高效的设备资产管理，来保障生产的安全，满足电网的安全，服务于公司长远战略目标的实现。从公司的层面来说，设备管理包含两个方面的问题：如何做好资产扩展规划和如何管好设备资产。

因此，输变电设备特征要素靶向管控技术的实施应用，需要满足以下云南电网公司的设备管理要求。

（1）缓解检修需求与检修力量之间日益明显的矛盾。

当前云南电网的检修工作模式仍以周期性的计划检修为主，随着电网设备数量的增多，检修工作量也大大增加，检修力量不足的问题也越来越突出，工作质量难以保证。如何高效地利用检修力量，以最优的顺序完成最需要的检修工作，是解决这一问题的关键所在。这一方面需要明确检修需求，避免过度检修对设备的损害和对检修资源的浪费；另一方面需要优化检修计划，使有限的资源最高效地发挥作用。

（2）对技改工作进行更加科学的统筹规划。

技改工作涉及大量的人力、物力和财力，对重要电网资产的技改工作还将造成运行方式的重大调整，对电网可靠性、稳定性都将产生重大影响。因此对技改工作应从战略高度进行管理，实现长期统筹规划。由于电网中资产构成日益复杂，电力需求日益增长，技改需求也越来越突出，同时还需平衡投资预算，因此需要建立一个科学的体系帮助管理者从技术、经济等各方面综合考虑，制订技改战略规划。

（3）使资源和资金的分配更加合理。

由于电网资产构成的复杂性日益突出，管理层难以直观地从宏观层面了解设备资产在生命周期内的整体状态和风险情况，对制订合理的资源和资金的分配方案及长期规划造成了困难。因此，迫切需要构建符合 PAS 55 和安风体系理念要求的输变电设备管控体系，帮助管理层直观地了解电网资产在其生命周期内的整体状态、风险以及它们的变化趋势，从而结合战略目标对各种资源和资金进行合理分配。

现代化的电网设备具有更大的复杂性、更强的系统性，因此要求有更先进的设备管理机制。设备管理是一项全局性、系统性的工作，对于云南电网而言，是一项重大的管理创新，需要正确认识电网资产的特性，认真分析现在的设备管理体系与国内外先进同质企业的差距，改革设备管理体制，构建符合 PAS 55 和安风体系理念要求的输变电设备管控体系，不断提高设备管理水平和技术能力，保障云南电网安全、稳定、经济运行，从而为更好地向电力客户提供更优质的电力产品和服务奠定基础。

8.2　对标及启示

云南电网设备管理体系在设备资产管理、管理机构及模式、客户服务导向、管理标准及技术标准、设备资产建设、设备利用率、设备管理体系、设备维修、设备寿命、设备选型及入网标准、设备运行评估、设备管理指标、设备运维任务的产生、设备技改及管理及设备综合效益评价 15 个方面与国外先进供电企业和国外技术资产密集性同质企业进行了全面的对标，对标情况见表 8.1。

表 8.1　云南电网公司设备管理体系与国外对标

对标项	国外先进供电企业和国外技术资产密集性同质企业	云南电网公司
设备资产管理	基于全生命周期的设备资产管理	重安全、轻资产管理
管理机构及模式	统一的资产战略层制订公司的管理战略，明确资产管理的目标，制订公司资产管理方向及原则，以业务流程的高效流转为目的设置业务部门	根据业务部门的职责划分来确定业务流程，各部门割裂，不能实现信息共享，不利于企业实现全生命周期管理
客户服务导向	以用户需求为导向组织资源，提高优质服务水平	以自身业务流程为导向应对客户需求，服务质量较低
管理标准及技术标准	以设备一生为背景，制定统一的管理标准、技术标准，使设备一生各个阶段目标一致	设备各个阶段的管理标准、技术标准未一致，各有侧重
设备资产建设	以工程造价控制为主要管理导向	以设备全生命周期成本控制为管理导向
设备利用率	高	低
设备管理体系	将可靠性和风险管理融为一体对设备进行管理，该体系始终围绕策略—执行—评估进行循环，持续改进	设备计划性管理体系
设备维修	以可靠性和风险为中心的检修体系，强调设备的综合管理，将检修工作融于到设备的整个生命周期内，通过量化、优化维修策略，强调维修对资产的支撑作用，针对不同的设备采取不同的维修策略，大大减少人员投入和费用	预试定检，定周期维修，人员投入大，维修缺乏针对性
设备寿命	高，强调最优寿命	低，对设备寿命无评估
设备选型及入网标准	设备运行的评估对设备选型非常重要，入网设备需要提供 LCC 报告，严格设备技术标准与供应商管理、严把监造、出厂验收和安装调试质量关	技术标准偏低，对供应商管理不严，监造、验收不到位，安装调试质量把关不紧，建设周期不合理
设备运行评估	在统计、分析的基础上，重点对潜在故障或故障发展的预测	以设备的已发生故障或已存在缺陷，对设备进行粗略评估
设备管理指标	体现对过程和结果的把握	对结果进行考核
设备运维任务的产生	以设备可靠性和风险的量化评估，确定维护、维修的任务，强调细化到可维护件	根据设备的使用年限、缺陷等情况提出维护、维修任务，粗线条管理
设备技改及管理	强调经济性与技术性的统一，设备技改做较长时间规划	人为因素较多，不完全考虑经济性与技术性的统一，设备技改做较短时间规划
设备综合效益评价	设备生命周期效益，特别强调设备维护及故障成本占设备生命周期的 60%以上	无设备综合效益，设备各阶段投入产出效益不统一，无设备维护及故障成本

对标表明，一个现代化的设备管理体系应该满足如下三个特征：一是有组织机构合理、目标明确、责任清楚的管理机制；二是有指标体系规范、技术支持体系先进、能充分保证可利用资源的支援保证机制；三是有素质能力过硬的、作业标准规范的作业体系。

8.3　CBRM 在云南电网公司中的应用

2010 年云南电网公司运用 CBRM 对所管辖的 14 个变电站共 157 台 500 kV 断路器进行状态评估和风险评估，由于本次评估的断路器运行年限比较短，所以其健康指数也比较小。

1. 健康指数评估结果

由于 157 台断路器数据量太大，现将健康指数排在前十五位的部分断路器的评估结果展示在表 8.2。

表 8.2　健康指数排在前十五位的断路器健康指数结果的举例

变电站	设备名称	HI_1	最终HI	剩余使用寿命	未来10年HI
红河变	500 kV红砚乙线/2号主变500 kV侧5422断路器	0.70	8.00	0.00	15.00
红河变	500 kV2号主变500 kV侧5423断路器	0.70	8.00	0.00	15.00
红河变	500 kV红河墨江Ⅰ四号/红河七甸Ⅱ四号5452断路器	0.70	8.00	0.00	15.00
红河变	500 kV红河七甸Ⅱ四号5453断路器	0.69	8.00	0.00	15.00
草铺变	500 kV漫昆Ⅱ回线5031断路器	1.85	2.69	11.66	8.10
草铺变	500 kV漫昆Ⅰ回线5023断路器	2.31	2.31	12.26	5.70
草铺变	1号主变500 kV侧/500 kV漫昆Ⅰ回线5022断路器	2.31	2.31	12.28	5.70
草铺变	1号主变500 kV侧5021断路器	1.88	1.88	16.91	4.09
草铺变	500 kV漫昆Ⅱ回线/2号主变500 kV侧5032断路器	1.85	1.85	16.21	4.21
草铺变	2号主变500 kV侧5033断路器	1.74	1.74	17.91	3.78
七甸变	500 kV七罗Ⅱ回线/2号主变500 kV侧5752断路器	0.93	1.20	20.03	2.90
七甸变	500 kV七罗Ⅱ回线5751断路器	0.93	1.20	20.03	2.90
厂口变	500 kV和平厂口Ⅱ回线5831断路器	0.87	1.18	22.26	2.63
厂口变	500 kV厂口曲靖Ⅰ回线5812断路器	0.87	1.18	22.26	2.63
厂口变	500 kV厂口曲靖Ⅰ回线5813断路器	0.87	1.18	22.26	2.63

在表 8.2 中最重要的指标是当前设备最终健康指数，它是该风险防范管理体系评估过程中健康指数最终的结果，这些数值反映出设备状态与健康指数和故障发生概率 POF 之间的关系是一致的。基于电网状态评估的风险防范管理体系的一个功能就是可以通过当前健康指数来评估设备未来的运行状态。剩余使用寿命 EOL 是以断路器当前健康指数来推算其达到一定寿命的。当健康指数达到 7 时，定义此时设备达到了其预期使用寿命，故剩余使用寿命 EOL 的计算是从断路器当前健康指数变化到 7 时所需的时间，该结果显示在表 8.2 的倒数第二列。

云南省 14 个变电站共 157 台 500 kV 断路器当前年健康指数分布图及柱状图如图 8.1 所示。

当前健康指数分布图	
区间	设备数量
0～1	115
1～2	35
2～3	3
3～4	0
4～5	0
5～6	0
6～7	0
7～8	4
8～9	0
9～10	0
10+	0
无结果	0
总计	157

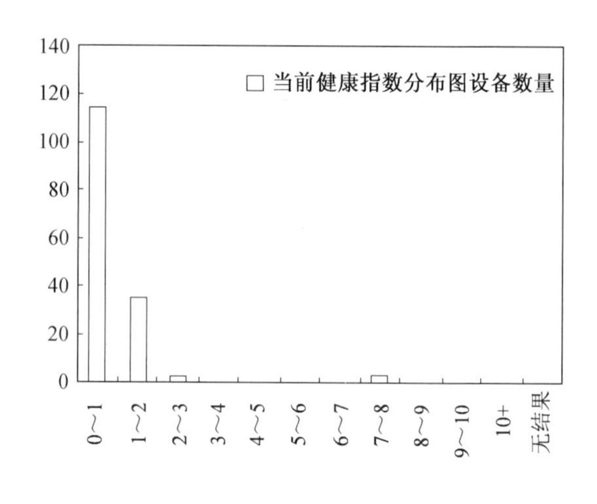

图 8.1　500 kV 断路器当前健康指数柱状图

从图 8.1 中可以看到，有一些断路器健康指数处在 7～8 之间。这些断路器是阿海珐的 DT2-550F3 型号的，其在投运没几年就出现了严重的问题。这类型的一部分断路器的回路电阻没通过回路电阻实验，阿海珐厂家断定这是一个严重的故障，需要对这类型号的断路器进行更换。从图 8.1 中也可以看到，有 4 台健康指数比较高，达到了 8，故需对这四台断路器进行处理。

随着设备的老化，未来第 5、10 年断路器的健康指数发生了显著变化，其健康指数分布图以及柱状图如图 8.2、图 8.3 所示。

未来第 5 年健康指数分布图	
区间	设备数量
0～1	66
1～2	81
2～3	3
3～4	2
4～5	1
5～6	0
6～7	0
7～8	0
8～9	0
9～10	0
10+	4
无结果	0
总计	157

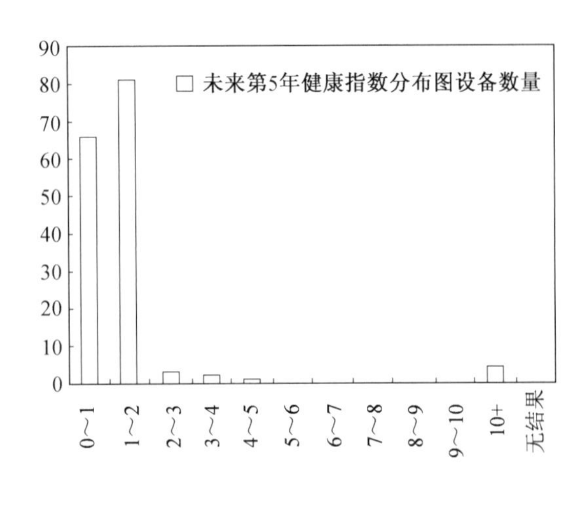

图 8.2　未来第 5 年电抗器健康指数分布

未来第 10 年健康指数分布图	
区间	设备数量
0～1	66
1～2	81
2～3	3
3～4	2
4～5	1
5～6	0
6～7	0
7～8	0
8～9	0
9～10	0
10+	4
无结果	0
总计	157

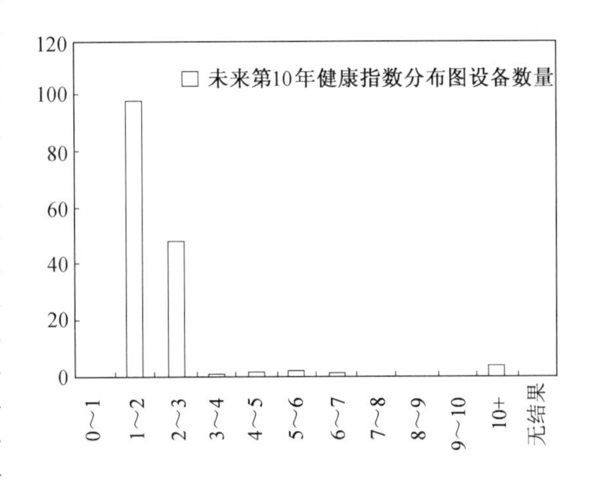

图 8.3　未来第 10 年电抗器健康指数分布

从图 8.3 中可以看到，未来第 10 年，虽然大部分断路器的健康指数还是处在 3 以下，但是有较多断路器的健康指数超过 5，甚至超过 10。超过 10 的是那四台阿海珐的断路器。健康指数超过 5 的这一部分断路器发生故障的概率就大大增加了。所以在这部分断路器未达到这一数值前，对应这部分断路器进行更换，以确保断路器安全稳定运行。

2. 故障发生概率的计算

故障发生概率是通过匹配当前健康指数柱状图和近期的故障概率统计结果得到的。对于断路器来说除了有小型故障、中等故障和重大故障外还有拒动故障，故断路器有四种故障类型。当前故障概率是通过计算项目范围内的断路器最近三年的故障、缺陷、事故记录得到的。每台断路器的未来年 POF 都是根据未来健康指数利用故障发生概率计算公式得到的，对这些故障发生概率的求和可以得到预测的故障次数。通过未来第 10 年健康指数柱状图与当前健康指数柱状图的对比，反映出断路器健康指数在未来有较大的变化。虽然拒动故障的故障发生概率非常低，但由于拒动的后果非常严重，所以这类故障所带来的风险对于断路器的整体风险来说也是不能忽视的。当前年和未来第 10 年的故障次数对比见表 8.3。

表 8.3　当前年和未来第 10 年故障次数

故障等级	当前故障次数	未来第10年故障次数
小型故障	10.05	12.54
中等故障	5.65	8.13
重大故障	3.45	5.74
拒动故障	0.02	0.03

如果用评估模型评估未来 15 年或 20 年，这一现象将更加明显。更多的断路器健康指数会超过 4，故障发生概率将增加。因此整体的故障次数将非常高。出现这一现状就需要采取一定的措施来降低故障发生概率，比如把处于高健康指数区间的断路器进行大修技改或者按一定的更换率更换掉，这样健康指数及故障发生概率都会回到相应较低的状态，此时整体设备就会处于好的状态。

500 kV 断路器组未来 20 年总故障概率变化曲线如图 8.4 所示。

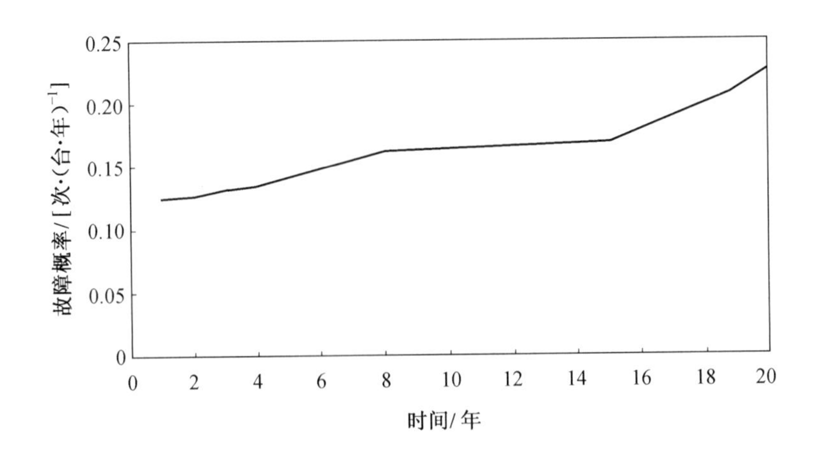

图 8.4　500 kV 断路器组未来 20 年总故障概率变化曲线

3. 断路器风险评估

断路器当前风险分布、未来第 10 年风险分布见表 8.4。

表 8.4　所有断路器风险评估汇总

年限	电网性能	人身安全	成本	环境	总风险	总故障次数	每次故障的平均频率
当前风险分布	336 895 975	193 678	4 319 305	601 634	342 105 790	19.17	17 845 965
未来第10年风险分布	580 284 286	454 073	7 914 397	919 958	686 975 794	26.43	22 951 291
实施技改方案下未来第10年风险分布	289 503 420	270 806	4 131 816	850 405	293 465 542	18.18	16 707 358

图 8.5 所示的是整体风险评估的结果，即所有断路器的所有四类故障等级的总和。从图 8.5 中可以看到断路器的风险非常大，这主要是因为断路器的拒动问题。电网性能风险的占比最大，是断路器总风险的主要组成部分。

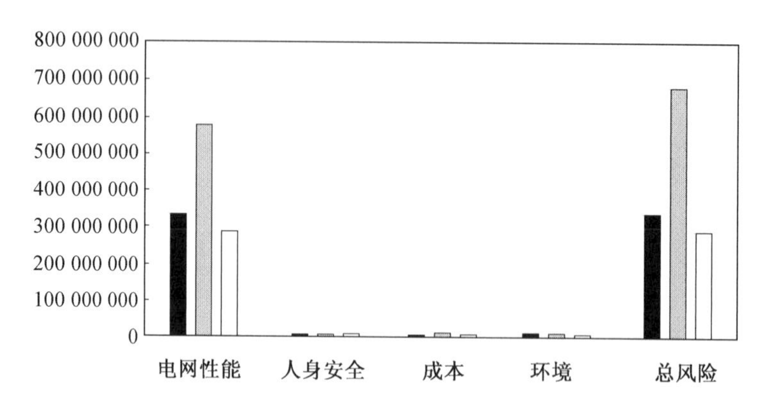

图 8.5 500 kV 断路器当前和未来第 10 年风险评估结果

图 8.5 中黑色柱状图表示当前风险，灰色柱状图表示未来第 10 年风险，白色柱状图表示未来第 10 年实施技改方案后的风险变化情况，即把四台回路电阻试验未通过的阿海珐断路器更换掉。可以看出，这些技改方实施后将使得断路器的整体风险又回到当前年的水平。500 kV 断路器组未来 20 年总风险变化曲线，如图 8.6 所示。

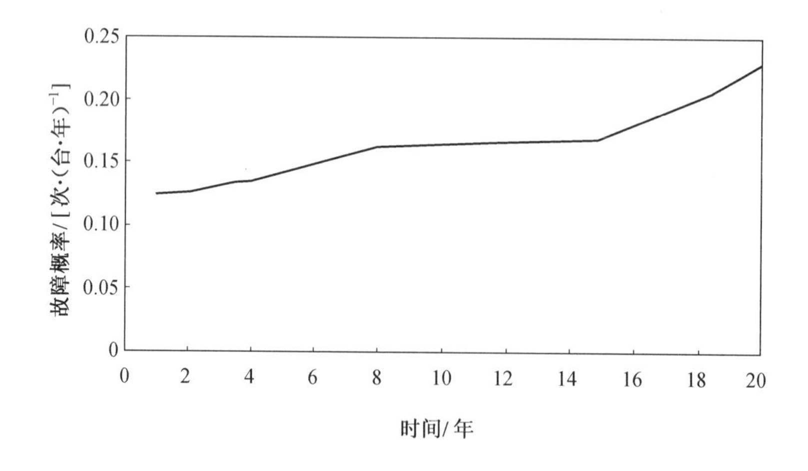

图 8.6 500 kV 断路器组未来 20 年总风险变化曲线

8.4　靶向管控技术应用及成效

8.4.1　输变电设备隐患排查工作

本书认真分析了云南电网 2008—2010 年三年缺陷分布情况及 2006—2010 年五年事故、障碍发生情况。采用故障模式及影响分析（FMEA）理论，以安全目标、设备风险、典型故障（缺陷）为主线，开展故障模式分析、故障原因分析、故障影响分析、故障检测方法分析和补偿措施分析，制订典型故障模式，绘制风险概率矩阵，梳理了主变故障模式 84 个，断路器故障模式 73 个，全站失压故障模式 51 个，从例行检查、特殊巡查、例行试验和诊断性试验等方面提出设备运行、维护和检修要求，同时明确了 42 类后果较为严重或发生频率较高的高风险故障模式及缺陷，并将其列为公司重点管控范围，给定了排查工作流程、故障模式综合表及高风险故障模式排查表，要求各供电单位在规定时间内完成排查工作。通过输变电设备隐患排查工作，建立了系统性的评估设备运行状况的工作体制。

8.4.2　110 kV 及以上主要变电设备可靠度分析工作

本书完成了云南电网公司主要变电设备精细到可维护件的可靠度评估，包括 500 kV 变压器 59 台、220 kV 变压器 206 台和 500 kV 断路器 157 台。通过此项评估，可以获得每台设备当前的可靠性水平，从而知道在目前的运行设备中，风险点在哪里、哪些设备需要重点关注及哪些设备只需要一般的维护等。对需要重点关注的设备，可以掌握该设备可能发生的故障模式是什么、发生的概率有多高、发生在设备的哪个部位及是什么原因导致的，从而可以有针对性地制订设备标准化的维护策略。同时可以取得设备每种故障模式发生的概率，且对每种故障模式导致的后果也可以方便地量化给出，从而可以实现每台设备当前风险的量化评估，为设备的全生命周期管理奠定了基础。

8.4.3　输变电设备重点管控工作

云南电网公司从 2010 年到 2013 年，连续四年编制公司设备主要风险及重点维护策略，遵循分层、分级、分类、分专业的“四分”管控原则，以确保公司年度设备管控目标的实现。在重点管控工作中，以表单化的形式详细给出了不同管控层级的设备清册，对不同的管控层级的设备，管控措施、要求和周期也不同。对每一项维护措施，以措施落实卡的形式实现精细化管控，以月报表的形式跟踪、评估每月措施计划的落实情况。

8.4.4 编制设备检修维护手册

云南电网公司基于“一型一册”的原则，依据国家和行业的有关标准、规程、规范和制造厂对设备维护检修的要求，在日常巡视、预防性试验、检修各个环节的技术要求和实施方法，编制了 15 册设备检修维护手册，明确设备管理“做什么”“怎么做”和“何时做”等问题，推进南方电网公司资产全生命周期管理，建立一体化生产运维机制，实现设备精益化管理，指导南方电网公司各单位设备的维护与检修工作。

8.4.5 设备性能变化及设备更新计划

云南电网公司五大类设备和架空线路的 CBRM 评估，包括变压器 58 台、断路器 157 台、电抗器 87 台、电流互感器 117 台、电压互感器 307 台和架空线路 64 条，同时还评估了南网 15 年以上的老旧变压器 58 台。通过评估，获取了单台设备的健康指数及其分布情况、未来多年的健康指数变化趋势、设备的剩余寿命，及其设备的维护保养策略和更新计划。

针对云南电网公司连续多年发生在运的多台 35 kV 并联干式空心电抗器（以下简称电抗器）连续发生绝缘击穿和烧损缺陷的情况，以宝峰变 35 kV 并联电抗器为案例，从绝缘材料使用寿命、CBRM 健康指数以及风险管理的经济角度对并联电抗器进行了评估，并给出了最优的更新策略。

针对 220 kV 温泉变的更新改造工程，重点对其变压器和断路器进行了 CBRM 分析，确定了温泉变 2 号主变和多台老旧断路器的更新计划。

从技术和经济的角度，完成了油浸和干式电抗器的全生命周期成本对比，为设备的选型提供了决策依据。

8.4.6 应用成效

云南电网公司通过连续多年研究成果的成功实施，实现了公司多年在设备急剧扩张、人员相对稳定的条件下，设备缺陷、事故/事件的双下降。从次数来看，2011年、2012 年和 2013 年缺陷同比下降次数分别为 105 次、122 次和 146 次，事故/事件同比下降了 9 次、4 次和 4 次。设备缺陷累计下降了 32.35%，重点管控设备缺陷在同类型设备缺陷中的占比下降 17.23%。

对比 2008 年到 2010 年，2009 年比 2008 年缺陷增加 272 次，2010 年比 2009 年增加 50 次，可以看出，研究成果实施前后，公司设备缺陷情况出现了明显的转折，得到了有效的控制（图 8.7）。

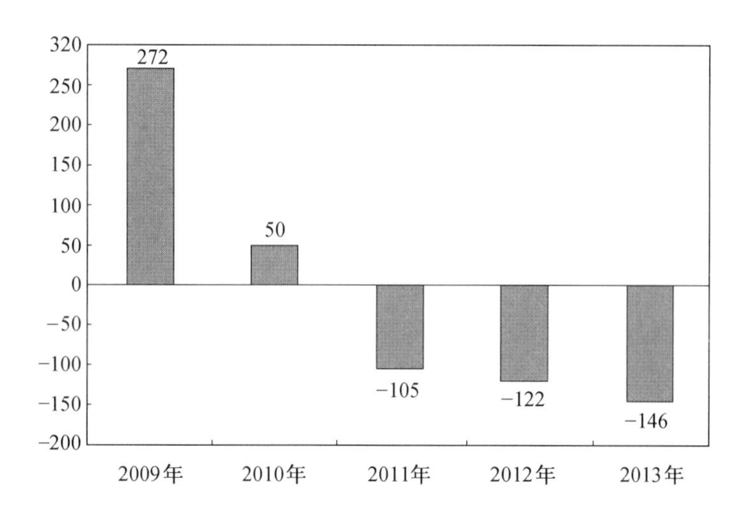

图 8.7　2008—2013 年缺陷变化情况

8.5 本章小结

本章通过介绍云南电网公司输变电设备运行情况，分析了公司设备资产管理面临的一些问题，与国外先进供电企业和国外技术资产密集性同质企业进行了全面的对标。介绍了靶向管控技术在云南电网公司应用时所做的具体工作，包括输变电设备隐患排查工作、110 kV 及以上主要变电设备可靠度分析工作、输变电设备重点管控工作、编制设备检修维护手册以及制订设备更新计划工作，取得了明显的成效。

参 考 文 献

[1] 刘希宋, 王辉坡. 现代设备管理的新趋势[J]. 设备管理与维修, 2005(1):11-12.

[2] JOHN D C, ANDREW K S J, JOEL M. Asset management excellence: optimizing equipment life-cycle decisions[M]. Boca Raton：CRC Press,2010:11-19.

[3] AHMED E B, SALAMA M A. Asset management techniques for transformers[J]. Electric power systems research, 2010,80(4):457-464.

[4] 李葆文. 现代设备资产管理[M]. 北京：机械工业出版社，2006.

[5] STRATFORD D, STEVENS T, HAMILTON M, et al. Discussion: Strategic asset management modelling of infrastructure assets[J]. Proceedings of the ICE-engineering and computational mechanics, 2012,165(3):217-218.

[6] 赵涛, 毛华. 设备管理理论体系与发展趋势[J]. 工业工程, 2001, 4(2):1-4.

[7] CLARK K B. Product development performance: strategy, organization and management in the world auto industry[M]. Brighton：Harvard Business Press,1991.

[8] GOTOH F. Equipment planning for TPM: maintenance prevention design[M]. New York: Productivity Press,1991.

[9] 张亮，张怀宇，朱松林，等. 输变电设备状态检修技术体系研究与实施[J]. 电网技术, 2009, 33(13):70-73.

[10] 李涛，马薇，黄晓蓓. 基于全寿命周期成本理论的变电设备管理[J]. 电网技术,2008,32(11): 50-53.

[11] SUDARSAN R, NVES S J,RIRAM R D, et al. A product information modeling framework for product lifecycle management[J]. Computer-aided design, 2005, 7(13): 1399-1411.

[12] OMACHONU, VINCENT K. Total quality and productivity management in health care organizations[M]. Georgia: Industrial Engineering and Management Press, 2012.

[13] SADIKOGLU E, ZEHIR R. Investigating the effects of innovation and employee performance on the relationship between total quality management practices and firm performance: an empirical study of turkish firms[J]. International journal of production economics, 2010, 127(1):13-26.

[14] JARDINE A K, LIN D, BANJEVIC D. A review on machinery diagnostics and prognostics implementing condition-based maintenance[J]. Mechanical systems & signal processing, 2006, 20(7):1483-1510.

[15] MOBLEY R K. Condition based maintenance[M]. Berlin: Springer, 1998: 35-53.

[16] TIAN Z, JIN T, WU B, et al. Condition based maintenance optimization for wind power generation systems under continuous monitoring[J]. Renewable energy, 2011, 36(5):1502-1509.

[17] 潘乐真, 鲁国起, 张焰, 等. 基于风险综合评判的设备状态检修决策优化[J]. 电力系统自动化, 2010(11): 28-32.

[18] 李明, 韩学山, 杨明, 等. 电网状态检修概念与理论基础研究[J]. 中国电机工程学报, 2012, 31(34): 43-52.

[19] JARDINE A K, TSANG A H. Maintenance, replacement, and reliability: theory and Applications[M]. Boca Raton：CRC Press, 2013.

[20] NIU G, YANG B S, PECHT M. Development of an optimized condition-based maintenance system by data fusion and reliability-centered maintenance[J]. Reliability engineering & system safety, 2010, 95(7): 787-796.

[21] 秦金磊，牛玉广，李整．电站设备可靠性问题的威布尔模型求解优化方法[J]. 中国电机工程学报, 2012, 32(S1): 35-40.

[22] DUBOIS T. Reinventing a standard: helicopter industry feedback prompts" MSG-3, Vol. 2"[J]. Procedia earth & planetary science, 2012, 7(1):628-631.

[23] 林维莉．基于生命周期的电力终端设备可靠性研究[D]．上海：上海交通大学, 2013.

[24] WESS J. Novel insights into muscarinic acetylcholine receptor function using gene targeting technology[J]. Trends in pharmacological sciences, 2003, 24(8):414-420.

[25] SIMPSON E M, LINDER C C, SARGENT E E , et al. Genetic variation among 129

substrains and its importance for targeted mutagenesis in mice[J]. Nature genetics, 1997, 16(6110): 19-27.

[26] EASINGWOOD C, KOUSTELOS A. Marketing high technology: preparation, targeting, positioning, execution[J]. Business horizons, 2000, 43(3): 27-34.

[27] HUGHES D, DENNIS G, WALKER J, et al. Condition based risk management (CBRM)—enabling asset condition information to be central to corporate decision making[M]. Berlin: Springer, 2006: 212-217.

[28] STAMATIS D H. Failure mode and effect analysis: FMEA from theory to execution[M]. Milwaukee: ASQ Quality Press, 2003.

[29] PARMENTER D. Key performance indicators (KPI): developing, implementing, and using winning KPIs[M]. Hoboken: John Wiley & Sons, 2010.

[30] NEMETH B, LABONCZ S, KISS I. Condition monitoring of power transformers using DGA and Fuzzy logic[C]// Montreal: Electrical Insulation Conference, IEEE, 2009:373-376.

[31] TANG W H, LU Z, WU Q H. A Bayesian network approach to power system asset management for transformer dissolved gas analysis[C]// Electric Utility Deregulation and Restructuring and Power Technologies, 2008. Drpt 2008. Third International Conference on. IEEE, 2008: 1460-1466.

[32] TANG W H, GOULERMAS J Y, WU Q H, et al. A probabilistic classifier for transformer dissolved gas analysis with a particle swarm optimizer[J]. IEEE transactions on power delivery, 2008, 23(2): 751-759.

[33] 张文修, 吴伟志, 梁吉业, 等. 粗糙集理论与方法[M]. 北京: 科学出版社, 2001.

[34] 李凌均, 张周锁, 何正嘉. 支持向量机在机械故障诊断中的应用研究[J]. 计算机工程与应用, 2002, 38(19): 19-21.

[35] 杨俊安, 解光军, 庄镇泉, 等. 量子遗传算法及其在图像盲分离中的应用研究[J]. 计算机辅助设计与图形学学报, 2003(7): 847-852.

[36] METROPOLIS N, ROSENBLUTH A W, ROSENBLUTH M N, et al. Equation of state calculations by fast computing machines[J]. The journal of chemical physics, 2004, 21:1087-1092.

[37] KIRKPATRICK S, GELAT G, VECCHI M P. Optimization by simulated annealing[J]. Science, 1983, 220(4598): 671-680.

[38] PENG N Y, WEN X S, CHEN J B, et al. Research on power transformer fault diagnosis with BPNN method[J]. High voltage apparatus, 2004,40(3):173-175.

[39] ZHANG S, JIN S. Information fusion technique of monitoring parameters in rotary based on neural networks[J]. Journal of electronic measurement and instrument, 2005,19(2):15-17.

[40] HU W P, YIN X G, ZHANG Z. Fault diagnosis of transformer insulation based on compensated fuzzy neural network[J]. IEEE annual report conference on dielectric phenomena, 2003: 273-276.

[41] GANG L. An IA-BP hybrid algorithm to optimize multilayer feed-forward neural networks[J]. Computer engineering and applications, 2003: 27-28.

[42] 廖瑞金, 肖中男, 巩晶, 等. 应用马尔科夫模型评估电力变压器可靠性[J]. 高电压技术, 2010, 36(2): 22-328.

[43] 杨利水, 杨旭, 徐岩. 电力变压器内部故障的非线性仿真模型[J]. 电网技术, 2009, 33(20): 183-188.

[44] 周婧婧. 基于故障树分析的电力变压器可靠性评估方法研究[D]. 重庆：重庆大学, 2009.

[45] 杨国旺, 王均华, 杨淑英. 故障树分析法在大型电力变压器故障研究中的应用[J]. 电网技术, 2006,30(S2):367-371.

[46] 王鹏, 张贵新, 朱小梅, 等. 基于故障模式与后果分析及故障树法的电子式电流互感器可靠性分析[J]. 电网技术, 2006,30(23):15-20.

[47] 杨国旺, 王均华, 杨淑英. 故障树分析法在大型电力变压器故障研究中的应用[J]. 电网技术, 2006,33(20):183-188.

[48] GRALL A, DIEUILE L, BERENGUER C, et al. Continuous-time predictive-maintenance scheduling for a deteriorating system[J]. IEEE transactions on reliability, 2001, 51(2):141-150.

[49] XU J, LUH P B, WHITE F B, et al. Power portfolio optimization in deregulated electricity markets with risk management [J]. IEEE transactions on power systems,

2006,21(4): 1653-1662.

[50] 周津慧. 重大设备状态检测与寿命预测方法研究[D]. 西安：西安电子科技大学, 2006.

[51] 史真惠, 朱守真, 郑竞宏,等. 改进 BP 神经网络在负荷动静比例确定中的应用[J]. 中国电机工程学报, 2004, 24(7):25-30.

[52] 李松, 刘力军, 解永乐. 遗传算法优化 BP 神经网络的短时交通流混沌预测[J]. 控制与决策, 2010,26(10)：1981-1985.

[53] MATLAB 中文论坛. MATLAB 神经网络 30 个案例分析[M]. 北京：北京航空航天大学出版社, 2010.

[54] 李萌, 沈炯. 基于自适应遗传算法的过热汽温 PID 参数优化控制仿真研究[J]. 中国电机工程学报, 2002(08): 146-150.

[55] 刘俊华, 颜运昌, 荆琦, 等. 遗传算法与神经网络在语音识别中的应用[J]. 机电工程, 2007, 24(12): 20-21.

[56] 龚纯, 王正林. 精通 MATLAB 最优化计算:MATLAB 最优化计算[M]. 北京：电子工业出版社, 2014.

[57] 张波, 崔恒武, 江志信, 等. 基于 BP 网络的调距桨螺距发讯器故障诊断研究[J]. 机电工程技术, 2011, 40(9): 60-62.

[58] 黄晓光, 王永泓, 翁史烈. 基于 BP 算法的电站燃气轮机故障诊断[J]. 中国电机工程学报, 2000, 20(12): 72-75.

[59] 罗日成, 李卫国, 熊浩, 等. 电力变压器局部放电在线监测系统的研制[J]. 电网技术, 2004, 28(16): 57-59.

[60] 王有元. 基于可靠性和风险评估的电力变压器状态维修决策方法研究[D]. 重庆：重庆大学, 2008.

[61] 史定华. 故障树分析技术方法和理论[M]. 北京：北京师范大学出版社, 1999: 19-30.

[62] 中华人民共和国电力工业部. DL/T 596—1996 电力设备预防性试验规程[S]. 北京：中国电力出版社, 1997.

[63] 中国南方电网有限责任公司企业标准. Q/CSG 10007—2004 电力设备预防性试验规程[S]. 北京：中国电力出版社, 2004.

[64] 梁保松，曹殿立. 模糊数学及其应用[M]. 北京：科学出版社, 2007: 35-46.

[65] 张焰. 电网规划中的模糊可靠性评估方法[J]. 中国电机工程学报, 2000, 20(11): 77-80.

[66] 姚敏，张森. 模糊一致矩阵及其在决策分析中的应用[J]. 系统工程理论与实践, 1998, 18(5): 78-81.

[67] 中国南方电网有限责任公司企业标准. Q/CSG 10010—2004 输变电设备状态评价标准[S]. 北京：中国电力出版社, 2004.

[68] 云南电网公司企业标准. Q/YNDW—2009 110 kV～500 kV 油浸式电力变压器（电抗器）状态评价细则[S]. 云南：云南电网公司, 2009.

[69] 谢里阳，王正，周金宇，等. 机械可靠性基本理论与方法[M]. 北京：科学出版社, 2008:17-19.

[70] HUGHES D, PEARS T, TIAN Y. Linking engineering knowledge and practical experience to investment planning by means of condition based risk management[C] // International Conference on Condition Monitoring and Diagnosis. Beijing: North China Electric Power University, 2008:539-542.

[71] HUGHES D. Condition based risk management: a tool for asset management[J]. Energy world (monthly), 2005(334):22-23.

[72] 顾瑛. 可靠性工程数学[M]. 北京：电子工业出版, 2004：82-97.

[73] 丁坚勇，邓瑞鹏，李江.发电设备的检修策略及可靠性管理研究[J]. 电网技术, 2002(03):72-75.

[74] ZHOU J. Power transformer reliability evaluation method based on fault tree analysis study [D]. Chongqing: Chongqing University, 2009.

[75] WARD B H. A survey of new techniques in insulation monitoring of power transformers [J]. IEEE electrical insulation magazine, 2001, 17(3): 17-23.

[76] GRALL A, DIEULLE L, BERENGUER C, et al. Continuous-time predictive-maintenance scheduling for a deteriorating system [J]. IEEE transactions on reliability, 2002,51(2): 141-150.

[77] 田丰，盛四清，李燕青，等. 灰靶理论在CBRM状态评估中的应用[J]. 电力科学与工程, 2011, 27(005): 1-4.

[78] 秦继承, 吴娟. 基于电网状态评估的风险防范管理体系应用研究[J]. 中国电力出版社, 2007, 40(4): 90-92.

[79] 周婧婧. 基于故障树分析的电力变压器可靠性评估方法研究[D]. 重庆：重庆大学, 2009.

[80] 李晓辉, 张来, 李小宇, 等. 基于层次分析法的现状电网评估方法研究[J]. 电力系统保护与控制, 2008(14): 57-61.

[81] 陈希儒, 柴根象. 非参数统计教程[M]. 上海：华东师范大学出版社, 1993.

[82] 邱仕义. 电力设备可靠性维修[M]. 北京：中国电力出版社, 2004.

[83] 潘乐真, 鲁国起, 张焰, 等. 基于风险综合评判的设备状态检修决策优化[J]. 电力系统自动化, 2010, 34(11): 28-32.

[84] 姚敏. 模糊一致矩阵及其在决策分析中的应用[J]. 系统工程理论与实践, 1998, 18(5): 78-81.

[85] 翟博龙, 孙鹏, 马进, 等. 基于可靠度的电力变压器寿命分析[J]. 电网技术, 2010, 35(5): 127-131.

[86] 潘乐真, 张焰, 俞国勤, 等. 状态检修决策中的电气设备故障率推算[J]. 电力自动化设备, 2010, 30(2): 91-94.

[87] 冯永新, 邓小文, 范立莉. 大型电力变压器振动法故障诊断的现状与趋势[J]. 南方电网技术, 2009, 3(3): 49-53.

[88] 陈立, 郭丽娟, 邓雨荣. 基于状态和风险评估的老旧变压器安全经济性分析[J]. 南方电网技术, 2010, 4(S1): 64-67.

[89] 郭基伟, 谢敬东, 唐国庆. 电力设备管理中的寿命周期费用分析[J]. 高电压技术, 2003, (4): 13-15.

[90] 姜益民, 马骏. 变压器的全寿命周期成本分析[J]. 变压器, 2006(12): 30-35.

[91] 束洪春. 电力系统以可靠性为中心的维修[M]. 北京: 机械工业出版社, 2008.

[92] 张黎, 张波. 电气设备故障率参数的一种最优估计算法[J]. 继电器, 2005, 33 (17):31-34.

[93] 帅军庆. 电力企业资产全寿命周期管理理论、方法及运用[M]. 北京: 中国电力出版社, 2010.

[94] 韩帮军, 范秀敏, 马登哲. 有限时间区间预防性维修策略的优化[J]. 上海交通

大学学报, 2003, 37(5): 679-682.
[95] 崔新奇, 尹来宾, 范春菊, 等. 变电站改造中变压器全生命周期费用（LCC）模型的研究[J]. 电力系统保护与控制, 2010, 38(7): 69-73.